海洋经济蓝皮书：
中国海洋经济分析报告
（2023）

Blue Book of China's Marine Economy (2023)

中国海洋大学　国家海洋信息中心课题组 / 编著

中国海洋大学出版社
·青岛·

图书在版编目（CIP）数据

中国海洋经济分析报告 . 2023 ／中国海洋大学，国
家海洋信息中心课题组编著 . —青岛：中国海洋大学出
版社，2023.10

（海洋经济蓝皮书）

ISBN 978-7-5670-3681-9

Ⅰ . ①中… Ⅱ . ①中… ②国… Ⅲ . ①海洋经济—
经济发展—研究报告—中国—2023 Ⅳ . ① P74

中国国家版本馆 CIP 数据核字（2023）第 205760 号

出版发行	中国海洋大学出版社	
社 址	青岛市香港东路23号	邮政编码 266071
网 址	http://pub.ouc.edu.cn	
出 版 人	刘文菁	
责任编辑	张 华	电 话 0532-85902342
电子信箱	zhanghua@ouc-press.com	
订购电话	0532-82032573（传真）	
印 制	青岛国彩印刷股份有限公司	
版 次	2023 年 10 月第 1 版	
印 次	2023 年 10 月第 1 次印刷	
成品尺寸	170 mm×235 mm	
印 张	17.75	
字 数	270 千	
定 价	198.00 元	

发现印装质量问题，请致电 0532-58700166，由印刷厂负责调换。

前 言
Preface

2022 年，面对国内外纷繁复杂的形势和超预期因素冲击，我国海洋经济顶住压力，实现平稳增长。《2022 年中国海洋经济统计公报》显示：全国海洋生产总值 94628 亿元，比去年增长 1.9%，占国内生产总值的比重为 7.8%，占比与去年持平。其中，海洋第一产业增加值 4345 亿元，第二产业增加值 34565 亿元，第三产业增加值 55718 亿元，分别占海洋生产总值的 4.6%、36.5% 和 58.9%。海洋新兴产业保持较快增长势头，增加值达 1926 亿元，比去年增长 7.9%。如，海上风电发电量比上年增长 116.2%；海工装备制造业新承接订单金额比去年增长 175.9%；一批海水淡化项目在浙江、山东、河北等地顺利投产，新增产能超 50 万吨/日。

2023 年，随着海洋领域宏观政策显效发力，国内需求持续释放，海洋经济延续较快恢复态势。为了更好地把握海洋经济发展态势，研判海洋经济高质量发展中的重大问题，中国海洋大学和国家海洋信息中心联合组建课题组，编写了《海洋经济蓝皮书：中国海洋经济分析报告（2023）》。本书延续了上一年度的框架结构，分为四篇，各篇既具有独立性，又可合并成完整的框架体系。其中，第一篇为"总报告"，分析了 2022 年中国海洋经济发展形势；第二篇为"产业篇"，总结了 2022 年我国海洋渔业、海洋油气业、海洋药物和生物制品业、海洋电力业、海水淡化与综合利用业、船舶与海工装备制造业、海洋交通运输业、海洋旅游业的发展情况；第三篇为"区域篇"，分析了北部海洋经济圈、东部海洋经济圈、南部海洋经济圈以及粤港澳大湾区海洋经济发展形势；第四篇为"专题篇"，以推进落实党的二十大报告提出的"发展海洋经济，保护海洋生态环境，加快建设海洋强国"要求为主旨，内容包括海洋强国战略目标下海洋经济统计面临的挑战分析与政策建议、RCEP背景下我国海洋产业发展的机遇与路径、粤港澳大湾区智慧港口建设路径分析、海洋新兴产业集聚效应评估分析、我国海洋种业的产业规模化发展问题研究、深远海资源开发利用情况研究、南极渔业资源开发利用现状及启示、中国海洋经济绿色发展研究。

本书适用于高校、科研机构和政府部门等相关单位的经济管理人士、经济研究人员，以及关心海洋经济发展的广大读者。希望本书的出版能够为国家海洋管理部门的战略制定提供理论依据；为地方政府的海洋经济政策实施，提供具有指导性、操作性的建议；为科研工作者研究新时代背景下海洋经济研究的热点及难点问题提供参考。本书在撰写过程中得到了澳门科技大学刘成昆教授、香港理工大学黎基雄教授的帮助，中国海洋大学出版社对本书出版给予的大力支持，在此一并表示感谢！本书几经修正，得以成稿。但书中难免有不足之处，恳请广大读者批评与指正，我们在今后的工作中将不断改进和完善，为我国海洋经济发展贡献绵薄之力。

本书编委会

2023 年 7 月

目　录
CONTENTS

IV 专题篇

总报告

2022 年中国海洋经济发展形势分析

2022 年是全面贯彻党的二十大精神的开局之年，也是经济企稳回升的关键之年。面对复杂多变的国际环境，在以习近平同志为核心的党中央的坚强领导下，全国上下迎难而上、砥砺前行，坚持"稳字当头、稳中求进"的总基调，经济运行总体呈现韧性增强、速效兼具的积极特征，以优秀的答卷迎接了党的二十大胜利召开。在审时度势的决策部署和承压纾困的务实举措下，我国海洋经济攻坚克难，展现出强大的复苏潜力和澎湃动能，实现了总量持续扩大、结构不断优化和质量效益稳步提升的良好局面。回望 2022 年 10 月这一关键历史节点，党的二十大擘画了全面建设社会主义现代化国家、以中国式现代化全面推进中华民族伟大复兴的宏伟蓝图，做出了"发展海洋经济，保护海洋生态环境，加快建设海洋强国"的战略部署，进一步指明了我国海洋经济的发展方向。未来，海洋经济必将围绕落实党的二十大精神和《"十四五"海洋经济发展规划》，继续以高质量发展为主题，牢牢把握构建现代海洋产业体系的主攻方向，深耕海洋科技创新重点领域，激发海洋绿色发展活力，释放海洋经济国际合作潜力，扎实推动海洋强国建设不断取得新突破。

一、中国海洋经济发展面临的环境

2022 年，在俄乌冲突、极端天气以及新冠肺炎疫情持续等因素的超预期影响下，我国宏观经济顶住压力再上新台阶，彰显出强大韧劲和旺盛活力，一揽子积极主动、精准高效的政策措施得以实施，为海洋经济发展提供了坚强有力的经济支撑和良好、稳定的环境保障。

（一）宏观经济承压下温和复苏

2022 年，我国宏观经济企稳复苏，总体回升向好，主要宏观经济指标保持在合理区间，经济总量继新冠肺炎疫情两年连续增长后再上新台阶，全年国内生产总值实现 121.02 万亿元，比上年增加 3.0%，四个季度经济运行呈 V 形走势。消费活力不断释放，2022 年社会消费品零售总额达 44 万亿元左右，内需总量规模继续扩大，超大规模市场优势明显。投资对经济稳增长的支撑作用增强，固定资产投资规模突破 57 万亿元，比上年增长 5.1%，为经济持续增长提供有力支撑。国际收支持续改善，全年货物进出口顺差比上年扩大 35.4%，年末外汇储备余额达到 3.12 万亿美元，稳居世界第一。从全球经济视角来看，2022 年，中国经济占世界经济的比重达 18%，对世界经济增长贡献率接近 20%，成为世界经济增长的重要引擎和稳定力量。综上，我国宏观经济呈现出稳中求进、稳步复苏的运行特征，为海洋经济高质量发展提供了坚实基础和不竭动力。

（二）政策更加精准联动可持续

在党的二十大推动中国式现代化建设的大背景下，我国涉海政策"工具箱"持续扩容。2022 年，遵循着《"十四五"海洋经济发展规划》的原则和方针，各沿海省市陆续出台了地方性的海洋经济发展规划，并基于当地发展背景做出综合部署和具体安排。政策进一步聚焦于产业、财政、金融和对外贸易等领域。涉海政策红利也不断释放，从标准规范、精准扶持、服务多元、外资吸引等方面多维度助力海洋经济高质量发展。

在产业政策方面，一系列行业标准得以制定和完善，以更好地适应海洋经济高质量发展需求。2022 年 5 月，《自然资源部办公厅关于开展和美海岛创建示范工作的通知》（自然资办函〔2022〕856 号）发布，旨在激励和引导海岛地区加强生态保护，发展海岛特色产业。2022 年 7 月，新版国家标准《海洋及相关产业分类》（GB/T20794—2021）正式开始实施，该标准在原产业分类基础上补充开展了海洋工程装备制造、海洋药物和生物制品等新兴产业，为我国海洋经济调查、统计、核算、评估等工作提供科学、全面的技术支撑。2022 年 10 月，自然资源部发布《人为水下噪声对海洋生物影响评价指南》等 12 项涉海行业标准，为海洋生态环境监测提供了必要的依据。此外，国家能源局在《能源碳达峰碳中和标准化提升行动计划》中也明确提出，要加快制定海上风电开发及多种能源综合利用技术标准，从而更好地助力"双碳"目标实现。

在财政政策方面，渔业补助、海洋生态修复等方面的扶持得到强化，稳步推动实现人海和谐共生。2022 年 1 月，生态环境部和农业农村部发布《关于加强海水养殖生态环境监管的意见》（环海洋〔2022〕3 号），要求充分利用各级财政和社会资金，支持养殖环保设施设备等重点项目建设。2022 年 5 月，农业农村部和财政部联合出台了《关于做好 2022 年农业生产发展等项目实施工作的通知》（农计财发〔2022〕13 号），明确了中央财政渔业发展补助资金的扶持方向，涉及建设国家级海洋牧场、提升现代渔业装备设施和渔业基础公共设施、渔业绿色循环发展、渔业资源调查养护等内容。2022 年 9 月，财政部和自然资源部在《关于组织申报 2023 年海洋生态保护修复工程项目的通知》（财办资环〔2022〕39 号）中，界定了海洋生态保护修复资金重点支持范围，明确将海洋生态保护和修复治理、入海污染物治理纳入其中。

在金融政策方面，逐步形成政府引导、多主体参与、多工具配合使用的融资格局，为海洋经济注入金融"活水"。2022 年 1 月，生态环境部等六部门联合发布了《关于印发"十四五"海洋生态环境保护规划的通知》（环海洋〔2022〕4 号），提出要建立政府、企业、社会多元化资金投入机制，鼓励社会资本积极探索建立海洋生态环境保护基金，拓宽海洋生态环境治理的融资渠道。2022 年 2 月，商务部联合中国出口信用保险公司颁布《关于加大出口信用保险支持做好跨周期调节进一步稳外贸的工作通知》（商财函〔2022〕54 号），要求中信保公司各营业机构为海运物流企业等提供多元化产品和服务，发挥好中长期出口信用保险作用，助力共建"一带一路"高质量发展。

在对外贸易政策方面，在稳定海运进出口的基础上，有的放矢地推进对外开放，牢牢把握"双循环"新发展格局的战略机遇。随着国际航运和贸易领域对临时仲裁的需求愈发迫切，2022 年 3 月，中国海商法协会和中国海事仲裁委员会同时发布《中国海商法协会临时仲裁规则》《中国海事仲裁委员会临时仲裁服务规则》，共同开展临时仲裁服务，为推动航运贸易高质量发展提供重要保障。2022 年 10 月，国家发展和改革委员会和商务部联合出台《鼓励外商投资产业目录（2022 年版）》，其中涉海产业的条目数量有所增加，鼓励外商投资重点关注生态型海洋增养殖、海洋药物开发、海洋工程装备及高技术船舶等新型海洋产业领域。另外，2022 年 11 月国务院关税税则委员会颁布的《2023 年关税调整方案》和《中华人民共和国进出口税则（2023）》，延续上年准则，涉海产品最惠国税率基本维持不变。

（三）国际局势剧烈动荡变化

2022 年，世界格局加速分化重组，俄乌冲突呈现长期化趋势，能源和粮食危机陆续出现，逆全球化思潮不断上升。在此背景下，海洋经济多边合作机制受到削弱，全球海洋治理在困境中艰难前行。一方面，大国博弈和地缘冲突空前激烈，给海洋经济安全造成不小的冲击。中美关系伴随着战略竞争发生实质变化，俄罗斯与西方的结构性矛盾深化难解，中东地区深陷多重困境，亚太地区的安全风险也不断上升。这些都影响了世界海运贸易的正常运行，海洋秩序在全球和地区层面面临的不确定性增加。另一方面，经济和政治危机引发国家对外战略和组织机制深度调整，催生海洋可持续发展新合作。2022 年 1 月 25 日，我国同中亚五国建交 30 周年视频峰会隆重召开；与俄罗斯进一步加强务实合作；上合组织迎来新一轮最大规模扩员，《区域全面经济伙伴关系协定》（RCEP）正式生效，为海洋经济领域合作提供了新的契机和着力点。联合国海洋大会成功举办，进一步提升了全球各国保护和可持续利用海洋资源的意识。我国也成立了"联合国海洋科学促进可持续发展十年"中国委员会，推动了海洋科学变革发展和全球海洋治理。此外，随着全球变暖和海平面的持续上升，关于保护海洋生物多样性、促进航运业脱碳、提倡暂停海底采矿等议题，也在今年引发了国内外的高度关注和持续热议。

二、中国海洋经济发展现状

加快建设海洋强国是中国式现代化的必然选择。2022 年，我国海洋经济沿着高质量发展航道破浪前行，主要表现为：总量稳步增长，新兴产业带动力增强，生态监测预警、资源利用与开发工作有序开展，科技创新动能积蓄强劲，对外贸易支撑有力。

（一）海洋经济总量稳中有进

面对国内外复杂形势，我国海洋经济顶住压力持续恢复，总体实现平稳增长。2022 年我国海洋生产总值为 94628 亿元，全年四季度呈 W 形波动态势，比 2021 年增长 1.9%，韧性持续凸显。海洋经济对国民经济增长的贡献率达 7.8%，占沿海地区生产总值的 14.9%。除了海洋盐业、海洋旅游业和海洋化工业呈负增长外，多数海洋产业保持平稳较快增长，为海洋经济高质量发展蓄势聚能。在消费、投资、出口"三驾马车"的拉动下，我国海洋经济实现了稳步增长。全国海洋水产品产量同比增长 2.4%，高端水产品供给支撑我国水产品消费结构多元化；海洋固定资产投资平稳增长，智慧港口、海底隧道等重大海洋工程项目建设进入新阶段；进出口稳定增长带动了海洋交通运输业的快速发展，全年实现增加值 7528 亿元，比上年增长 6.0%，我国沿海主要港口新增外贸航线数量更是突破 100 条。

（二）海洋新兴产业引领产业结构优化

海洋新兴产业发展迅猛，成为引领我国海洋产业结构优化升级的中坚力量。2022 年，海洋新兴产业保持强劲增长势头，产业增加值达到 1926 亿元，比上年增长 7.9%，与传统海洋产业相比表现出明显的"领跑"优势。其中，海上风电发电量比上年增长 116.2%，累计装机容量持续居全球首列；潮流能、波浪能的应用与研发不断深入；海洋药物临床试验稳步推进，海洋生物制品生产规模持续扩大。同时，海洋传统产业转型升级循序渐进。海洋船舶工业高端装备取得新突破，2.4 万 TEU 集装箱船、17.4 万立方米大型 LNG 等高端船型实现批量交船；国内首个大黄鱼智能无网海洋牧场落户温州洞头区，海洋牧场现代化建设加速推进；海洋油、气产量再创新高，海上油气勘探开发向深远海拓展，建成了亚洲最大海上石油生产平台。2022 年，我国海洋第一、二、三产业增加值分别占海洋生产总值的 4.6%、36.5% 和 58.9%，"三—二——"的倒金字塔产业结构不断调整优化。

（三）海洋生态监测预警能力持续提升

海洋生态监测预警能力不断强化，立体化监测预警网络加速形成。一方面，海洋生态环境系统监测预警范围不断拓宽，目前已经覆盖多海域及灾害源。2022 年，我国首次开展了东海区海洋生态监测预警质量监督检查，顺利完成海南省近海生态趋势性监测等系列工作。海洋自然保护地和滨海湿地的监测预警范围不断扩大，海冰、赤潮、珊瑚等监测服务不断完善。此外，"中国环监浙 001""中国环监苏 001"两艘海洋监测船先后入列，近海区域性海洋生态环境监测执法和应急救援能力提升。另一方面，海洋环境监测预警深度不断延伸，数字化、自动化手段的探索应用，提高了监测预警的准确性和效率。全国海洋生态预警监测平台升级运行，实现了监测数据实时汇集、快速处理及动态更新；组合式赤潮灾害快速监测预警技术装备体系加速建成，为高效开展海洋防灾减灾、系统科学地开展海洋生态保护修复提供了有力技术支撑；5G、物联网、遥感等先进技术的结合应用，强化了我国"天空地海"一体化海洋环境监测预警体系建设。

（四）海洋资源利用与开发稳步推进

通过持续推进海洋资源合理有效利用，加速海洋能源产业创新发展，实现了海洋经济发展空间的进一步拓展。在海洋空间要素方面，我国持续探索盘活利用海域、海岛的新模式。2022 年，我国报请国务院批准用海、用岛等项目 51 个，面积达到 22.35 万亩，同比增长 15%。同时，海域使用权立体分层设权的推进，开启了"兼容用海、融合发展"的模式，提升了海域资源利用效率。在海洋生物资源方面，我国持续强化远洋水产资源开发利用，有效缓和了近海捕捞和养殖压力。2022 年，我国远洋渔业产量稳定在 225 万吨，占国内海洋鱼类产量的比重突破 30% 大关。此外，海藻生物肥料等海洋生物制品的培育开始引发关注，为海洋生物资源的多样性和高值化利用提供新思路。在海洋能源利用与开发方面，风电和油气成为新的能源增长极。全球首艘新一代 2000 吨级海上风电安装平台"白鹤滩"号正式交付投运，为我国后续集中连片规模化开发深远海风电能源提供有力支撑；海上页岩油压裂技术首次应用成功，深水深层低渗储层测试关键技术突破，有效推动了我国深海油气的勘探与开发。

（五）海洋科技创新水平再上新台阶

加快推进海洋战略科技力量建设，海洋科技自主创新能力和平台服务功能持续增强。海洋自主创新能力方面，关键核心技术不断突破，创新成果不断涌现。在海洋高端装备制造领域，国内首套环网全集成自动化海洋修井机投入制造，世界首艘 140 米级打桩船"一航津桩"交付使用，海洋工程建筑施工能力得到极大提升。在海上能源领域，我国自主研发的深水水下采油树系统成功投用，解锁了深水油气开发新模式。在海洋医药领域，海洋一类新药"注射用 BG136"成为国际首个进入临床试验的抗肿瘤海洋多糖类药物，标志着"蓝色药库"开发进入了新阶段。海洋科技创新平台方面，重大科技创新平台加快布局，创新服务多点全面地快速开展。截至 2022 年，我国海洋领域共有 8 个学科全国重点实验室、8 个企业全国重点实验室、86 个省部级重点实验室和央地共建实验室。相继建成并投入使用了"科学""探索""实验"和"向阳红"系列科考船、"大洋号"大洋综合资源调查船、国家海底科学观测网和南海海洋观测网，以及国家级深海微生物资源库、国家海洋科学数据中心数据汇交区块链平台等。这些重大科技创新成果的逐步落地，为我国海洋资源勘探开发和重大项目研发提供了重要支撑，表明我国在深水、绿色、安全等海洋高技术领域取得了重要突破。

（六）对外贸易突出重围显优势

2022 年，我国对外贸易顶住国际多重超预期因素的冲击，总体坚挺向好，质量不断提升。从数量上看，海洋对外贸易规模不断扩大。2022 年，我国海洋货运量 41.51 亿吨，同比增长 2.5%；海洋货物周转量 101977.41 亿吨公里，比上年增长 4.2%。全国港口货物吞吐量达 156.85 亿吨，比上年增长 0.9%。在主要涉海产品中，我国船舶产品造船完工量、新接订单量、手持订单量分别为 3786 万载重吨、4552 万载重吨、10557 万载重吨，国际市场份额均保持世界第一；水产品进口额同比增长 40.6%，远洋渔业产品在国内销量占比不断提升；海上风电装备加快"走出去"步伐，整机出口已由东南亚市场逐步向欧洲市场拓展。从质量上看，海洋对外贸易在结构、市场、主体等多方面都有不同程度的优化与改善。2022 年，中国与"一带一路"沿线国家货物进出口总额达到了 13.8 万亿元，占我国进出口总额的比重达到了 32.8%，进一步促进了我国国际贸易多元化。外贸主体结构持续优化，私营企业和外商投资企业比重不断提升，活力继续释放。新船订单质量持续提升，在全球 18 种主要船型中，我国共有 12 种船型新接订单量位列世界第一，其中绿色动力船舶占比达到 49.1%，达历史最高水平。

三、中国海洋经济发展面临的挑战

面对百年未遇之大变局，海洋经济发展的内外环境发生了深刻变化。我国海洋经济发展虽然取得了一定成效，但在科技创新体系化建设、能源转型和资源安全、国际供应链稳定性等方面仍然面临较大挑战。

（一）海洋科技创新体系化建设有待加强

一是海洋战略科技力量协同创新组织机制仍需完善。例如，我国深海调查和监测装备智能化程度不高，深海多平台设备联合作业和深海装备协同作业自主可控能力不强，深海科技研发力量仍较分散。二是海洋前沿技术投入和领军企业培育不足。例如，海洋生物医药产业领域资本活跃度较低，资金的主要来源是政府经费和企业的科技活动借贷款，社会及企业投资严重不足。另外，海洋新能源和资源开发等前沿领域缺少领军企业，创新溢出效应尚不明显。三是海洋科研成果转化率低。目前我国的科技成果真正实现产业化的比例不足五分之一，海洋科技成果转化率更是偏低。

（二）海洋能源转型和资源安全问题日益突出

一是能源转型受资金不足、人才匮乏和开发技术等因素制约。以深远海新能源为例，无论是核心装备还是配套设施，都需要一定的资金投入，但是政策补助等扶持力度不够。另外，能源开发涉及采集、储存等工艺流程，对技术和人才的要求较高，但这方面人才存在缺口且技术自主化和智能化程度较低。二是生态系统退化和人类活动威胁我国海洋资源安全。例如，日本福岛核污染水排放入海，将对我国渔业捕捞和水产品进出口造成严重冲击。此外，我国海草床退化已超过 80%。这将造成海洋生物多样性降低，限制海洋医药、化工、材料等领域的发展潜力。

（三）国际形势掣肘海洋产业供应链发展

一是全球通货膨胀造成涉海企业成本上升。例如，2022 年 2 月至 5 月期间，石油和天然气价格走高，导致大宗商品的运输成本飙升，进而增加整个海洋供应链各环节成本。二是贸易壁垒加剧海洋产业链关键环节断裂、梗阻危机。例如，由于环境、健康和保护国内市场等因素，一些国家针对海洋水产品设置过高的关税和海关查验、清关检查门槛，加大了我国海洋水产品出口贸易难度。三是俄乌冲突限制航运人员流动。例如，各国航运业需要定期轮换不同国籍的船员，以能确保正常的海上贸易活动，但在俄乌冲突期间，海员更改合同和更换雇主的风险变得更大。

四、中国海洋经济发展趋势

海洋经济已成为拓展我国经济和社会发展空间的重要依托，基于现有成果和发展态势，未来海洋经济将锚定增量提质的目标，以蓝色金融建设助力实现"双碳"目标，以数字化赋能海洋经济空间拓展，有效推进陆海统筹和参与全球海洋治理。

（一）海洋经济将步入量质并举新阶段

当前，我国海洋经济总量稳步提升，高质量发展扎实推进，推动海洋经济量质齐升。随着扩大内需、深化对外开放等各项政策落地生效，我国国民经济呈现总体回升向好态势，这将为海洋经济发展提供良好的基础。在党的二十大精神和"海洋强国"战略目标指引下，我国将继续贯彻新发展理念，推动海洋经济实现质的有效提升和量的合理增长。首先，海洋经济运行持续向好是基础。海洋经济在宏观调控下精准发力，海洋产业规模不断扩大，海洋领域消费和投资稳步增长，发展速度逐渐加快。其次，科技创新内生动力持续增强。海洋经济新动能不断积蓄，推动海洋产业向数字化、智能化转型。最后，绿色低碳发展提升海洋经济效益。涉海企业不断加强全生命周期绿色管理，海洋开发与保护并重，海洋生态环境治理加强，中国特色社会主义海洋生态文明建设积极推进。

（二）"双碳"目标有望推动涉海融资模式创新

在"双碳"目标的引领下，我国多个沿海地区都在积极推进海洋碳汇与蓝碳项目发展，这其中蕴含着大量涉海融资新模式的产生与发展。第一，海洋碳汇交易数量接连增加，交易方式不断创新。《海洋碳汇经济价值核算方法》及编制说明为我国海洋碳汇经济价值的核算提供了依据。第二，海洋碳汇贷款受到金融机构关注。我国已落地多笔海洋碳汇质押贷款，实现了海洋生态价值向金融价值的转化。第三，蓝色债券规模进一步扩大。蓝色债券的发行有效支持了海洋可持续发展项目，切实将资金引入生态环保、节能减排等领域。可见，基于碳金融交易和融资工具的海洋碳汇融资模式创新，正为海洋助推"双碳"目标实现带来新的动力和创新空间，并将随着更多主体的参与、更规范标准的推出，探索出涉海金融支持海洋经济绿色转型的新路径。

（三）陆海经济一体化发展步伐逐步加快

新时代海洋强国建设必须走陆海统筹之路，随着国土空间规划体系逐步建立和海洋生态修复制度日益完善，陆海经济一体化协同有望向纵深推进。从陆海统筹的角度讲，国土空间可以被划分为海洋、沿海和内陆区域三个部分，因此，合理的空间布局是陆海统筹发展的前提和支撑。2022 年 10 月，自然资源部印发了《关于进一步加强国土空间规划编制和实施管理的通知》（自然资发〔2022〕186 号），为陆海资源分配和要素流动提供更加明确和全面的指引。目前，陆海经济在海洋资源合理利用、海洋生态污染防治、陆海产业关联融合和布局优化、陆海基础设施一体化等方面得到进一步发展。比如，"海洋牧场+海上风电""海洋牧场+海洋旅游"等集约用海、融合发展模式已陆续在多地开展；西部陆海新通道建设逆势提速，沿线地区将进一步推动通道交通物流和沿线经贸产业深度融合。未来，陆海污染统筹治理机制和区域经济协同的问题将会逐一破解，从陆向海、陆海交互和由海向路将成为海陆同频共振的发展趋势。

（四）数字技术助力海洋经济空间拓展

"十四五"规划和 2035 远景目标纲要中明确提到要"加快数字化发展，建设数字中国"，海洋经济空间将借助数字化发展进一步拓展。在地理空间拓展方面，大数据可视化分析、远程监控、智能传感器等技术，将推动我国海洋经济活动由近海向深海、极地拓展。海底测绘、监测等数字海洋应用服务，不仅可以获得更多海洋数据，而且在一定程度上解决了深远海养殖产业链的断点和堵点。在网络空间拓展方面，前沿数字技术激发消费新动能，将促使我国由海洋资源进口大国向海洋贸易强国转变。云计算、物联网、人工智能等将拓宽海洋水产品销路，形成可循环、可持续、效益显著的海洋商业模式。在经济空间拓展方面，现代海洋服务业与数字经济融合，将推进涉海生产性服务业不断优化升级。海洋文体、医疗康养、会展营销、信息增值、跨境金融等新业态陆续引入，加快海洋服务业提质增效和服务创新。在此推动下，航运物流高效化、滨海旅游智慧化、金融服务完备化、科教研发集聚化将逐步实现。在技术空间拓展方面，海洋设备数字化将带动传统海洋装备升级。海洋传统产业正朝数字化、智能化方向转变，未来将催化一批海洋设备高技术攻关，推动我国海洋船舶、海洋勘测、海洋油气资源开采等装备产品迈向价值链高端。

（五）海洋经济或将成为全球海洋治理重要合作领域

在经济全球化深入发展的今天，各国在海洋经济领域的相互依赖空前加深，推动海洋经济的发展与合作显得尤为重要和迫切。我国提出共建"21世纪海上丝绸之路"和"海洋命运共同体"的初心之一，就是推动海洋经济发展，共同增进海洋福祉。全球海洋治理体系的议题涵盖海洋环境、气候变化、资源与生态、蓝色经济、发展与安全等诸多领域。其中，海洋经济既与全球海洋治理的趋势相契合，又符合联合国可持续发展的目标，已经逐步成为国际合作的共识，为各国各地区互联互通、合作发展提供了新引擎和新平台。当下，全球海洋治理正处于体系变革的转型期。未来，我国将在新海洋观指引下，依托RCEP框架、"一带一路"、自由贸易区等平台，以构建蓝色经济伙伴关系为目标，通过海洋产业投融资合作以及技术合作等方式，深度参与海域生物多样性养护及可持续利用、深海采矿规章、北极公海渔业、南极环境管理等问题的磋商进程，积极投入国际海洋科学委员会、东亚海环境管理伙伴关系组织、北太平洋科学组织等国际组织的工作，在可持续利用海洋及海洋资源的治理理念和方案中贡献更多中国智慧。

执笔人：赵昕（中国海洋大学）

产业篇

1
海洋渔业发展情况

一、产业发展基本情况

2022 年，我国海洋渔业发展总体平稳，全年实现增加值 4343 亿元，比上年增长 3.1%。海水养殖加快转型升级，逐步向深远海延伸拓展，不断提升海水产品稳产保供能力，保障国家粮食安全战略真正落到实处。全年海水产品产量达 3459.53 万吨，同比增长 2.13%。其中，海水养殖产量 2275.70 万吨，同比增长 2.92%；海洋捕捞产量 950.85 万吨，同比下降 0.06%；远洋渔业产量 232.98 万吨，同比增长 3.71%。海洋渔业产业结构持续优化，养殖捕捞比从 2016 年的 58：42 提升到 2022 年的 66：34（图 2-1-1）。海洋牧场示范区加快建设步伐，新创建国家级海洋牧场示范区 17 个，累积达到 153 个（表 2-1-1）。

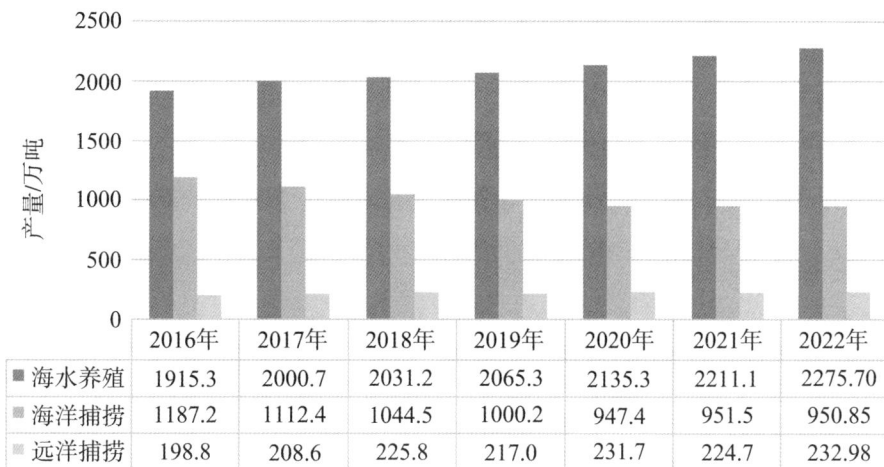

图 2-1-1　2016—2022 年我国海洋渔业产量情况

（数据来源：《2023 中国渔业统计年鉴》）

	2016年	2017年	2018年	2019年	2020年	2021年	2022年
海水养殖	1915.3	2000.7	2031.2	2065.3	2135.3	2211.1	2275.70
海洋捕捞	1187.2	1112.4	1044.5	1000.2	947.4	951.5	950.85
远洋捕捞	198.8	208.6	225.8	217.0	231.7	224.7	232.98

表 2-1-1　国家级海洋牧场示范区名单与分布

地区	第一批 2015 年	第二批 2016 年	第三批 2017 年	第四批 2018 年	第五批 2019 年	第六批 2020 年	第七批 2022 年	数量
山东	6	8	7	11	12	10	5	59
辽宁	4	5	5	5	5	8	3	35
河北	3	4	3	1	3	3	2	19
广东	2	2	4	3	3		1	15
浙江	3	1	2			2	2	10
广西		1		1		2		4
海南					1	1	2	4
江苏	1		1				1	3
福建				1			1	2
上海		1						1
天津	1							1
合计	20	22	22	22	24	26	17	153

注：数据截至 2022 年 1 月 31 日。

数据来源：根据中华人民共和国农业农村部网站资料整理。

二、产业发展主要特征

（一）深远海养殖发展卓有成效，势头渐盛

2022 年，山东、广东、福建、海南等地积极推进深远海养殖，投入运营一大批深远海养殖装备，全力拓展深远海养殖发展空间，开辟中国高品质水产蛋白的供给新空间。《2022 农业农村产业发展重大技术需求》将深远海养殖鱼类新品种和养殖智能化设施装备纳入其中。全球首艘 10 万吨级智慧渔业大型养殖工船"国信 1 号"获批在我国管辖海域开展深远海养殖运营管理试点，并成功起捕首批产品大黄鱼约 65 吨；全球第一座全潜式深海渔业养殖装备"深蓝 1 号"成功收获我国首批深远海大西洋鲑；海南首座深远海智能养殖旅游平台"普盛海洋牧场 1 号"投用并收获约 75 万斤军曹鱼。全国首个全潜式超大型深远海智慧养殖平台"宁德 1 号"、第一艘海洋生态活鱼运输船成功下水，首个渔旅结合半潜式深海养殖平台"闽投宏东号"、满足中小型养殖企业对经济性海上养殖平台需求的轻型半潜桁架式养殖平台"海威 1 号"正式投用。山东正式启动深远海设施渔业科技示范工程，建立了专属经济区游弋式养殖、黄海冷水团冷水环境养殖、季节性暖温环境养殖 3 种可复制的新型养殖模式，助推我国海洋渔业实现跨域式发展升级。

（二）现代化海洋牧场快速发展，亮点纷呈

海洋牧场智能化、信息化、绿色化水平不断提升。全国首个大黄鱼智能无网声波海洋牧场在浙江温州投入使用；亚洲最大海洋牧场项目"百箱计划"投用"经海 004 号""经海 006""经海 007"深海智能网箱，并成功实现"鱼脸识别"；山东建成首个海洋牧场"零碳"智慧用能示范区。"蓝色能源+海上粮仓"多元融合发展新模式不断取得新进展。全国首个"海上风电+海洋牧场"示范区广东阳江沙扒深海渔业养殖实验区完成首次收鱼，首个海上风电与海洋牧场融合发展研究试验项目在山东莱州顺利实现全容量并网，首个"海上风电+海洋牧场+海水制氢"融合项目——明阳集团青洲四 500 兆

瓦海上风电项目、"新能源+海洋牧场"融合创新示范基地（神泉）开工建设。国家和沿海地方出台多项政策推进现代化海洋牧场建设，农业农村部印发的《关于加强水生生物资源养护的指导意见》中明确提出，到 2025 年建设国家级海洋牧场示范区 200 个左右。此外，行业标准《海洋牧场牡蛎礁建设技术规范》发布，有助于我国海洋牧场牡蛎礁的规范化建设。烟台在全国首创海洋牧场"一证一险"信贷模式，为海洋牧场的发展注入新的金融活水。

（三）远洋渔业规范有序发展，不断向高质量方向推进

远洋渔业装备水平不断提升，全国首艘自主研制建造的渔业捕捞加工船"深蓝"号、超低温冷藏运输加工船"海洋之星"顺利交付使用，国内吨位最大的入级远洋渔业辅助船"鲁荣远渔运 898"完成航行试验，首批自主研发的专业型南极磷虾捕捞加工船"福远渔 9199"开工建设。远洋渔获回运加工能力不断提升，中国最大远洋渔业辅助运输船"华祥 8"在山东荣成归港卸货渔获物 9200 余吨。农业农村部先后印发《关于促进"十四五"远洋渔业高质量发展的意见》《关于做好金枪鱼渔业国际履约工作的通知》《远洋渔业"监管提升年"行动方案》等政策文件，推进远洋渔业规范有序、高质量发展。浙江、辽宁、山东等地不断加大对远洋渔业的政策支持力度，深圳发布规划将建设国家远洋渔业基地和国际金枪鱼交易中心。

（四）基础设施硬条件建设加快，政策软环境逐步完善

沿海各地加快推进海洋渔业基础设施建设，扎实做好硬件支撑。广西获得中央财政 2022 年渔业发展补助资金 3 亿元，用于国家级海洋牧场、国家级沿海渔港经济区、远洋渔业基地建设等，防城港市渔港经济区获批成为国家级沿海渔港经济区试点项目。福建福州最大国家中心渔港成功试运行，江苏连云港投资 3 亿元建设国家级中心渔港，海南首个渔港经济区建设规划通过专家评审。国家和沿海地方积极出台规划政策，推进渔业补贴方式转变、渔港经济区建设及绿色可持续发展，不断优化渔业发展软环境，推进海洋渔业高质量发展。

三、产业发展趋势

（一）冷链物流和仓储在海产品供应链中的重要性逐步凸显

据《新科学家》报道，到2050年，全球对鱼类的需求量预计将增加一倍。随着中国等发展中国家社会经济的快速发展，人们的生活质量和消费水平不断提高，对海产品的消费需求也将不断增加。研究显示，到2030年，发展中国家预计将占全球海产品消费量的80%以上。随着我国新冠疫情日趋平稳，我国海产品需求市场将逐步回暖，全球海产品出口商纷纷看好中国消费市场。在鱼类和其他海产品的生产、运输和销售过程中，冷链物流和仓储成为至关重要的环节。

（二）海产品预制菜成为海洋水产品加工业发展新风口

2023年2月13日，中央一号文件《中共中央国务院关于做好2023年全面推进乡村振兴重点工作的意见》首次提出，培育发展预制菜产业。随着预制菜的兴起，方便快捷的海产品预制菜成为海洋水产品供给的重要构成，也成为践行大食物观、落实国家粮食安全战略的重要方向。《中国水产预制菜研究报告2023》显示，2022年中国水产预制菜行业规模达1047亿元，同比增长16.8%，预计未来中国水产预制菜市场将保持较高的增长速度，2026年水产预制菜市场规模将达2576亿元。自2022年以来，广东、山东、辽宁等沿海各地凭借自身特色产业基础与政策拉动，积极推进水产品预制菜产业发展。中国水产流通与加工协会先后评定湛江为"中国水产预制菜之都"、珠海为"中国海鲈预制菜之都"、威海为"中国海洋预制菜之都"，大连正努力创建"中国海鲜预制菜之都"，日照也在积极打造海产品预制菜品牌。海产品预制菜风口正起，将成为海洋水产品由初级加工向精深加工进阶的新蓝海。

（三）创新水产种业是助推海洋渔业科技自立自强的关键

2023 年 4 月，习近平总书记在广东考察时指出，"种业是现代农业、渔业发展的基础，要把这项工作做精做好"。海洋种业作为海洋渔业高质量发展的"芯片"，是"打好种子翻身仗"的重要一环，是提供优质动物蛋白和保障国家粮食安全供给的基础与核心。截至 2021 年底，我国累积培育出 240 个水产新品种，鲆鲽鱼类、对虾、海带等已经用上自主选育的新品种，水产种业发展迅速。目前，与发达国家相比，我国在海洋水产种质资源高效利用和新品种选育效率等方面仍存在较大差距，良种覆盖率较低，水产新品种少且培育周期长，主导品种产量、抗病性能和品质较低，难以满足产业发展和市场需求。其中，部分水产种苗严重依赖进口，如我国每年进口的凡尔滨对虾种苗占我国养殖业的 70%~80%，每年进口的大西洋鲑受精卵和种苗约占我国养殖业的 100%。"十四五"以来，国家和山东、广东、海南等沿海各地纷纷出击，积极布局并大力推动海洋种业发展，我国海洋渔业科技自主创新能力将得到明显提升。

执笔人：胡洁（国家海洋信息中心）

2
海洋油气业发展情况

一、产业发展基本情况

2022 年，全球局势多变，美联储激进加息、俄乌冲突剧烈、全球经济衰退，致使能源消费增速放缓，油价跌宕起伏，全年振幅超 80%。近年来，坚持海陆并进是实现我国油气资源增储上产的重要保障。伴随着一大批由我国自主设计建造，担负油气勘探、钻井、海底铺管和生产等职能的高端深水装备相继投入使用，我国海上油气开发进入了快车道。2022 年，我国海洋油气业全年实现增加值 2724 亿元，比上年增长 7.2%。

二、产业发展主要特征

（一）海洋油气实现增储上产

2022 年，我国海洋油气产量实现增产，海洋油、气产量分别比上年增长6.2% 和 10.2%。"十三五"以来，我国海洋原油产量增量占全国原油产量增量近 80%，海洋原油占全国原油产量的比重由 2016 年的 25.9% 提升到 2022 年的 28.5%。受国内外市场需求和海洋油气业生产结构调整的影响，2017 年和

2018 年海洋原油产量有所下降，但整体呈现增长态势，海洋天然气产量逐年上升（图 2-2-1、图 2-2-2）。

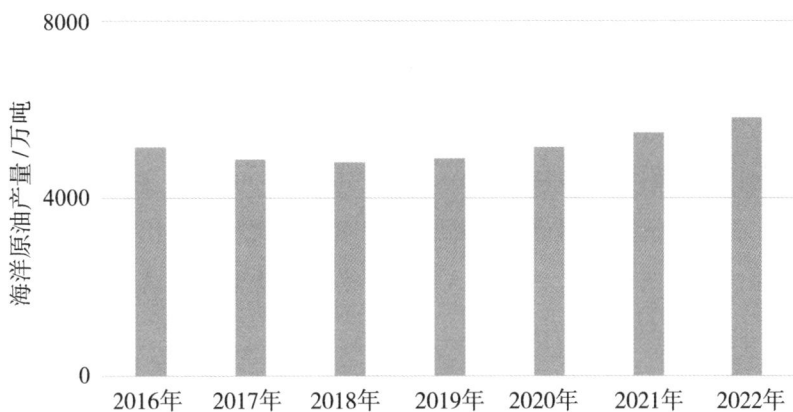

图 2-2-1 2016—2022 年我国海洋原油产量

（数据来源：2016—2019 年数据来源于《中国海洋经济统计年鉴 2020》，2020 年数据根据《2020 年中国海洋经济统计公报》整理，2021 年和 2022 年数据根据中国海油集团数据整理）

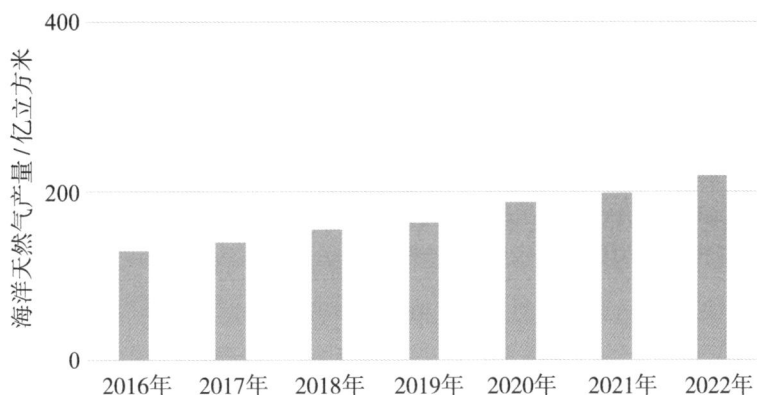

图 2-2-2 2016—2022 年我国海洋天然气产量

（数据来源：2016—2019 年数据来源于《中国海洋经济统计年鉴 2020》，2020 年数据根据《2020 年中国海洋经济统计公报》整理，2021 年和 2022 年数据根据中国海油集团数据整理）

2022 年，我国海洋油气勘探获重大突破。中国海油在海南岛东南部深水海域发现了我国首个深水深层大气田宝岛 21-1，最大作业水深超过 1500 米，完钻井深超过 5000 米，探明地质储量超过 500 亿立方米。我国海上首口页岩油探井——涠页-1 井压裂测试成功并获商业油流，实现了用我们自己的装备和技术自主勘探开发我国海上页岩油气资源，拉开了海上非常规油气勘探开发的序幕。环海南岛天然气生产集群产能创历史新高，最高日产量超 2000 万立方米。多个海上油气田项目顺利投产（表 2-2-1），重点新项目取得重要突破，渤海莱州湾北部首个亿吨级大型油田垦利 6-1 油田 5-1/5-2/6-1 区块开发项目导管架和平台全部建造完工，渤海湾首个千亿立方米大气田渤中 19-6 凝析气田一期顺利开工建设。

表 2-2-1 2022 年中国海洋油气主要投产项目

项目名称	海域
垦利 6-1 油田 10-1 北区块开发项目	渤海中部海域
垦利 6-1 油田 5-1/5-2/6-1 区块开发项目	渤海中部海域
渤中 29-6 油田开发项目	渤海南部海域
锦州 31-1 气田开发项目	渤海海域
涠洲 12-8 油田东区开发项目	南海北部湾海域
东方 1-1 气田东南区及乐东 22-1 气田南块开发项目	南海莺歌海海域
恩平 15-1/10-2/15-2/20-4 油田群联合开发项目	南海东部海域

数据来源：中国海油集团能源经济研究院。

（二）海上油气勘探开展对外合作

根据《中华人民共和国对外合作开采海洋石油资源条例》的有关规定，中国海洋石油集团有限公司就 2022 年中国海上对外合作招商 13 个勘探区块发布通告，区块总面积约 1.72 万平方千米。其中，渤海湾盆地 1 个区块，面积 330 平方千米；珠江口盆地 11 个区块，面积 1.62 万平方千米；莺歌海盆地 1 个区块，面积 640 平方千米。

三、发展趋势

（一）全球海洋油气成本将有所上升

预计 2023 年全球石油供应偏紧，市场需求存在较大的不确定性，国际油价维持高位。据石油输出国组织欧佩克推测，俄乌冲突和通货膨胀会拖累全球经济，海洋油气勘探、开发、生产的成本可能有所增加。

（二）海上油气生产是我国能源安全重要保障

我国深水海域油气资源丰富，潜力大，勘探开发和增储上产前景广阔。未来三年，渤海油田原油产量将以平均每年增幅 200 万吨的速度提产，2025 年原油产量将实现 3750 万吨，油气总产量超过 4000 万吨。到 2025 年，我国莺歌海、琼东南、珠江口三个盆地，总体探明天然气储量可达 1 万亿立方米，将建成万亿方大气区，进一步发挥海上油气生产对我国能源安全保障的重要支撑和引领作用。

执笔人：黄超（国家海洋信息中心）

3
海洋药物和生物制品业发展情况

一、产业发展基本情况

2022 年，海洋药物和生物制品业发展总体平稳，在海洋药物研发、获得融资支持等方面取得积极进展，海洋生物制品加快成果转化与规模化生产，政研企积极搭平台、畅机制，海洋药物和生物制品业产业发展环境逐步完善，全年实现增加值 746 亿元，比上年增长 7.1%。

二、产业发展主要特征

（一）"蓝色药库"开发计划实现新突破

重点项目"注射用 BG136"正式通过国家药品监督管理局审查，成为国际首个进入临床试验的抗肿瘤海洋药物。青岛海济生物医药有限公司采用"拨改投"形式成功实现首轮融资，用于支持"蓝色药库"开发计划的聚集开发、梯次产出，开创了新药研发早期项目融资的新模式。一款应用于治疗急性髓性白血病的一类新药为代表的研发管线获得 5000 万融资支持，为推进我国海洋药物研发提供了强有力的资金支持。

（二）海洋生物制品产业化进程加快推进

氨糖和壳寡糖正式实现规模化量产，成功建设并投产两条 100 吨级生产线。科研机构加紧对接企业需求，积极推介海洋生物源 ACE 抑制肽、海洋生物源新型钙制剂、营养型系列预制菜产品、海藻产品冷冻干燥新技术等 10 项技术成果，加速海洋功能食品技术成果转化及其产业化开发。青岛海洋生物医药研究院与三奇发展集团签订战略合作协议，以海洋肽类、海洋糖类、海洋脂质等海洋特色功能原料为基础，分三个阶段开展系列海洋高端功能制品开发，助推海洋生物制品产业化发展。

（三）政研企积极开展合作共建，地方发力政策支持

自然资源部海洋三所与厦门市海洋发展局签订协议共建国家级海洋生物遗传资源创新平台，积极为海洋生物基因资源的共享与开发利用搭建平台。"中国—日本新型海洋食品研发（国际）联合实验室建设"项目正式获批立项。山东青岛出台专项补贴政策，明确海洋药物及生物制品具体补贴标准，每个企业每年最高补助 300 万元。福建泉州出台《泉州市海洋生物资源综合利用产业发展专项规划（2022—2030 年）》，系统谋划海洋药物、海洋生物制品、海洋健康食品等领域的发展重点和方向，助推产业规模化发展。

三、产业发展趋势

（一）与现代信息技术加快融合

近年来，随着人工智能技术的突破，大数据、智能技术在海洋生物医药产业发展过程中的重要性逐步凸显，越来越多地应用到海洋生物医药的资源挖掘、创新研发、产业化中。各地开始逐步推进海洋生物基因库、信息中心等大数据平台，在新药研发、市场分析等方面应用 AI 技术，加快海洋生物医药与人工智能产业融合速度，提升海洋生物医药产业竞争能力。

（二）大健康领域布局提速激发海洋生物医药产业活力

伴随着"健康中国"建设等新机遇，生物医药行业已然成为我国成长性最好、发展最为活跃、最具投资价值的经济领域之一。由于海洋药物的研发具有投资大、周期长、风险高等特点，沿海各地多将目光投向产业化开发难度相对较低、监管相对宽松且市场受众更广的海洋生物制品领域，如保健品、日化、医美，在大健康融合领域未来发展潜力巨大。

执笔人：胡洁（国家海洋信息中心）

4
海洋电力业发展情况

一、产业发展基本情况

2022 年，我国海上风电市场回归平稳，整体向上的市场发展趋势没有改变。国家和沿海地区积极落实"双碳"目标，从产业规模、科技和装备等方面明确了海上风电发展方向。海上风电技术不断突破，10 兆瓦及以上海上风电机组累计装机容量占全部海上风电累计装机容量的比重比 2021 年增长了 1.9 个百分点，海上风电机组最大单机容量达到 11 兆瓦，面向深远海的海上风电开发技术更加成熟。海洋电力业全年实现增加值 395 亿元，比上年增长 20.9%。

二、产业发展主要特征

（一）市场总体平稳有序运行

2022 年海上风电市场由 2021 年"抢装潮"回归稳步增长态势。单从数据上看，2022 年我国海上风电行业发展较 2021 年有明显下降，其主要原因是 2021 年"抢装"后的市场回归理性。其次，各地疫情反复，对运输、安装施工等也有一定影响，但对比 2019 和 2020 年有显著增长，市场整体发展趋势没有改变，前景十分乐观。

2022 年，我国海上风电新增装机容量 515.7 万千瓦，同比下降 64.4%，海上风电累计并网容量达到 3051 万千瓦，同比增长 20.4%，全年海上风电累计发电量 701.2 亿千瓦时，同比增长 116.2%。2022 年，海上风电公开招标量近 2000 万千瓦，在建和全部并网的海上风电项目超过 35 个项目，项目规模超过 18 吉瓦（图 2-4-1）。

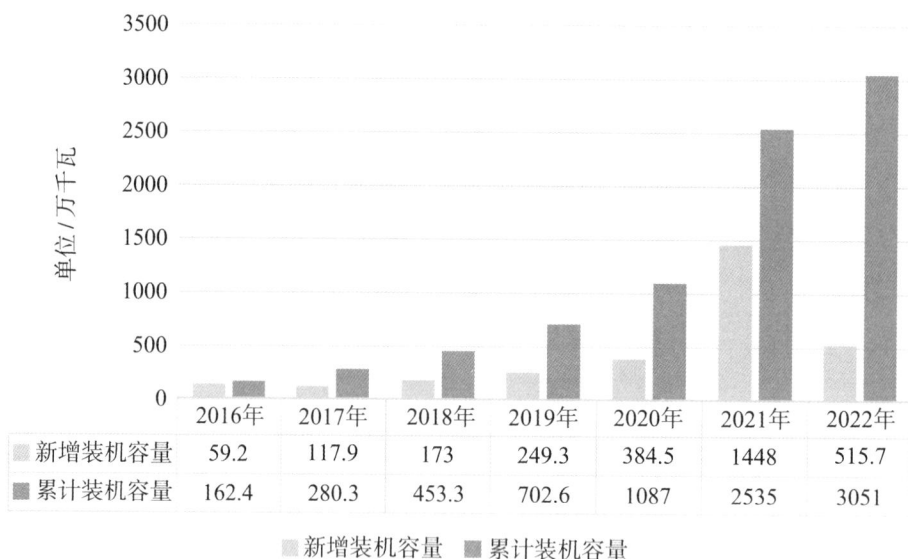

	2016年	2017年	2018年	2019年	2020年	2021年	2022年
新增装机容量	59.2	117.9	173	249.3	384.5	1448	515.7
累计装机容量	162.4	280.3	453.3	702.6	1087	2535	3051

■ 新增装机容量　■ 累计装机容量

图 2-4-1　2016—2022 年我国海上风电装机容量

（数据来源：2016—2020 年数据来源于《2020 年中国风电吊装容量统计简报》，2021 年数据来源于《2021 年中国风电吊装容量统计简报》，2022 年数据来源于《2022 年中国风电吊装容量统计简报》）

（二）利好政策支持海上风电发展

"十四五"期间，国家已明确提出积极推进东南沿海地区海上风电集群化开发建设。《"十四五"现代能源体系规划》明确指出，鼓励建设海上风电基地，重点建设广东、福建、浙江、江苏、山东等海上风电基地，积极推进东南部沿海地区海上风电集群化开发。《"十四五"可再生能源发展规划》明确强调，优化近海海上风电布局，开展深远海海上风电规划，推动近海规模化开发和深远海示范化开发，重点建设山东半岛、长三角、闽南、粤东、北部湾五大海上风电基地集群。《"十四五"能源领域科技创新规划》提出集中攻关深远海域海上风电开发及超大型海上风机技术等内容。沿海各地区陆续推出海上风电发展规划，并积极开展海上风电装备产业园／基地规划建设。

沿海地区相继出台补贴政策支持海上风电发展。广东对2022年、2023年、2024年全容量并网项目每千瓦分别补贴1500元、1000元、500元。山东对2022—2024年建成并网的"十四五"海上风电项目分别按照每千瓦800元、500元、300元的标准给予补贴，补贴规模分别不超过200万千瓦、340万千瓦、160万千瓦。浙江明确在2022年和2023年，全省享受海上风电省级补贴规模分别按60万千瓦和150万千瓦控制，补贴标准分别为0.03元／千瓦时和0.015元／千瓦时，项目补贴期限为10年，从项目全容量并网的第二年开始，按等效年利用小时数2600小时进行补贴。上海针对2022—2026年投产发电的深远海海上风电项目和场址中心离岸距离大于等于50千米的近海海上风电项目按500元/千瓦的标准进行奖励，单个项目年度奖励金额不超过5000万元。

根据沿海各地区公布的海上风电相关规划，"十四五"期间，我国海上风电产业将实现新增装机约5000万千瓦，到2025年，累计装机并网容量将超过6000万千瓦（表2-4-1）。

表2-4-1 "十四五"沿海各地海上风电规划容量（万千瓦）

地域	"十四五"海上新增并网（投产）容量	"十四五"海上开工规模	到2025年累计并网（投产）容量
江苏	909	1212	1500
浙江	500	996	500
福建	410	1030	600
广东	1700	1700	1800
山东	800	1000	500
上海	30	—	60

（续表）

地域	"十四五"海上新增并网（投产）容量	"十四五"海上开工规模	到 2025 年累计并网（投产）容量
辽宁	50	—	290
广西	300	500	300
海南	200	1100	200
天津	90	90	—
河北	—	300	500（到 2027 年）
合计	4989	7928	约 6250

数据来源：根据网络资料不完全统计。

（三）海上风电技术不断突破

海上风电机组及关键零部件制造不断破纪录。单机容量 18 兆瓦的风电机组下线，123 米全球最长叶片也已经下线，20 兆瓦的发电机在德国汉堡风能展亮相，16.6 兆瓦"双机头"新型概念机组即将在中国海域面世。

适应深远海海上风电开发的相关技术取得新突破。由中国海装牵头自主研发的深远海浮式风电装备"扶摇号"6.2 兆瓦完成总装，并在水深达 65 米的广东湛江罗斗沙海域进行示范应用。浙江台州 35 千伏柔性低频输电示范工程的首台 20 赫兹低频风机实现并网，标志着国内首个柔性低频输电项目建设再次取得突破性进展，为开发 80~200 千米中远海丰富的风力资源提供了更加经济高效的输送手段。福建龙源漂浮式海上风电与养殖融合研究与示范项目进行技术招标。

（四）海上风电"走出去"步伐加快

多家整机企业加紧了对海上风电海外市场的布局，风机出海目的地正在由东南亚市场向欧洲市场拓展。2021 年，金风科技、明阳智能和东方电气等企业的海上风电机组首次销往越南；2022 年，明阳智能海上风电机组出口至越南和意大利。根据全球风能理事会统计，截至 2022 年底，海上风电机组累计发运到海外容量共计 489.8 兆瓦，其中 2021 年和 2022 年出口容量分别为 324.8 兆瓦和 165 兆瓦。

三、发展趋势

　　未来，全球海上风电将逐步向大型化、深远海、融合型发展，整体市场规模将继续扩张，市场竞争将带来成本的进一步下降，能源转型需求和市场范围的扩大会创造更大的发展空间。我国海上风电发展前景广阔，未来将成为全球海上风电发展的核心驱动。统计数据显示，2022 年我国海上风电项目招标量近 2000 万千瓦，未来两年平均每年可实现装机 1000 万千瓦。预计到 2025 年，我国海上风电装机容量将达到 1.0 亿千瓦，到 2030 年累计装机容量将达到 2.0 亿千瓦。

执笔人：黄超（国家海洋信息中心）

5
海水淡化与综合利用业发展情况

一、产业发展基本情况

2022 年，海水淡化与综合利用业稳步发展，海水淡化工程规模持续扩大，关键领域核心技术有所突破，各项国际国内海水淡化工程进展顺利，海水淡化企业国际影响力不断扩大，海水淡化与其他产业融合的新模式、新业态蓬勃发展。初步核算，海水淡化与综合利用业全年增加值为 329 亿元，同比增长 3.6%。截至 2022 年底，全国现有海水淡化工程 152 个，工程规模 2377168 吨/日，比 2021 年增加了 520735 吨/日；年海水冷却用水量 1770.46 亿吨，比 2021 年减少了 4.61 亿吨；新发布海水利用标准 3 项，包括国家标准 1 项、行业标准 2 项。

二、产业发展主要特征

（一）海水淡化工程规模持续扩大

山东、天津、河北、江苏等沿海省市积极推动大型海水淡化工程建设，各项海水淡化工程进展顺利，海水淡化工程规模不断扩大，供水新格局逐步形成。山东青岛百发二期工程顺利投运，青岛百发海水淡化项目产能达到20万吨/日，成为国内最大的膜法海水淡化项目和国内最大的海水淡化市政供水示范项目，形成多水源保障的优质供水新格局。河北唐山海港5万吨/日海水淡化项目一期工程成功进水，标志着在建的海水淡化示范线正式进入调试阶段。天津南港工业区15万吨/日海水淡化及综合利用一体化示范项目一期工程、鲁北海水淡化二期工程进入实施阶段。江苏5万吨/日的田湾核电站蒸汽供能海水淡化和除盐水项目正式开工，为国内核电领域迄今最大的海水淡化工程。

（二）海水淡化关键技术实现新突破

2022年，海水淡化领域涌现多个新科技成果。其中，哈尔滨工业大学环境学院在《先进材料》（*Advanced Materials*）上发表成果《超高通量纳米多孔石墨烯膜利用低品质热源实现可持续海水淡化》（*An Ultrahigh-Flux Nanoporous Graphene Membrane for Sustainable Seawater Desalination using Low-grade Heat*），该研究设计合成了超高通量多孔石墨烯膜并利用低品质热源实现了高效可持续的海水淡化。"3.5万吨/日超大型膜法海水淡化单机装备及成套技术"通过中国石油和化学工业联合会组织的科技成果鉴定，总体达到国际先进水平，超大型反渗透单机装置成套技术整体达到国际领先水平。

（三）海水淡化产业科研力量日益壮大

2022年，海水淡化产业科研力量快速成长，涌现出一批海水淡化研究机构。青岛水务海水淡化设计研究院揭牌成立，旨在深度参与国内外大型海水淡化项目，助力海水淡化领域的应用研究及产品开发、技术转化、学术交流、规划设计、项目建设、设备集成和专业技术人才培养。山东海水淡化与综合利用产业研究院正式入驻济南长清大学城，将开展海水淡化、污水处理等方面技术研发和科技成果转化。

（四）海水淡化企业国际影响力逐步扩大

我国海水淡化企业已经在中东、北非等地区承包了多项海水淡化工程项目，2022年多个海外项目进展顺利，国际影响力不断提升，新承接订单数日益增加。沙特朱拜勒3A海水淡化项目正式产出合格水，沙特朱拜勒二期海水淡化项目成功实现满负荷运行。阿联酋阿布扎比塔维勒海水淡化项目2号机组成功并网，项目1号、2号两台机组全部满负荷运行，标志着全球最大海水淡化项目并网运行。阿联酋乌姆盖万150 MIGD海水淡化项目按期顺利实现商业运行。杭州水处理与海外客户签订印尼造纸5万吨/日海水淡化项目，山东电建三公司与沙特海水淡化公司在利雅得正式签订沙特扎瓦尔项目新年度运维合同。

（五）海水淡化应用新场景不断涌现

随着海水淡化产业发展日趋成熟，海水淡化应用场景不断扩大。采用"新能源+海水淡化"模式的国家能源投资集团河北沧东发电有限责任公司"绿电制绿水"综合能源示范项目获得备案批复。烟台确定将海水淡化利用等新技术应用于景观旅游，为市民旅游消费和休闲生活提供新去处。在拟建设公园规划地下海水淡化设施，屋顶进行景观化处理，融入滨海景观；结合未来养殖池的景观改造，打造滨海动感水街区；淡化后的海水用于设计公园景观用水。

三、产业发展趋势

海水淡化与综合利用产业保护稳步增长态势，但是产业的持续健康发展仍受制于海水淡化水的定位。因此，将海水淡化水作为新水源，纳入基础设施建设和公用事业范畴，享受水利工程同等待遇，统筹纳入国家水网工程的建设是海水淡化与综合利用产业发展方向。同时，要加大资金支持力度、打造全产业链条，打通规模化利用堵点等，为海水淡化行业"减负"。支持自主海水淡化研发设计、整机制造、关键材料与药剂生产等研发与制造企业发展，从增加海水淡化浓盐水排海试点以拓展海水淡化的应用场景等方式将进一步推进海水淡化产业高质量发展。

执笔人：徐莹莹（国家海洋信息中心）

6
船舶与海工装备制造业发展情况

一、产业发展基本情况

（一）海洋船舶工业方面

2022 年，新冠肺炎疫情的冲击依然存在，世界经济脆弱性更加突出。受俄乌冲突等因素的影响，地缘政治局势紧张，粮食和能源等多重危机叠加，人类发展面临重大挑战，世界进入新的动荡变革期。根据 OECD 在 2022 年 11 月发布的经济展望报告，预测 2022 年全球经济增速为 3.1%，2023 年放缓至 2.2%，2024 年增速为 2.7%。受到海运贸易结构巨变、绿色转型加速、国际规则逐步清晰等长期因素推动，叠加全球风险增加、经济增速放缓、金融环境复杂严峻等短期因素冲击，全球船舶产业总体呈现缓慢复苏态势，但是短期内市场波动性和不确定性增强。

面对严峻复杂的市场环境，我国海洋船舶工业沉着应对百年变局和世纪疫情带来的诸多挑战，全行业一起"克疫情、战高温""保交船、抢订单"，稳住了行业平稳发展的良好势头。2022 年我国海洋船舶工业实现增加值 969 亿元[①]，

---

① 2022 年度海洋经济核算工作完成了历史数据修订，海洋产业增加值数据与历年出版的报告中数据不具可比性。

比上年增长9.6%。海船三大指标两升一降，其中海船完工量1295万修正总吨，同比增长7.6%，海船新接订单量2133万修正总吨，同比下降11.2%，海船手持订单量4530万修正总吨，同比增长25.5%（图2-6-1）。

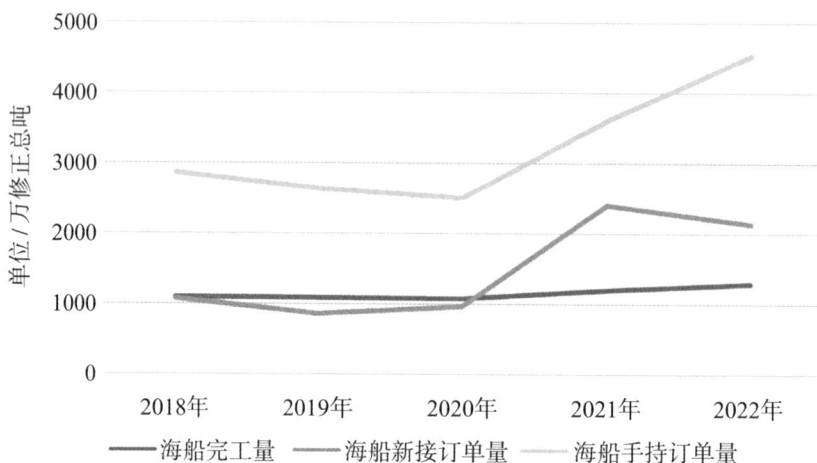

图 2-6-1　2018—2022 年我国海船三大指标

（数据来源：中国船舶工业行业协会）

出口方面，2022年全国完工出口船、新接出口船订单、手持出口船订单分别占全国造船完工量、新接订单量、手持订单量的81.0%、89.1%和90.2%。船舶出口金额264亿美元，同比增长8.7%。出口船舶产品中，散货船、油船和集装箱船仍占主导地位，出口金额合计139.9亿美元，占出口总金额的53%（图2-6-2）。

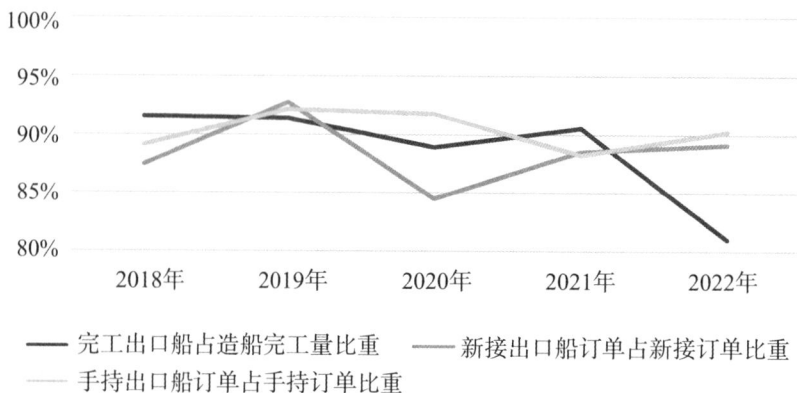

图 2-6-2　2018—2022 年我国出口船舶情况

（数据来源：中国船舶工业行业协会）

从全球来看，2022 年，我国造船国际市场份额连续 13 年位居世界第一，造船大国的地位进一步稳固。造船完工量、新接订单量、手持订单量以载重吨计分别占世界总量的 47.3%、55.2% 和 49.0%（表 2-6-1）。骨干船企同样保持较强的国际竞争力，分别有 6 家企业进入世界造船完工量、新接订单量、手持订单量的前 10 强。

表 2-6-1　2022 年世界造船三大指标市场份额

指标/国家		世界	中国	韩国	日本
造船完工量	万载重吨	8011	3786	2400	1572
	占比（以载重吨计）	100%	47.3%	30.0%	19.6%
	万修正总吨	2979	1295	782	492
	占比（以修正总吨计）	100%	43.5%	26.3%	16.5%
新接订单量	万载重吨	8241	4552	2395	912
	占比（以载重吨计）	100%	55.2%	29.1%	11.1%
	万修正总吨	4279	2133	1559	328
	占比（以修正总吨计）	100%	49.8%	36.4%	7.7%
手持订单量	万载重吨	21565	10557	6817	3061
	占比（以载重吨计）	100%	49.0%	31.6%	14.2%
	万修正总吨	10590	4530	3751	1004
	占比（以修正总吨计）	100%	42.8%	35.4%	9.5%

数据来源：中国船舶工业行业协会。

（二）海工装备制造方面

在海上风电和油气需求增长的双重加持以及海工装备市场乐观情绪逐渐升温的影响下，2022 年全球海工装备市场出现修复性反弹，全球海工装备成交金额 256 亿美元，同比增长 60%。我国海工装备制造企业积极把握有利的市场环境机遇，持续推进装备接单与交付。全年海工装备制造业发展态势良好，实现增加值 773 亿元，比上年增长 3.0%。全年我国海工装备新承接订单金额 186 亿美元，同比增长 144.7%，连续第 5 年斩获全球海工接单榜首；交付订单金额 68 亿美元；手持订单金额 421 亿美元，同比增长 41.3%。海工装备三项指标（新接订单金额、交付订单金额和手持订单金额）分别占世界总量的 72.7%、51.1% 和 54.5%（图 2-6-3）。

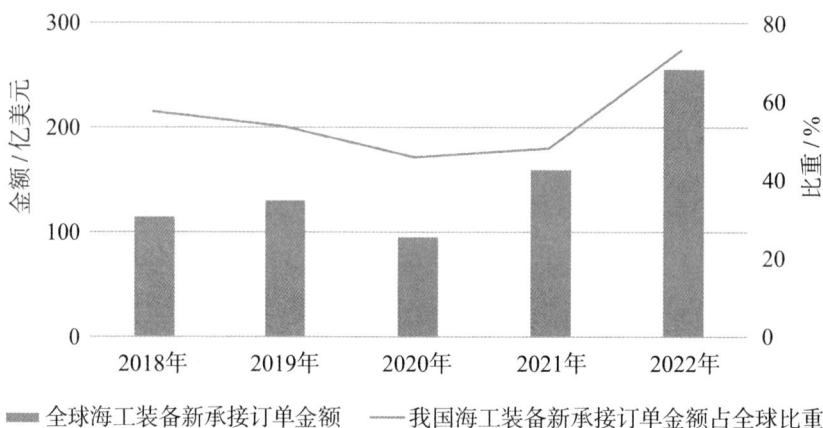

图 2-6-3　2018—2022 年全球海工装备新承接订单金额及我国占比情况
（数据来源：2023 年 7 月克拉克森研究《海工船厂导报》）

二、产业发展主要特征

（一）海洋船舶工业方面

1. 产品结构调整显成效，高附加值船舶新接订单量增多

2022 年，我国新接订单量保持增长的同时，优势船型在国际上的领先地位继续巩固，在全球 18 种主要船型中，我国共有 12 种船型新接订单量位居全球首位。其中，集装箱船、散货船、原油船、化学品船、海工辅助船、汽车运输船和多用途船 7 种船型全球市场份额超过 50%，分别达到 56.7%、72.2%、63.5%、65.7%、58.2%、87.7% 和 75.5%。我国新承接大型 LNG 运输船订单量约占全球总量的 30%，全年新接船舶订单修载比（修正总吨/载重吨）达到 0.468，均创下历史新高，反映了我国船舶订单结构持续优化提升。

2. 高端船舶研发取得新突破，绿色动力船舶占比创新高

2022 年，我国船企持续加大研发力度，在高技术船舶领域取得新的突破。全球箱位数最大的 24000 TEU 集装箱船、17.4 万立方米大型 LNG 等一批高端船型实现批量交船。国产首艘大型邮轮实现主发电机动车重大节点，第二艘大型邮轮顺利开工建造。30 万吨级 LNG 双燃料动力超大型原油船（VLCC）、20.9 万吨纽卡斯尔型 LNG 双燃料动力散货船、4.99 万吨甲醇双燃料动力化学品/成品油船等绿色动力船舶完工交付。全年新接订单中绿色动力船舶占比达到 49.1%，为历史最高水平。

3. 船舶配套产品应用率提升，船舶工业强链补链取得实质进展

2022 年，我国船配企业继续加速核心设备研发制造，持续提升船用主机、船用锅炉、船用起重机、船用燃气供应系统（FGSS）等国产配套设备装船率，造船行业产业链供应链稳定性明显提升。船用高端钢材研发制造能力实现重要突破，大型集装箱船用止裂板全部实现国产替代，化学品船用双相不锈钢国产化率由不足 50% 提高到 90% 以上，国产高锰钢罐项目顺利开工，薄膜型 LNG 船罐液货围护系统专用不锈钢通过专利公司认证。

（二）海工装备制造方面

1. 海洋油气装备需求扩大，"去库存"成效明显

2022 年，国际油价高位波动，布伦特国际原油现货价格一度攀升至 139 美元/桶，创下金融危机以来新高，带动了全球海洋油气装备市场需求的增长，油价高峰时期订造海洋油气装备陆续交付船东或获得租约，其中中国船舶集团交付了 2 座自升式钻井平台和 6 艘海洋工程辅助船；招商局工业集团交付了 2 座钻井平台、3 座多功能服务平台和 1 艘其他装备；中远海运重工有限公司交付了 2 艘海洋工程辅助船；烟台中集来福士海洋工程公司 1 艘半潜式钻井平台和 1 艘自升式钻井平台获得租约。

2. 深水远岸资源开发需求正旺，新型高端海工装备集中亮相

当前，全球和我国对深水远岸资源的开发需求不断增长。在此背景下，海上风电开发施工装备、深远海养殖装备、浮式油气生产与储运装置的需求也持续上升，成为海工装备订单的主力产品。以数量来计算，全年我国成交的海工装备主要为工程船（如起重船、风电安装船等）、移动生产装备（以FPSO为主）、生活平台等。全球首艘新一代2000吨级海上风电安装平台——"白鹤滩"号在广州南沙正式投运，"闽投1号""乾动1号""宁德1号"深海养殖平台相继下水，为海上风能资源和深海渔业资源开发提供了重要的装备支持。

3. 海洋油气装备"卡脖子"技术取得突破，水下生产系统打破国际垄断

水下生产系统是开发海洋油气资源的重要技术装备，由水下井口、水下采油树、水下控制系统、水下多功能管汇等多种复杂水下结构物组成，长期以来被国外公司垄断。2022年，我国海工装备企业加大这一核心装备技术攻关，我国首个自主研发的浅水水下采油树在渤海海域锦州31-1气田成功投产，我国自主研发的首套深水水下生产系统在海南莺歌海的东方1-1气田东南区乐东块开发项目正式应用，我国首套自主研发深水油井水下采油树在流花11-1油田成功投用，标志着我国海洋油气核心装备国产化取得重要突破。

4. 海工装备向智能化方向加速发展，装备与生产基地智能化建设同步推进

2022年，我国海洋装备向智能化方向发展迈出坚实步伐。装备智能化发展方面，国内首批智能液化天然气（LNG）动力守护船"海洋石油542"和"海洋石油547"成功交付，填补了我国智能LNG动力守护船领域空白。我国海洋油气装备"智能制造"的试点示范项目——渤中29-6油田开发项目首个组块进入海上安装环节。装备智能化生产基地建设方面，国内首个海洋油气生产装备智能制造基地建成投产，实现了从材料入场到划线、组对、打磨、焊接等车间预制流程的智能化。我国首条旋转导向钻井与随钻测井"璇玑"系统智能化生产线建成投产，有效降低了油气田开发成本。

三、产业发展趋势

（一）海洋船舶工业方面

1. 全球经济形势对新造船市场产生不利影响

全球主要机构对2023年全球经济增速预期均低于3%，经济增速将延续

低增长态势，需求收缩必将对国际航运和造船市场产生不利影响。由此预计2023年我国新船订单量不会有过快增长，中国船舶工业行业协会预测预计2023年我国船舶新接订单量为4000万~5000万载重吨。

2. 国际海事新规实施带动新市场

2023年国际强制实施的船舶能效指数（EEXI），要求所有现役船舶必须满足特定的二氧化碳排放要求，考虑船舶运营中的实际二氧化碳排放量的碳强度指标（CII）也将生效，这些新规则将加速低碳/零碳动力船舶市场发展。

（二）海工装备制造方面

1. 海洋油气装备主力地位依然稳固

从2022年成交的海洋工装备金额来看，海洋油气装备的主力地位依然稳固，尤其是FPSO为代表的浮式生产装备，作为海上油气"巨无霸"，尽管数量不多，但单艘价格高，短期内其主力地位难以替代。此外，自升式钻井平台、半潜式钻井平台、海工支持船等主力海洋油气装备近些年尽管订单稀缺，但下游需求依旧存在，订单依然可期。

2. 新型装备崛起势头不可阻挡

从国际来看，近些年在各国政策的大力支持以及成本竞争力日益提升的情况下，全球海上风电新增装机容量快速增长，对海上风电装备需求增加。从国内来看，中央经济工作会议定调2023年要着力扩大国内需求，把恢复和扩大消费摆在优先位置，由此可见，海洋旅游、深远海养殖等装备市场需求将会加大释放。新型装备发展势头依旧强劲。

执笔人：朱凌（国家海洋信息中心）

7
海洋交通运输业发展情况

一、产业发展基本情况

2022 年，面对更趋复杂严峻的国际环境和国内疫情持续反复等多重挑战，我国海洋交通运输业总体平稳运行，实现恢复增长，全年海洋交通运输业增加值同比增长 6.0%。我国海洋运输在保障国际国内经济贸易畅通过程中发挥了重要作用，全年海洋货物运输量同比增长 6.6%；沿海港口完成货物吞吐量同比增长 1.6%（图 2-7-1；图 2-7-2）。服务构建新发展格局取得积极成效，为经济社会发展提供了坚实保障。

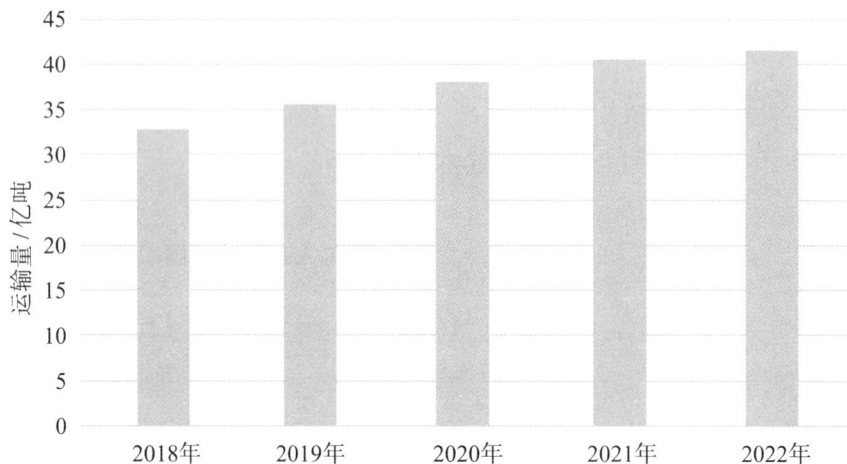

图 2-7-1　2018—2022 年海洋货物运输量走势
（数据来源：交通运输部官网）

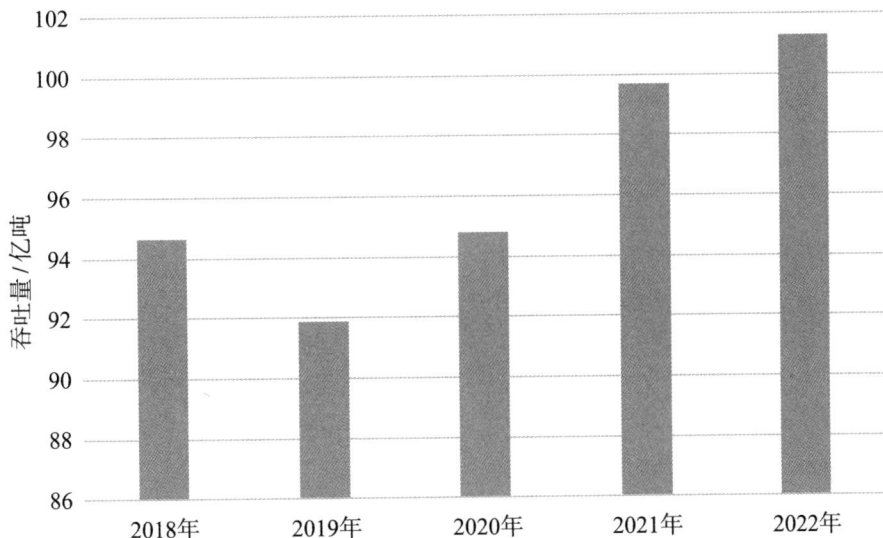

图 2-7-2 2018—2022 年沿海港口货物吞吐量走势
（数据来源：交通运输部官网）

二、产业发展主要特征

（一）远洋运输市场震荡走弱

2022 年，新冠疫情、俄乌冲突、能源危机、通货膨胀等多重因素扰动，国际环境复杂严峻，全球经济发展放缓，国际海运贸易需求增长疲软。克拉克森数据显示，2022 年全球海运贸易量与 2021 年持平，仍略低于疫情前水平，我国海运外贸需求降低。疫情管控政策放开，港口拥堵缓解，船舶周转加快，全球有效运力增加。克拉克森数据显示，2022 年全球船队运力增长 3.1%，新船交付较 2021 年下降；交通运输部数据显示，我国远洋运输船舶艘数比上年减少 1.1%。海运市场运价大幅下降，回归平稳。

1. 散货市场整体下行

2022 年初，俄乌冲突引发全球煤炭、粮食贸易格局变化，航线运距增加，运费快速冲高，国际干散货运输市场在上半年大幅走高。受全球经济走弱、我国房地产市场低迷影响，铁矿石需求走低，我国铁矿石、煤炭、粮食进口同比减少 4.0%，下半年国际干散货运输市场整体行情震荡走低。2022 年末，远东干散货运价指数比年初下跌 22.5%（图 2-7-3）。

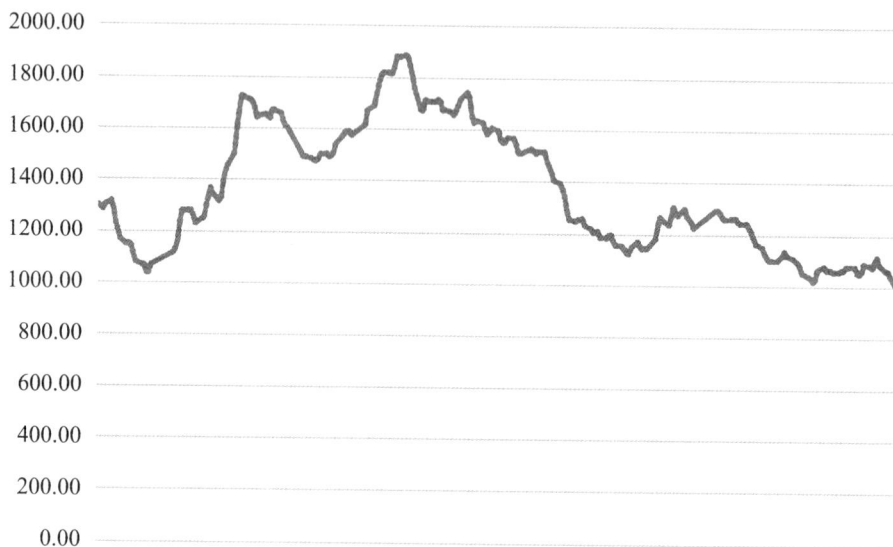

图 2-7-3 2022 年我国远东干散货海运价格指数走势
（数据来源：Wind数据库）

2.原油市场达到近年高位

俄乌冲突爆发深刻改变全球石油贸易格局，能源供给紧张，石油运输需求激增，国际原油价格大幅冲高。2022 年国际油轮运输市场整体处于高位。克拉克森数据显示，2022 年全球石油海运量同比增长 4.1%，海运周转量同比增长 4.5%，油轮规模增速加快，2022 年底全球万吨以上现役油轮船队较年初增长 3.0%，增速同比上升 1.3 个百分点。中国进口原油运价指数均值同比上涨 93.6%（图 2-7-4）。

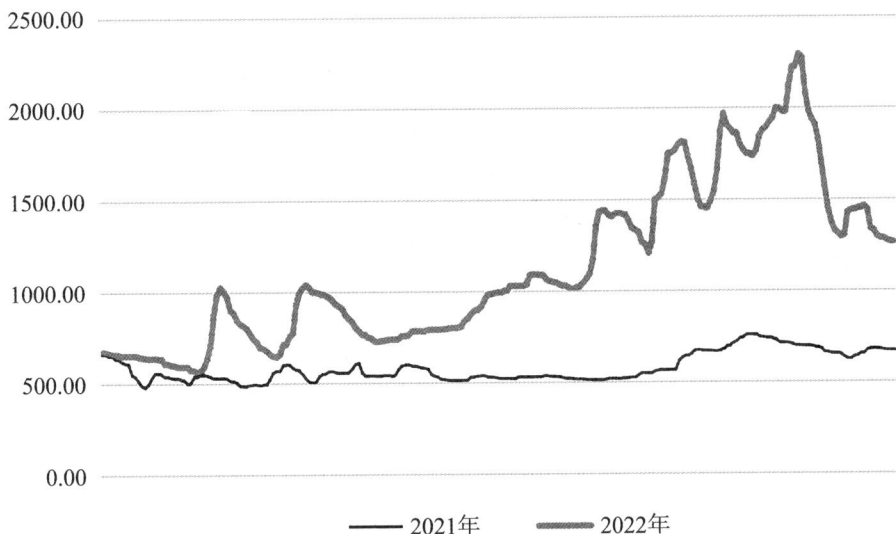

图 2-7-4　2021—2022 年我国进口原油海运价格指数走势
（数据来源：Wind数据库）

3. 集装箱市场回调

受疫情、俄乌冲突、通货膨胀、欧美库存高企等多重因素扰动的影响，全球集装箱运输市场需求疲软。克拉克森数据显示，2022 年全球集装箱海运量同比下降 3.1%，集装箱船队总运力规模同比增长 4.1%，港口拥堵造成的拥堵运力占比由峰值的 15.1% 降至目前的 8.7%。船舶周转效率有所提升，船队效能得到较好释放。全球集装箱海运价格快速下行。2022 年，中国出口集装箱运价指数均值虽较 2021 年仍上涨 6.8%，但年内波动呈不断下跌的趋势，年末较年内高点下跌 64.56%（图 2-7-5）。

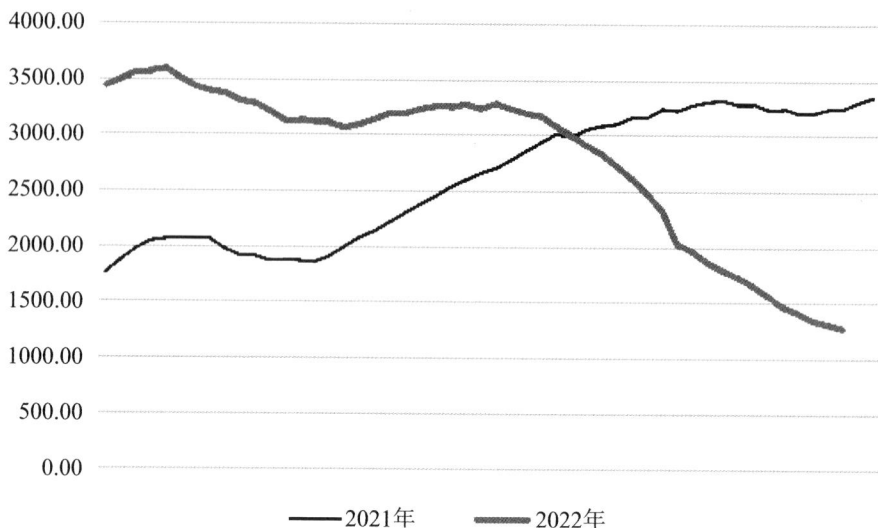

图 2-7-5　2021—2022 年我国出口集装箱海运价格指数走势
（数据来源：Wind数据库）

（二）沿海运输稳中有进

2022 年，我国统筹疫情防控和经济社会发展，企业生产经营、国内消费保持稳定，经济运行保持在合理区间，全年生产总值增长 3.0%。沿海运力保持平稳，交通运输部数据显示，年末我国沿海运输船舶数量增长 1.0%，净载重吨同比增长 5.5%。国内沿海运输整体稳中有进。

1. 散货市场平稳运行

2022 年初受重大赛事影响，沿海散货运输市场复苏时间延后，之后多地疫情严峻，加之南方多省降雨天气频繁，社会生产活动严重受限，大宗商品需求低迷。2022 年沿海煤炭下水量同比仅增长 0.2%，沿海钢材同比减少 8.2%。随着一批新造运力投入市场以及部分内外贸兼营船舶回流内贸市场，沿海散货运力实现增长。交通运输部数据显示，截至 2022 年底，全国沿海省际万吨以上干散货船吨位同比增加 6.5%。沿海干散货运价指数波幅收窄，整体下移（图 2-7-6）。截至 2022 年，中国沿海干散货运价指数全年均值较 2021 年同比下降 13.9%。

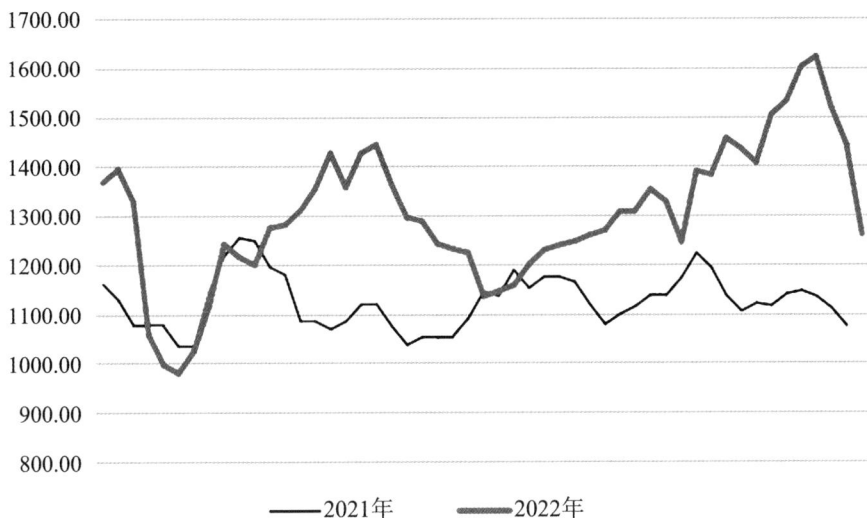

图 2-7-6　2021—2022 年沿海干散货运价指数走势

（数据来源：Wind数据库）

2. 油品市场平稳

上半年受国际油价暴涨、新冠疫情和炼油厂传统检修季等因素影响，沿海油品运输需求减弱；下半年随着油价企稳、炼厂总体负荷逐步回升，运输需求陆续恢复。2022 年整体运量增加，沿海省际原油运输量同比增长 18.2%，沿海成品油运量同比增长约 4.9%。运力供给保持稳定。截至 2022 年底，全国沿海省际运输油船吨位同比增长 2.5%。油品运输价格保持上涨。2022 年，我国沿海省际原油运价指数均值同比上涨 2.3%（图 2-7-7），沿海成品油运价指数均值同比上涨 0.4%（图 2-7-8）。

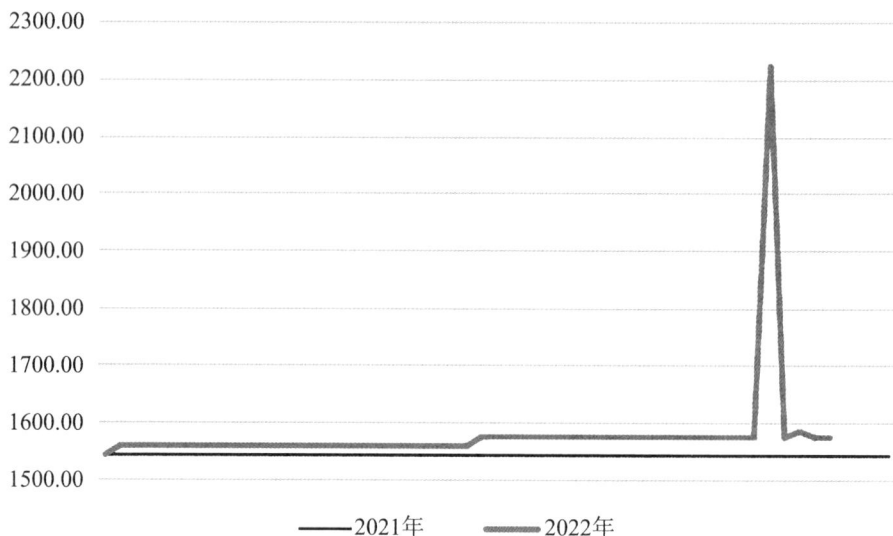

图 2-7-7　2021—2022 年沿海原油运价指数走势
（数据来源：Wind数据库）

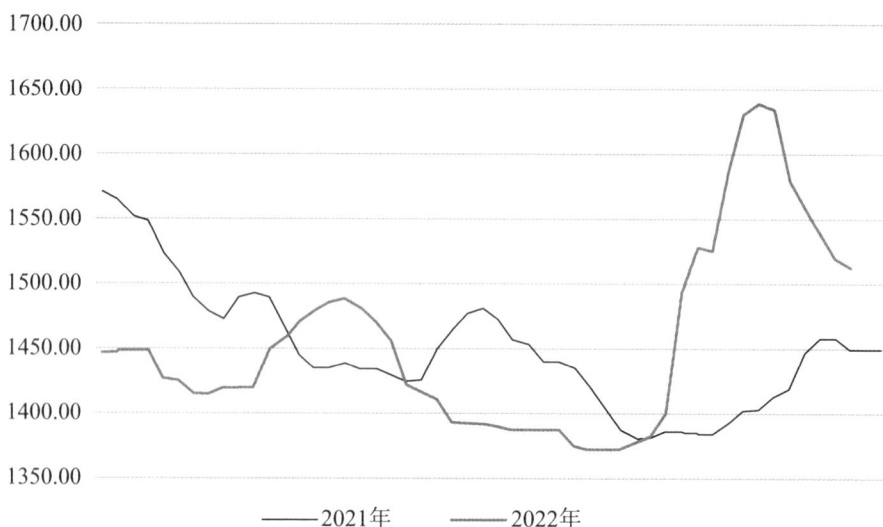

图 2-7-8　2021—2022 年沿海成品油运价指数走势
（数据来源：Wind数据库）

3. 集装箱市场走高

2022 年，上半年国内疫情持续多点散发，国内物流与供应链受阻；下半年国家稳增长、保经济、促内需政策持续出台，市场需求逐步恢复。

外贸集装箱市场依然好于内贸集装箱市场，内外贸兼营船舶国内航运时间同比下滑，市场有效运力依然紧张，全年内贸集装箱运价总体走高。2022 年，新华·泛亚航运中国内贸集装箱运价指数均值同比增长 13.1%（图 2-7-9）。

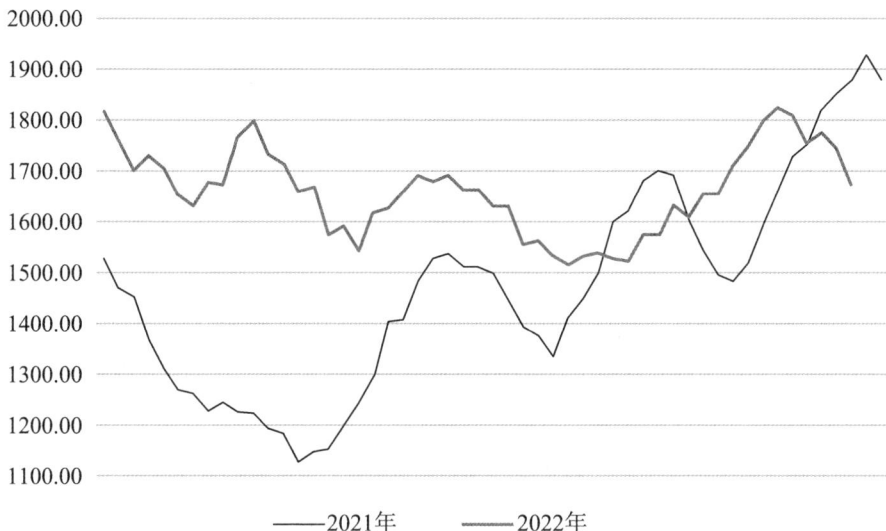

图 2-7-9 2021—2022 年我国内贸集装箱运价指数走势

（数据来源：Wind数据库）

（三）沿海港口服务新发展格局有力

我国沿海港口在保障国内外经济畅通方面发挥积极作用。交通运输部数据显示，2022 年，我国沿海港口完成货物吞吐量 101.3 亿吨，同比增长 1.6%；完成集装箱吞吐量 2.6 亿标准箱，同比增长 4.6%。全球港口货物吞吐量排名前 10 位中，中国港口占据 8 席，宁波舟山港连续 14 年位列全球第一（表 2-7-1）；全球港口集装箱吞吐量排名前 10 位中，中国港口占据 7 席，上海港连续 13 年位列全球第一（表 2-7-2）。世界银行等机构发布数据显示，2022 年全球集装箱港口绩效排名前 10 位的港口中，中国港口占据 3 席。

表 2-7-1　2022 年全球港口货物吞吐量排名前 10 位

2022 年位次（2021 年位次）	港口
1（1）	宁波舟山港
2（3）	唐山港
3（2）	上海港
4（4）	青岛港
5（5）	广州港
6（6）	新加坡港
7（7）	苏州港
8（9）	日照港
9（8）	黑德兰港
10（10）	天津港

数据来源：上海国际航运研究中心。

表 2-7-2　2022 年全球港口集装箱吞吐量排名前 10 位

2022 年位次（2021 年位次）	港口
1（1）	上海港
2（2）	新加坡港
3（3）	宁波舟山港
4（4）	深圳港
5（6）	青岛港
6（5）	广州港
7（7）	釜山港
8（8）	天津港
9（9）	香港港
10（10）	鹿特丹

数据来源：上海国际航运研究中心。

沿海港口供给侧结构性改革持续加大。2022 年末我国沿海港口生产用码头泊位 5441 个，比上年增加 22 个；万吨级及以上泊位 2300 个，比上年增加 93 个（图 2-7-10）。沿海港口建设投资保持快速增长，沿海建设完成 794 亿元，较上年增长 9.9%（图 2-7-11）。

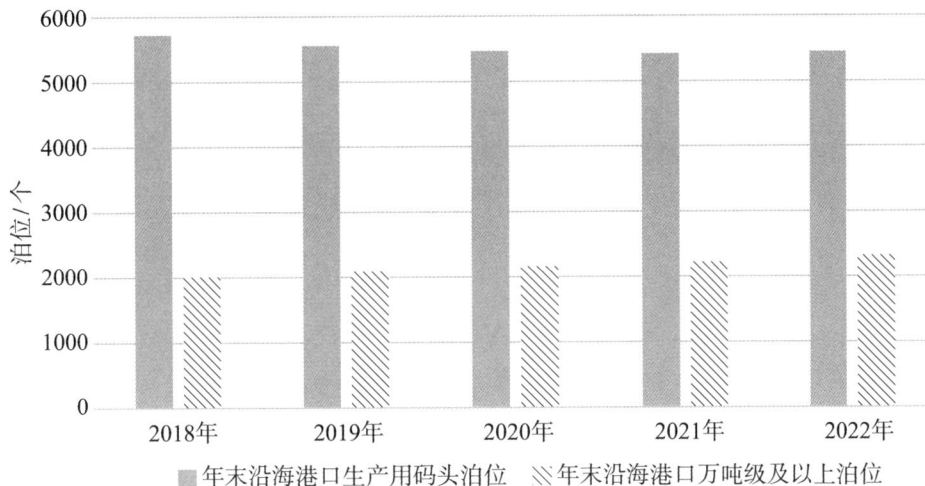

图 2-7-10 2018—2022 年我国沿海港口泊位情况
（数据来源：交通运输部官网）

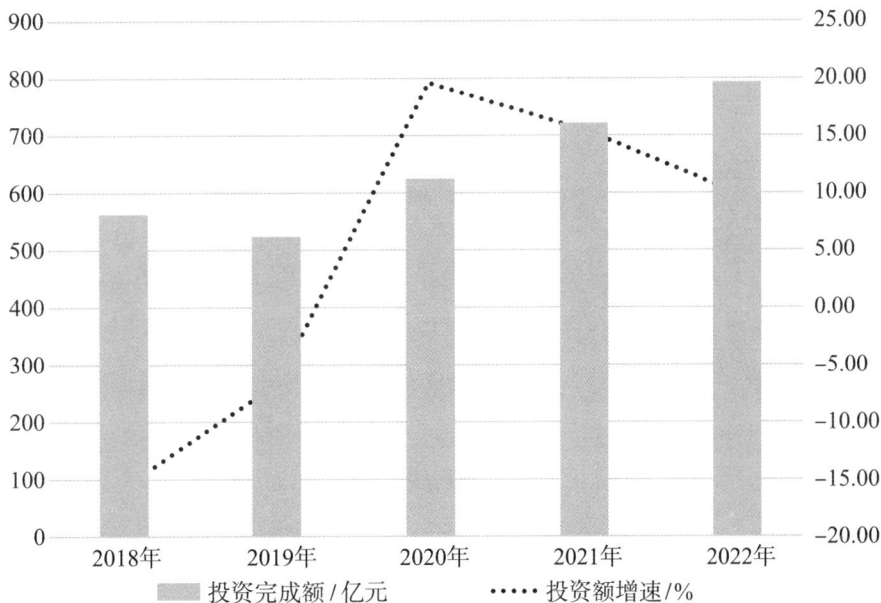

图 2-7-11 2018—2022 年我国沿海港口建设情况
（数据来源：交通运输部官网）

（四）数字港航建设深入推进

2022 年，我国港航数字化建设加快发展，自动化码头、数据平台建设取得突破：全球首个江海铁多式联运全自动化码头、粤港澳大湾区首个全新建造的自动化码头——广州港南沙港区四期码头投入运行；全国首个海铁联运集装箱码头——北部湾港钦州自动化集装箱码头正式启用；天津港 C 段绿色智慧能源示范项目二期并网；黄骅港智慧港口项目全面启动。中远海运特运正式签发区块链电子提单，中远海控数字化供应链产品升级在航运外贸电商平台上线，中国银行服务航运企业境内本币与外币运费全流程在线自动结算系统"中银航运直通车"上线。

（五）政策金融支持产业发展力度持续加强

政策支持海洋运输开放力度进一步加大，外轮沿海捎带取得新突破。中资非五星旗船舶沿海捎带试点开展，中资控股拥有的非五星旗国际船舶可通过上海、天津、福建、广东、浙江等自由贸易试验区开放港口，进行国际中转开展捎带业务。5 月 31 日，我国首单外资非五星旗船舶沿海捎带业务在上海港洋山港区正式落地。与此同时，沿海地方积极以资金奖励、金融支持、优化营商环境等多种方式推进航运产业发展，《浦东新区"十四五"期间促进航运业发展财政扶持办法》《青岛市促进航运产业高质量发展 15 条政策》《舟山市人民政府关于支持现代航运服务业高质量发展的若干意见》《沧州市人民政府办公室关于促进航运业快速健康发展的意见》等先后发布，深圳成立总规模 100 亿元人民币深圳绿色航运基金，引导航运产业绿色、智慧和高端发展。

三、发展趋势

2023 年，全球经济发展增长动力有限，俄乌冲突影响持续存在，全球能源市场继续影响工业生产；美联储加息政策负面影响将进一步显现，全球通货膨胀维持高位，短期难以消除，经济运行成本增加。我国经济运行有望总体回升。得益于我国经济韧性强、潜力大、活力足，各项稳经济政策措施效果将进一步释放，叠加 2022 年低基数影响，国内投资、消费需求动能总体有望加强。但受全球经济增长放缓影响，海外市场需求增长乏力，我国外贸状况不同乐观。综上，2023 年我国海洋交通运输发展压力仍较大。

行业数字化升级加快。随着外部环境的日益变化，港航产业在保障国内外物流供应链稳定畅通，保障粮食、能源等重点物资运输安全方面的重要作用凸显。提升海运基础设施能力和安全韧性是接下来海洋交通运输产业发展的重点方向，港口生产和船舶航行绿色化、低碳化、自动化、智能化建设改造力度将持续加大，港航生产服务水平和效率将得到进一步提升。

执笔人：化蓉（国家海洋信息中心）

8
海洋旅游业发展情况

一、产业发展基本情况

2022 年，新冠肺炎疫情散发贯穿全年，各地防控措施竞相收紧，居民出游心态更趋谨慎。尽管 11 月 11 日优化疫情防控的"二十条"和 12 月 7 日疫情防控"新十条"标志着全国疫情防控导向发生了根本变化，但是各地的感染高峰还是让政策翘尾效应失去了最后的窗口期。海洋旅游业全年实现增加值 13109 亿元，同比下降 10.3%。

二、产业发展主要特征

（一）海洋旅游需求持续回暖

在新冠肺炎疫情的冲击下，从事出境旅游业务的企业纷纷转向国内旅游市场，探索以品质服务吸引出境"回流"的市场业务。如中国旅游集团积极开拓海南离岛免税业务，深挖免税市场潜力，海南离岛免税销售额快速成长，免税业务国际排名保持全球第一。2022 年夏季国内多地高温，滨海休闲游受到游客喜爱，居民对海洋旅游消费的意愿强烈。中国国内海洋旅游消费行为专项调研^①（以下简称"专项调研"）结果表明，2022 年，上海、杭州、青岛和秦皇岛是最受欢迎的海洋旅游城市，海洋旅游专项调研受访者中，选择上述海洋城市游玩的比例均在 7%以上（表 2-8-1）。《中国国内旅游发展年度报告（2022—2023）》指出，按照省际旅游客流流入量计算，全国前 10 位省际旅游目的地中有一半为沿海省份，其中，江苏、广东、河北、浙江这些沿海省份位居前 4 位，山东居第 7 位。

表 2-8-1　海洋旅游目的地城市

排名	海洋旅游目的城市	百分比/%
1	上海	9.05
2	杭州	7.63
3	青岛	7.57
4	秦皇岛	7.22
5	舟山	6.57
6	连云港	6.46
7	宁波	6.43
8	厦门	6.14
9	大连	5.98
10	天津	5.81
11	福州	5.06
12	三亚	4.94
13	广州	4.58
14	葫芦岛	3.30
15	深圳	3.24
16	烟台	2.48
17	珠海	2.02
18	海口	1.98
19	北海	1.84
20	防城港	1.46
21	其他	0.21

数据来源：中国国内海洋旅游消费行为专项调研。

---

① 国家海洋信息中心委托中国旅游研究院（文化和旅游部数据中心）开展了中国国内海洋旅游消费行为专项调研。此次调研共回收 6575 个有效样本，调查结果能基本反映国内海洋旅游消费意愿情况。

（二）海洋旅游满意度不断提高

专项调研另一项结果（表 2-8-2）显示，受访者对海洋旅游总体满意度较高，各项指标的评价均在 80 分以上。其中，海洋旅游目的地的整体形象评价中，对目的地形象的满意度为 85.5 分，对目的地服务水平的满意度为 87.7 分；此次出游的总体评价中，对总体满意程度评价为 83.0 分，对目的地服务水平满意程度评价为 87.1 分；对于再次旅游的情况，未来重游的可能性评价为 84.1 分，推荐旅游的可能性评价为 86.2 分。

表 2-8-2　海洋旅游满意度

调查项目	指标	满意度
海洋旅游目的地的整体形象	目的地形象 目的地服务水平	85.5 87.7
此次出游的总体评价	总体满意程度 目的地服务水平满意程度	83.0 87.1
再次旅游的情况	未来重游的可能性 推荐旅游的可能性	84.1 86.2

数据来源：中国国内海洋旅游消费行为专项调研。

（三）海洋旅游出游选择有所改变

受新冠肺炎疫情影响，近程旅游和本地休闲游兴起，海洋旅游游客的出游距离和目的地游憩半径明显收缩。专项调研结果显示：2022 年，居民最近一次海洋旅游普遍选择距离常住地 151~300 千米的地方。因此，海南各地深度挖掘城市近郊和周边资源，引导市民游客发现"家门口的精彩"。同时，以中远程游客为主的传统旅游景区承受的压力加大，但各大沿海城市的主题公园依然占据大众消费的突出位置。2022 年 10 月全球主题娱乐协会（TEA）和AECOM咨询公司联合发布的《2021 年主题公园和博物馆报告》中指出，中国共有 5个沿海城市或海洋主题的主题公园跻身全球前 25 名，依次为珠海横琴长隆海洋王国（第 8 名）、上海迪士尼乐园（第 10 名）、香港海洋公园（第 20 名）、香港迪士尼乐园（第 21 名）、广州长隆欢乐世界（第 25 名）。国内主题公园之所以能够展现出强劲的复苏能力，重要的原因之一在于"真金白银"的提质升级。如深圳欢乐谷启动新一轮园区升级改造和部分重点游乐设备的选型更新。

（四）助企纾困政策精准实施

2022年，需求端游客流量锐减、现金流断裂导致沿海地区的旅行社、住宿业等经营困难加剧，沿海各地政府纷纷出台助企纾困措施，有力推动海洋旅游业稳步复苏。河北出台《关于促进文化产业和旅游业恢复发展的八条政策措施》，对符合条件的重点文化和旅游产业项目进行贷款贴息，重点支持河北省文化和旅游重大战略工程项目、省重点建设项目、产业转型升级项目、融合示范新业态项目等。天津市文化和旅游局出台文化和旅游项目提质升级、发放旅游消费券等11项具体举措，进一步稳定企业主体、服务企业发展，推动文化和旅游产业转型升级和提质增效。上海市政府办公厅印发《上海市全力抗疫情助企业促发展的若干政策措施》，对符合条件的旅行社，旅游服务质量保证金暂退比例由80%提高到90%，在全市范围开展保险代替保证金试点。福建省政府印发《关于贯彻落实扎实稳住经济一揽子政策措施的实施方案》，加快办理小微企业、个体工商户留抵退税，6月30日前基本完成集中退还存量留抵税额。广东省向139家A级旅游景区和省级以上旅游度假区发放纾困资金共计2265万元。中国人民银行青岛市中心支行单列30亿元再贷款、再贴现额度，创设"青岛畅游贷""青岛畅游贴"特色金融产品，充分发挥货币政策工具激励作用。

三、产业发展趋势

随着我国对新冠肺炎疫情防控取得的巨大成功，2023年海洋旅游业的预期可以由"谨慎乐观"上调为"乐观"，全年将呈现"稳开高走，加速回暖"的态势，季度增速有望环比走高。同时，伴随中国入境隔离、签证政策进一步调整，入境旅游复苏和回暖的政策窗口逐步打开，潜在来华旅游需求明显回升，邮轮旅游将逐步恢复，有序恢复将是未来入境旅游发展的主基调。

执笔人：徐莹莹（国家海洋信息中心）

区域篇

1
北部海洋经济圈海洋经济发展形势

一、北部海洋经济圈海洋经济发展现状

北部海洋经济圈是由辽东半岛、渤海湾和山东半岛沿岸地区所组成的经济区域，主要包括辽宁省、河北省、天津市和山东省的海域与陆域。该区域海洋资源丰富、区位优势突出，正加快推进传统海洋产业转型升级、海洋新兴产业发展壮大，打造全球领先的海工装备制造基地、全国支柱地位的"蓝色粮仓"。

（一）北部海洋经济圈海洋经济发展规模

1.海洋生产总值

"十三五"收官之际、"十四五"开局之时，2018—2022 年北部海洋经济圈海洋生产总值呈现出跃动式 N 形走势。"十三五"末期，受新冠肺炎疫情的冲击，海洋经济总量逆势大幅下跌；"十四五"开局，得益于国内疫情的有效防控以及各项提振经济政策措施的推进落实，海洋经济焕发出新活力，2020—2022 年海洋生产总值呈现出更为突出的上扬趋势，其增速明显高于"十三五"时期。虽然 2018—2022 年北部海洋经济圈海洋生产总值的波动较

大，但其对区域生产总值、区域海洋生产总值的贡献十分稳固，"蓝色引擎"作用持续凸显（图 3-1-1）。

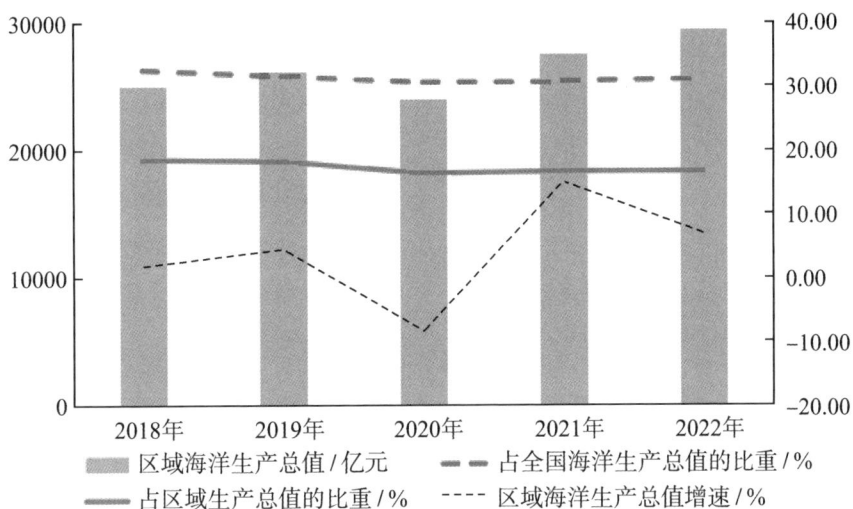

图 3-1-1 2018—2022 年北部海洋经济圈海洋经济发展趋势

（数据来源：依据历年《中国海洋经济统计年鉴》《中国海洋经济发展报告》数据计算得出）

2. 海洋产业增加值

2018—2022 年北部海洋经济圈海洋产业的发展趋势与海洋经济的发展趋势高度一致。2018—2022 年海洋产业增加值呈现"上升—下降—上升"的 N 形走势；"十四五"时期的增速也明显高于"十三五"时期。这表明北部海洋经济圈海洋产业对海洋经济的支撑作用坚实有效，2018—2022 年海洋产业增加值占区域海洋生产总值的比重始终保持在 50% 左右的事实更印证了这一点（图 3-1-2）。

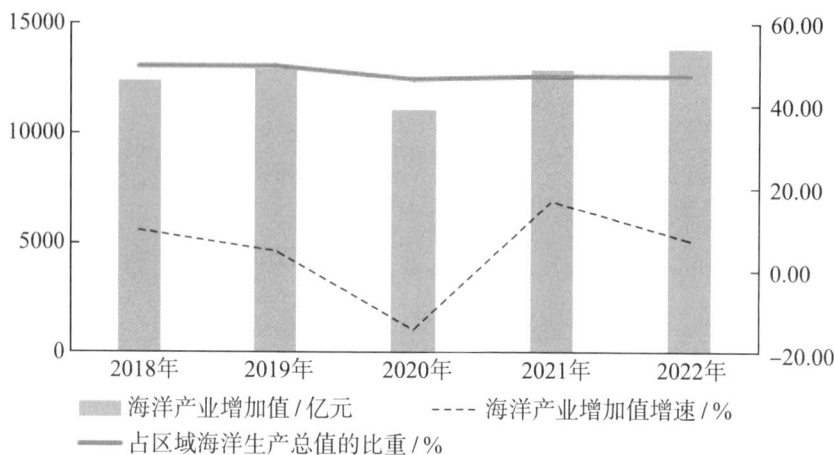

图 3-1-2　2018—2022 年北部海洋经济圈海洋产业发展趋势

（数据来源：依据历年《中国海洋经济统计年鉴》《中国海洋经济发展报告》数据计算得出）

（二）北部海洋经济圈海洋经济发展结构

1. 海洋产业结构

2018—2022 年北部海洋经济圈的海洋产业结构因势而动。"十三五"后期，海洋第三产业优势明显，其产业增加值占比一度接近 60%。步入"十四五"，实体经济开始回暖复苏，制造业底蕴深厚的北部海洋经济圈海洋第二产业发展迅猛，2020—2022 年海洋第二产业增加值呈现逼近海洋第三产业增加值之势。海洋第一产业的地位稳固，2018—2022 年其产业增加值的占比保持稳定，这与北部海洋经济圈持续推进海洋牧场、"蓝色粮仓"的建设不无关系（图 3-1-3）。

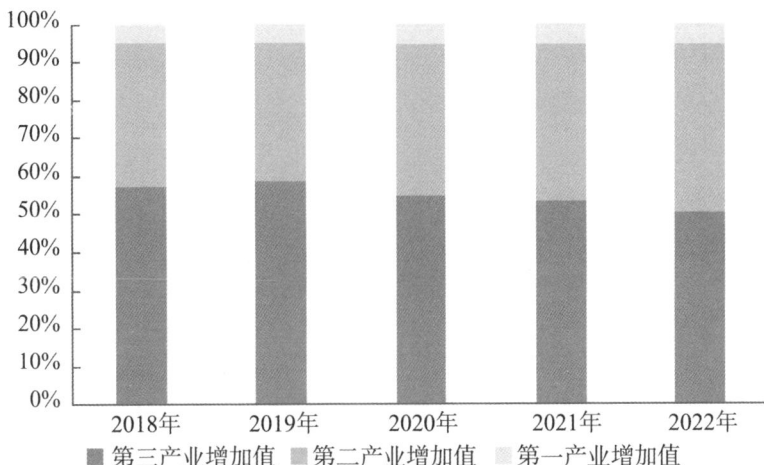

图 3-1-3　2018—2022 年北部海洋经济圈的海洋产业占比
（数据来源：依据历年《中国海洋经济统计年鉴》《中国海洋经济发展报告》
数据计算得出）

2. 海洋经济空间结构

2018—2022 年北部海洋经济圈"山东省—天津市—辽宁省—河北省"依次递减的阶梯式海洋经济空间结构没有发生根本性改变，但有所分化。其中，山东省海洋经济的独占鳌头之势更为突出，2018—2022 年山东省海洋生产总值占北部海洋经济圈海洋生产总值的比重呈上升态势，现已明显高于 50%。天津市、河北省、辽宁省之间的海洋经济空间结构趋于均衡，2018—2022 年天津市海洋生产总值、辽宁省海洋生产总值以及河北省海洋生产总值之间的差距呈现缩小态势（图 3-1-4）。

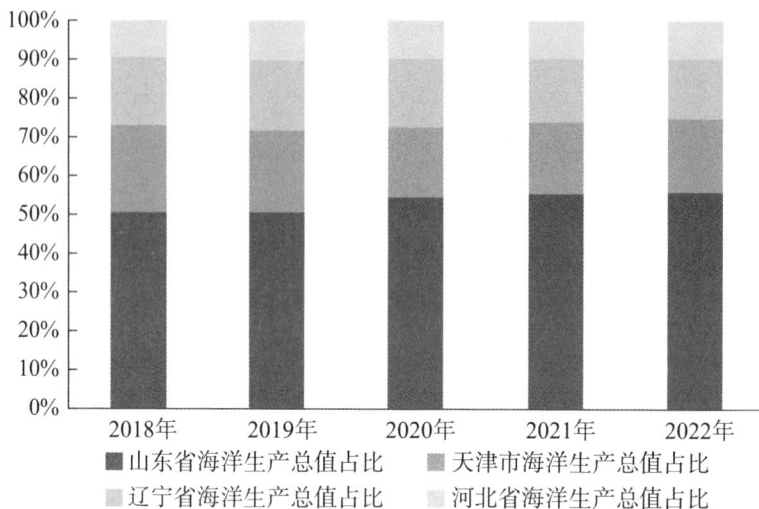

图 3-1-4　2018—2022 年北部海洋经济圈海洋生产总值中各沿海地区海洋生产总值占比
（数据来源：依据历年《中国海洋经济统计年鉴》《中国海洋经济发展报告》
数据计算得出）

二、北部海洋经济圈海洋经济发展特征

（一）天津市海洋经济发展特征

天津市是京津冀的海上门户，是"21 世纪海上丝绸之路"的战略支点，拥有港口油气、盐业和旅游业等多种海洋资源。近年来，天津市坚持陆海统筹、科学开发，津城、滨城"双核区"驱动作用逐步凸显，沿海蓝色产业发展带和海洋综合配套服务产业带建设日渐完善，南港工业区、天津港保税区临港片区、天津港港区、塘沽海洋高新区、中新天津生态城五大海洋产业集聚区发展水平不断提升，"双核五区一带"的海洋经济空间布局持续优化。

1.海洋工程装备制造转型加速，邮轮产业宏图再展

海洋装备是全球海洋科学技术的制高点，也是天津市高端装备产业链四

条子产业链之一。2022年11月，天津港保税区企业海洋石油工程股份有限公司完成首套商用"海底数据舱"①的建造，标志着海油工程实现了从传统海洋油气工程产品向海洋新业务的转型。2023年6月，全球最大吨位之一的FPSO（海上浮式生产储卸油船）"SEPETIBA"轮，在天津博迈科海洋工程有限公司码头完成交付，是天津港首条成功交付、直接出口的超大型FPSO。7月，大港油田海洋工程数字化无人值守平台投运，助力我国海洋油气装备制造数字化转型迈上新台阶。同时，天津市把握邮轮业复航契机，继《天津市邮轮产业发展"十四五"规划》之后又出台《天津市鼓励发展邮轮旅游的实施细则》，深挖邮轮业市场新机遇。2023年5月，滨海新区文化和旅游局与中船嘉年华（上海）邮轮有限公司、天津国际邮轮母港有限公司签署三方战略合作意向书，共同推动邮轮在天津国际邮轮母港的顺利首航并长期运营。7月，利比里亚籍"梦想"号邮轮成功靠泊天津国际邮轮母港，天津口岸迎来近三年来的首艘国际邮轮，天津邮轮经济的全面复苏指日可待。

2. 海洋生态规划谱新篇，生态城市建设谋新局

近年来，天津市高度重视海洋生态保护，深入推进生态城市建设。在生态城建设方面，2022年7月，天津市率先启动生态城生态产品价值核算试点项目，探索形成生态产品价值实现的生态城路径。2023年7月，"海·河之旅"旅游产品发布会在生态城的国家海洋博物馆成功举办，该项目突破了"津城""滨城"的空间限制，实现了陆海统筹、河海联动，促进海洋生态产品价值实现的探索。在海洋生态保护方面，2023年6月，天津市规划和自然资源部发布《天津市湿地保护规划（2022—2030年）（征求意见稿）》，指出推动滨海国家级海洋公园建设，重点实施近海与海岸湿地保护修复等；滨海新区分局发布《滨城规划导则（征求意见稿）》，指出统筹各类海岸线、海洋空间保护与利用，依托港口、岸线和海洋资源建设海洋经济强区。2023年7月，《天

---

① "海底数据舱"是把传统的数据中心搬到海底，利用海水冷却作用为服务器降温，具有省水、省电等低能耗、低成本优势。

津市人民代表大会常务委员会关于加强生态保护红线管理的决定》正式施行，指出禁止新增填海造地和新增围海等。

3. 通航安全监管改旧规，船舶污染防治创新举

自 2020 年 7 月国家发改委、交通运输部出台《关于加快天津北方国际航运枢纽建设的意见》以来，天津港船舶到港艘次大幅增加，通航密度持续升高，货物吞吐量快速增长。面对随之增大的通航安全隐患、船舶污染风险，2022 年 12 月，基于新修订的《中华人民共和国海上交通安全法》，天津市海事局对《天津海事局海上油（气）勘探开发作业通航安全管理规定》进行了修订，保障辖区油（气）勘探开发作业的海上交通安全；2023 年 1 月，对《天津海事局船舶交通管理系统安全监督管理规则》的附件 4《天津港高沙岭港区航道及附近水域船舶航行规则》进行了修订，规范天津港水域通航秩序，保障船舶航行安全。同时，天津海事局创新性构建了"陆海空天"一体化的船舶大气污染防治监管模式，对船舶大气污染防治实现了全方位、全天候的智能化监管，使天津港实现全覆盖检测。

4. 海工融资租赁持续扩容，保理融担渐次落地

作为我国融资租赁的策源地，天津东疆综合保税区是我国最大的融资租赁聚集地。近年来，东疆综保区依托天津自贸区和海关特殊监管区的政策优势，打造中国海工租赁中心、国际船舶租赁中心，先后开创了"保税经营性租赁""海工租赁悬挂临时中国旗"等多项船舶海工领域"第一单"。2022 年 8 月，太平石化金融租赁有限责任公司完成钻井平台租赁业务；2022 年 10 月，中铁金控融资租赁有限公司完成服务"一带一路"海外工程项下离岸设备租赁业务；2023 年 3 月，北银金融租赁有限公司完成美元船舶离岸融资租赁业务等。同时，东疆综保区积极参与金融创新运营示范区建设，商业保理、融资担保良性聚集逐渐形成，与融资租赁形成"三足鼎立"之势。2023 年 2 月，农行天津自贸分行联合天津市中小企业信用融资担保公司，打造企业出海"稳定器"，为二手车出口重点企业天津华图汽车物流公司成功办理了"东疆模式"下政府性融资担保汇率避险业务，成为国内首个由区域型政府融资

担保基金①提供全额风险补偿的创新金融产品。

5. 海洋科技创新体制出新，智库建设管理规范化运行

为破解海洋资源匮乏对海洋经济高质量发展的限制，天津市持续推进海洋科技创新体制机制改革。在海洋科创配套机制改革方面，2022 年 8 月，天津市科技局编制了海洋装备领域科技创新资源图谱，形成了《天津市海洋装备领域科技创新发展工作方案》。方案指出，到 2024 年，天津市海洋装备产业链整体研发经费投入年均增长率 5% 以上。2023 年 1 月，基本科研业务费揭榜挂帅项目"用于盐碱地改良的咸水淡化技术方案研究"的正式启动，标志着天津海洋科研"项目制"探索的开启。"项目制"打破以部门为主体的资助模式，直接资助项目组成员。按项目特点设立里程碑考核要求，视项目进展和考核情况分阶段拨付经费。在海洋智库专家队伍建设规范化管理方面，2022 年 11 月，滨海新区海洋局研究出台了《滨海新区海洋经济高质量发展专家智库建设及运行管理办法（试行）》。2023 年 4 月，滨海新区海洋局走访海洋经济专家，随即 6 月正式成立了由战略发展顾问团、技术专家顾问团以及企业发展顾问团三大顾问团组成的海洋经济高质量发展专家智库，推进海洋专家"智囊团"规范化运行，服务海洋经济高质量发展。

（二）河北省海洋经济发展特征

河北省地处渤海之滨，是渤海经济圈的中心和环渤海"金项链"的关键环节。近年来，河北省统筹沿海地区国土空间利用和陆海资源配置，打造"一带三极多点"的海洋经济发展新格局，建设陆海联动、产城融合的临港产业强省。

1. 临港产业成就蓝色经济新引擎，航运通道布局明显优化

打造陆海联动、产城融合的临港产业强省是河北省海洋经济发展的突出

---

① 东疆创新融资担保基金由东疆综保区管委会财政出资设立，总规模 2000 万元，委托天津市担保公司运营管理，参与搭建了由国家融资担保基金、天津市融资担保发展基金、市担保公司、合作银行和东疆担保基金五方参与的"22321"风险分担机制，创新了天津市新型"政银担"合作模式。

特点。2022 年 9 月，秦皇岛—华南集装箱直航航线成功首航，推动秦皇岛港多式联运业务发展。2022 年 10 月，河北省委、省政府统筹秦、唐、沧三地港口资源，重组成立了河北港口集团，引擎作用得以彰显。2022 年 12 月，在"陆海内外联动、东西双向互济"战略的指引下，河北港口集团和石家庄国际陆港协同推动"海港体系+内陆港体系"新业务、新模式、新通道，开通了多式联运线路——"石家庄国际陆港—秦皇岛港—韩国仁川"，打造了国际陆海贸易新通道。2023 年 4 月，《河北省加快建设临港产业强省行动方案（2023—2027 年）》正式发布，临港产业的引擎作用进一步加强。与此同时，河北港口集团开通了东南亚集装箱国际航线，进一步畅通了东北亚、东南亚进出口通道。2023 年第一季度，河北港口集团货物吞吐量达 1.94 亿吨，同比增长 14.1%，利润总额达 7.47 亿元，同比增长 20.1%。

2. 海洋资源综合管理显成效，生态环境保护出实绩

近年来，河北省在海洋资源环境保护方面一直保持着较高的关注和投入力度。2022 年 6 月，河北省出台《河北省海洋资源管理三年行动计划》，强调要从加强规划引领、强化资源监管、推进生态修复、打击违法用海、提升管理能力等方面，强化海洋资源管理。2022 年 8 月，《河北省省级自然资源重点生态保护修复专项资金管理办法》中提及的"以专项债券支持绵蔓河沿河湿地综合经济带建设项目"已建成交付，并成为网红打卡地。河北省拥有滨海盐沼、海草床两类典型生态系统，在发展海洋碳汇方面具有得天独厚的优势。2023 年 2 月，河北省海洋碳汇领域降碳产品方法学——《河北省海水养殖双壳贝类固碳项目方法学》正式发布，实现了海水养殖双壳贝类固碳量可测量、可报告、可核查。2023 年 3 月，河北省完成了典型蓝碳生态系统分布和碳储量调查评估，为海洋固碳增汇提供了科学支撑。2023 年 6 月底，海草床修复工程"曹妃甸海草床生态保护修复项目"的修复面积已达到计划的 80%，建立海草床增殖扩繁区 531 公顷、海草床裸斑修复区 105 公顷。

3. 海洋灾害智能监测能力提升，预警监测项目接连落地

河北省海岸带地形坡度小，缺少抵御风暴潮等海洋灾害的自然屏障。为全面提升地区海洋灾害监测预警效能，2022 年 8 月底，河北省完成海洋灾害综合风险普查工作各项任务，基本摸清了全省海洋灾害风险隐患底数，全面掌握了全省沿海海洋灾害承灾体防御水平现状。同时，河北省借助卫星、船舶、浮标等传统检测技术手段的创新发展，将小型化、无人化、智能化海洋技术装备应用于海洋灾害预警预测领域。2023 年 2 月，自然资源秦皇岛卫星遥感应用中心正式揭牌运行。2023 年 3 月，河北省风暴潮在线预警监测点建设项目顺利通过河北省自然资源厅评审验收，进入试运行阶段，提升了风暴潮灾害预警体系的针对性和精细化程度。2023 年 6 月，河北省地矿局第八地质大队的"陆源入海污染物智能预警预测与示范应用"项目建设——陆源在线监测站交出了满分答卷，实现了对陆源入海污染物的智能监控以及对近岸海域生态灾害的监测预警。

4. 智慧海关制度日臻完善，自贸区建设迸发新活力

2022 年 8 月，中国（河北）自贸试验区曹妃甸片区"集成赋权模式创新实现海事静态业务高效办理全覆盖"制度创新案例，获得国务院自由贸易试验区工作部际联席会议简报专版刊发，在全国层面复制推广。作为全省唯一的沿海自贸片区，曹妃甸片区以制度创新为核心，努力建设东北亚经济合作引领区、临港经济创新示范区。自 2019 年 8 月挂牌至 2022 年 7 月，该片区累计形成自主创新案例 47 项，其中《国际航运船舶模块化检查机制》等 4 项在国务院自由贸易试验区工作部际联席会议简报上刊发，《"2+2+1"海域使用权审批新模式》入选全国自贸片区创新联盟制度创新典型案例。依托优质的制度环境，该片区引得"凤凰"来，累计新增企业 6169 家，累计签约项目 1026 个，总投资 1206.14 亿元。同时，河北省积极推进智慧海关建设，持续提高监管和服务效能。2022 年 7 月，黄骅港口岸智能虚拟卡口投入试用，企业可以在不中断生产流程的情况下，实现货物物流信息的传输及海关放行数据的接收，便利货物流转，优化海关监管模式；2023 年 6 月，"石家庄海关慧企通智慧平台"正式上线应用，提升对企服务效率，深化国际贸易"单一窗口"建设，推动外贸稳规模、优结构。2023 年上半年，河北省外贸进出口总额同比增长 4.9%，高于全国 2.8 个百分点。

5.海洋生态治理亮真招，专项整治工作见实效

为深入落实《河北省生态环境保护"十四五"规划》中提出的海洋环境污染"终身责任制"、推行湾长制等措施，河北省生态环境厅会同省水利厅印发实施《关于落实河长制责任推进入海河流水质提升考核方案》，压实各级河长在入海河流水质提升专项行动中的属地责任。2022年，河北省全面推进入海排污口整治、入海河流水质提升、海水养殖污染治理等11个专项行动，完成秦皇岛市新河、唐山市老溯河、沧州市廖家洼河等10项入海河流综合治理工程项目。《2022年河北省海洋生态环境状况公报》显示，2022年全省入海河流入海断面水质全部达到考核目标要求，水质状况较去年明显改善，直排海污染源达标率为100%。

（三）辽宁省海洋经济发展特征

辽宁省是东北地区唯一的沿海省份，拥有2110千米的漫长海岸线，辽东半岛是中国第二大半岛。辽宁省的海岸线从丹东的鸭绿江口一路延伸到山海关老龙头，沿途大连、丹东、盘锦、营口、锦州、葫芦岛6个沿海城市构成了辽宁沿海经济带，拥有丰富的海洋资源和良好的港口条件。近年来，辽宁省强化陆海统筹，推进沿海6市协同发展，着力打造"一核心两轴带、区域协同发展"的海洋经济格局。

1.水产养殖技术体系规范化，渔业发展经验成就典范

为积极响应农业农村部发布的《关于实施2021年水产绿色健康养殖技术推广"五大行动"的通知》，2022年8月以来，辽宁省农业农村厅先后公示了水产绿色健康养殖相关地方标准20余项。同时辽宁多措并举促进产业融合发展，培育渔业产业化联合体，打造渔业全产业链，形成一批辽宁样板。2022年10月，海参主产区大连普兰店、葫芦岛兴城入选农业农村部、国家乡村振兴局公布的100家国家乡村振兴示范县。其中普兰店便是通过海参产业融合促进乡村振兴，以海参育苗、养殖、加工、文旅一二三产业融合，实现海参全产业链产值达120亿元。2022年11月，大连棒棰岛海产股份有限公司入围工信部的"全国农产品深加工典型企业"，其"公司+原种

场+养殖户"的战略发展模式，打造了苗种供应、分散养殖、集中收购的产业融合体系。

2. 现代渔业建设初显规模，智慧海洋建设扎实推进

辽宁省在海洋的信息化、数字化、智慧化建设方面起步较早，"十三五"时期便在海洋渔业领域开展"互联网+"信息化工程，建设有海洋牧场、海岛领域智能化管理平台、智慧海洋应用示范工程等。步入"十四五"，为落实有关海洋发展规划，加速海洋产业转型，2022年9月，辽宁省农业农村厅根据《农业农村部计划财务司关于做好2023年中央预算内投资农业建设项目前期工作的通知》（农计财便函〔2022〕196号）要求，将国家数字渔业（设施渔业）创新分中心（辽宁）建设项目和兴城市国家数字渔业创新应用基地项目纳入了项目储备。2023年6月，大连王家镇智慧海岛社会基层治理综合服务平台投入使用，是智慧海岛信息化建设的重要呈现。7月，大连海洋发展局联合辽宁移动大连分公司举办"2023年辽宁移动数字化大会智慧海洋行业论坛"，论坛上大连地区政府、科研单位、行业龙头企业联合成立大连市5G智慧海洋产业联盟，打造"政产学研用"五位一体平台，搭建智慧海洋行业交流平台，深入推进5G智慧海洋行业生态建设，构建合作共赢生态圈。

3. 船舶监管体制逐步健全，海事服务水平不断提高

自2021年12月交通运输部印发《关于加强海事队伍革命化正规化专业化职业化建设的意见》以来，辽宁省海事局便扎实推进基层海事队伍"四化"建设，持续优化监管体制机制。2022年12月，辽宁省海事局发布《辽宁海事局水上水下作业单位落实通航安全主体责任规定》；2023年1—6月，《盘锦海事局船舶报告制规定》《营口船舶交通管理系统安全监督管理规则》《VTS服务指南（中国）（营口交管中心）》《辽宁海事局海上风电交通安全监督管理暂行规定》以及辽宁省渔业船舶检验执法机构渔业船舶检验业务印章名称及样式等制度规范先后出台。深入推进"放管服"改革，探索建立"一体化"服务模式。2022年11月，《辽宁海事局关于推广仅具有海洋污染性的包装海洋污染物便利运输举措的通告》发布，在满足条件的情况下，企

业不需办理船舶载运危险货物和污染危害性货物进出港口审批手续，切实
降低企业负担。2023年1月，《辽宁海事局关于进一步明确船舶登记资料
查询工作的通告》发布，明确了船舶登记资料查询的要求。2023年2月，
大连旅顺海事处服务保障环渤海地区首制24000 TEU集装箱船成功下水。
2023年6月，大连长兴岛海事处服务保障全球首艘M350型浮式生产储卸
油船离泊开航。

4.海洋生态修复目标落实，海域生态整治上新阶

近年来，面对自然岸线资源和滨海湿地面积大幅萎缩的严峻形势，辽宁
省以推进"蓝色海湾"整治行动为目标，开展退围还海还滩、岸线岸滩修复
等典型海洋生态系统保护修复工作。2022年4月，辽宁省自然资源系统1号
工程——"绿满辽宁"全面启动，工程涉及六大类19个项目，其中海洋生态
保护修复项目总投资近12亿元，获得中央财政资金支持7亿元，并已足额
拨付给锦州市和大连庄河市。2023年年初，辽宁省生态环境厅开启了入海河
流总氮治理的工作，确立了2023年辽宁省8条国控入海河流总氮浓度要与
2020年相比实现负增长的目标。2023年7月，辽宁省自然资源厅发布《关于
推进海域立体分层设权工作的通知》，大连市自然资源部代市政府起草《大
连市湿地保护条例（草案）》，强化海域生态整治的法治力量。2023年5月
至7月，经过两个多月的持续攻坚，大连清理整治海域面积1.7万公顷，整
改问题946个，收缴海域使用金约3.1亿元，建立了多部门长效化联席会议
和联动机制，有效打击了涉海、滩涂、岸线违法违规问题。

5.渔业保险创新发展提速，涉海金融服务多主体联动

2023年中央一号文件再提"鼓励发展渔业保险"。作为渔业大省，辽
宁省的渔业保险一直走在全国前列，灾害保险、指数保险等险种创新不断。
2022年12月，平安产险首单海洋碳汇指数保险在大连长海县落地；2023年
3月，中华财险首单多宝鱼养殖保险、水产温室综合保险业务在葫芦岛兴城
市落地。2023年2月，银保监会发布关于中国渔业互助保险社开业的批复通
知，获批开业的4家省级分社中有2家位于辽宁。为缓解涉海企业融资约束，
辽宁省积极引导金融机构开展涉海金融服务，为企业纾困解难。2022年8月，

民生银行联合大连农业融资担保有限公司，就大连壮元海生态苗业股份有限公司扇贝育苗项目，制订了贴身融资服务方案，解决了企业燃眉之急。2023年6月，大连市旅顺藻类协会代表，同大连银行旅顺口支行、中奥丰汇知识产权运营中心代表签订了知识产权质押融资合作协议和知识产权运营公益服务合同；大连银行旅顺口支行为旅顺口区藻类协会会员单位整体授信3亿元，"政银协企服"五方联动，促成"地理标志证明商标使用权+企业自主商标"质押贷款授信落地。

（四）山东省海洋经济发展特征

山东省是海洋大省，拥有全国近1/6的海岸线、近16万平方千米的毗邻海域，海洋资源丰度指数居全国首位。近年来，山东省立足于海洋资源优势，积极探索海洋强省建设的新路径、新模式、新空间，引领海洋产业发展。《2022年山东省海洋经济统计公报》显示，其海洋渔业、海洋水产品加工业、海洋矿业、海洋盐业、海洋化工业、海洋电力业、海洋交通运输业7个海洋产业增加值位居全国第一。

1. 海洋生态环境明显改善，海洋生物多样性保护网渐次密织

作为东部沿海大省，山东省在海洋生态文明建设中肩负重任。近年来，山东省努力打造"蓝色海湾""渤海攻坚""海岸带保护修复工作"等重大项目，持续加大海洋生态环境综合治理力度，如沿海7市全部出台了海岸带保护条例，2022年又先后印发实施了《烟台市入海排污口管理办法》《东营市黄河三角洲生态保护与修复条例》《烟台市海洋生态环境保护条例》等地方性法规，为海洋生态环境保护工作提供了强有力的法律保障。山东省海洋局副局长王振坤表示，2022年夏季山东近岸海域浒苔最大覆盖面积为历史最小值，同比减少92.2%；山东省生态环境保护督察专员、一级巡视员罗辉介绍，2023年春季山东近岸海域优良水质比例为94.1%，是近10年来同期最优值。同时，自2021年10月国务院印发《关于进一步加强生物多样性保护的意见》以来，山东省随之更新《山东省生物多样性保护战略与行动计划（2021—2030年）》，指导地方开展生物多样性保护工作。在首轮互花米草综合治理工作取得阶段性胜利后，2023 年 4 月，山东省又编制了《山东省互花米草防控攻坚行动方案（2023—2025 年）》，并争取到国家和省级互花米草治理资金 1.37 亿元，扎实开展外来入侵物种防控。2023 年 5 月，威海市生物多样性保护平台正式启动，为南海新区保护修复生物栖息地提供强有力的科技支持。2023 年 7 月，《山东省生物多样性保护条例》审议通过，其中专门对海洋生物多样性保护做了规定，海洋生物多样性的保护网越来越密实。

2. 蓝色金融产品创新不断，海洋产权市场交易先行

为支持海洋强省建设，山东省蓝色金融市场发展不断提速。在蓝色金融机制完善建设方面，2022 年 5 月，青岛出台《关于推进海域使用权抵押贷款工作的意见》，探索政府引导、银行参与、征信保障、担保增信的海域使用权抵押贷款新模式。2022 年 10 月，以海洋为主题的金融行业性组织——青岛市蓝色金融发展联盟成立。在蓝色金融产品创新方面，2022 年 11 月，"海草床、海藻场碳汇贷"和"海洋牧场物联网贷"在烟台落地，探索出了涉海企业碳汇价值远期收益质押担保融资、养殖资产抵押的融资模式。2023 年 3 月，青岛银行与世界银行集团国际金融公司、亚洲开发银行、德国投资与开发有限公司及法国开发署经合投资公司合作，服务海洋友好的重要清洁水资源保护项目，实现 1.5 亿美元 3 年期蓝色银团贷款提款。2023 年 8 月，山东省首个政策性市级海水养殖碳汇保险在烟台落地，助力碳汇渔业发展。在蓝色金融服务模式优化方面，2023 年 7 月，烟台海洋发展与渔业局和省农信联社烟台审计中心举行战略合作暨党建共建签约仪式，深入推进政银企合作，优化蓝色金融供给。同时，山东海洋产权交易中心积极探索海域使用权"进场交易"新模式，为海洋产权市场建设提供了"山东方案"，于 2023 年 2 月发布了省级海洋产权交易服务地方标准——《海域使用权交易服务规范》。截至 2023 年 7 月，山东省新增确权海域市场化出让比例超过 80%，海域资源市场化出让比例和出让规模均居全国沿海省份首位。

3. 一流港口建设扎实推进，海洋对外开放合作持续升温

2022 年 3 月，山东省委、省政府印发《海洋强省建设行动计划》，明确指出要大力推进世界一流港口建设行动、推进海洋开放合作行动等。截至

2022 年底，山东港口集装箱航线达 327 条，居北方港口首位；海铁联运箱量突破 300 万标箱，居全国港口首位；货物吞吐量突破 16 亿吨，居全球首位。2023 年 1 月，山东省港口集团各个港区实现"开门红"，青岛港连续开通 4 条直达北美新航线，提速打造山东港口北美精品直达航线组群；烟台港完成商品车运量同比增长 51.5%，并创出 9135 辆的山东口岸外贸商品车船作业量新纪录等，山东省世界一流港口建设的步伐不断加快。建设世界一流港口，需要全面提升海洋对外开放合作水平。2023 年 2 月，由自然资源部、山东省人民政府和青岛市人民政府三方共建的"海洋十年"国际合作中心落户青岛、"海洋十年"海洋与气候协作中心同时启动，标志着青岛的海洋合作从东亚拓展至全球。2023 年 5 月，太平洋岛国所罗门群岛、基里巴斯等代表团应邀访青，与中国海洋大学签订了《所罗门群岛国立大学和中国海洋大学合作框架协议》，打开了与太平洋岛国学术交流合作的新空间，山东借此契机努力构建全方位、深层次、宽领域的海洋开放合作新格局。

4. 现代化海洋牧场试点成果丰硕，战略性新兴产业发展势头强劲

为深入推进现代化海洋牧场建设，山东省积极探索海洋牧场绿色、协同、融合、创新发展的新模式、新路径。2022 年 12 月，"海上风电+海洋牧场"融合实验项目在莱州实现全容量并网，构建了"绿色经济+蓝色粮仓"的产业新模式。2023 年 2 月，海洋牧场综合管理平台"山东省现代化海洋牧场综合管理平台建设项目"投入运行，提升了海洋牧场数字化管控水平。2023 年 4 月，智能化大型现代生态海洋牧场综合体平台"耕海 1 号"二期项目在烟台投入运营，实现了现代海洋渔业、海洋工程技术和海洋文化旅游一二三产业深度融合，开创了综合开发利用海洋资源的新模式等。《2022 年山东省海洋经济统计公报》显示，山东省省级以上海洋牧场示范区达 139 处，其中国家级 67 处，居全国首位。与此同时，山东省海洋新兴产业不断发展壮大。海洋药物和生物制品业优势突出，2022 年海洋一类新药"注射用BG136"成为国际首个进入临床试验的免疫抗肿瘤海洋多糖类药物，青岛市海洋生物医药产业集群入库"十强"产业"雁阵形"集群，烟台生物医药产业集群入围国家级战略性新兴产业集群等。海洋装备制造业加速崛起，2022 年海洋石油工程（青岛）有限公司交付我国规模最大、智能化程度最高的圆筒型浮式生产储卸油装置，2023 年其又建设完成渤海首个千亿方大气田万吨油气平台等。

5. 海洋高端人才引育用并举，涉海科创激励机制集中发力

人才是第一资源，创新是第一动力。近年来，山东省建设高水平海洋人才高地，突出人才引领创新的战略地位，加快海洋科技创新步伐。2022 年 9 月，青岛印发了激励海洋人才创新创业专项政策——《青岛市现代海洋英才激励办法（暂行）》。2023 年 2 月，"海洋人才港"项目专家咨询会在青岛举行，着力打造以青岛全域为核心、以山东沿海地市为半径、以全国沿海重点城市为辐射、以海外重要海洋城市为延伸的全球海洋产业人才高地。截至 2023 年 3 月，全职驻鲁海洋界院士 20 人，占全国 33%，居全国之首；在山东入选的海洋领域国家"杰青"达 43 名，在全国名列前茅。《国家海洋创新指数报告 2022》显示，山东海洋创新指数处于我国第一梯次。截至 2023 年 6 月，青岛建立了全国 40% 的涉海高端研发平台，产出了全国 50% 的海洋领域国际领跑技术。同时，数字孪生智能科研试验船"海豚 1"在烟台蓬莱港成功交付，将推进我国船舶领域数字孪生技术的实际应用和前沿探索。2023 年 7 月，"威海一号"激光通信载荷项目在第九届中国（国际）商业航天高峰论坛上发布，将实现我国对海应用的星间-星地融合高速数据传输试验验证。2023 年 8 月，海洋油气勘探国家工程研究中心数据采集技术分中心在青岛成立，将在海洋油气勘探装备、技术研发和产业化应用一体化等方面有所贡献。

三、北部海洋经济圈海洋经济发展趋势

（一）天津市海洋经济发展趋势

1. 以数字化转型为契机，打造国家海工高端装备制造领航区

作为现代化工业发祥地、新中国工业的摇篮，天津市厚植制造业优势，实施制造业立市战略，发力海工高端装备制造业。2022 年 8 月，天津市通过

细化海洋装备科技创新四项举措，形成了《天津市海洋装备领域科技创新发展工作方案》并提出，到 2024 年市海洋装备产业产值规模年均增速要超过 15%，营业收入超过 350 亿元。《天津市海洋经济发展"十四五"规划》强调，打造全国海水淡化产业先进制造研发基地，加快推进海洋高端装备产业示范基地建设，2025 年海洋装备制造产业规模要达到 600 亿元。《天津市滨海新区海洋产业规划（2021—2025）》更明确指出，打造五大海洋高端装备产业集群，打造深海工程装备研发制造基地，提升高端海洋装备研发生产水平，推动海洋装备制造业向智能化、服务化发展，打造国家海工高端装备和设施制造产业领航区等。当前天津正扎实推进规划部署落地落实、见行见效。如 2022 年 10 月，天津海洋装备产业（人才）联盟人才培养基地成立，聚力推动海洋工程装备产业能级跃升；2023 年 6 月，天津市临港综合保税区获批设立，有力支撑临港打造高端海工制造基地；2023 年 7 月，海洋油气装备制造"智能工厂"——中国海油海洋工程天津智能化制造基地二期工程正式开工，基地生产能力将实现翻番等。

2. 以滨海湿地保护为重心，探索海洋资源集约节约利用新路径

天津地处海河流域下游、九河下梢区域，湿地面积大、占比高、类型多，生态价值突出。"十四五"以来，天津深入践行习近平生态文明思想，统筹谋划滨海湿地保护工作。2022 年 9 月，《天津市海洋空间规划（天津市海域海岛保护利用规划）（2021—2035 年）》按照"一基地三区"的功能定位，明确了海域使用管理和海岸线保护要求，保障海洋资源可持续利用。2022 年 11 月，《天津滨海国家海洋公园总体规划（2021—2030 年）》通过审议，实现了海洋公园的科学合理布局和可持续利用。《天津市湿地保护规划（2022—2030 年）》（征求意见稿）进一步提出了推进滨海国家级海洋公园建设的要求；确立了打造生态文明时代湿地保护、修复与利用典范的目标。2023 年 6 月，《天津市国土空间生态修复规划（2021—2035 年）》提出构建海岸带和海洋修复新模式，推动海洋生态环境质量总体改善等。此外，市规划院正在研究编制《天津市海岸带保护与利用规划》，以更好地保护和修复滨海湿地生态环境。

（二）河北省海洋经济发展趋势

1. 以多式联运为方向，全力打造陆海联动枢纽

作为陆港型国家物流枢纽、国家综合货运枢纽补链强链项目、国家多式联运示范工程，石家庄国际陆港深化海铁联运"一单制"改革，开辟海铁班列新模式，助力海铁班列开行实现倍增；2022年海铁班列开通了京津冀首趟陆海新通道，实现了公铁海联运，累计发送102列，同比增长48%。《石家庄国际陆港发展规划（2022—2035）》的编制出台将进一步提升其陆海联动枢纽作用。2023年5月，唐山市海洋口岸和港航管理局副局长罗同祯表示，唐山将充分发挥京津冀和"三北"地区重要出海口的港口优势，锚定服务重大国家战略能源原材料主枢纽港、东北亚地区经济合作窗口、世界一流综合贸易大港的功能定位，加快推进港口转型升级，围绕建设大港口、构建大通道、服务大产业，全力打造高品质陆海联动枢纽。2023年6月，唐山曹妃甸港口物流园区管委会主任周立军介绍，曹妃甸港区正在建设包括河北建投唐山LNG、中石油LNG等项目在内的天然气储运基地，将从海上运来"洋"气，让京津冀地区天然气用户吃上"定心丸"。

2. 以产业集群发展为突破，加快建设临港产业强省

河北沿海临港地区包括秦皇岛、唐山、沧州三市，拥有秦皇岛港、唐山港、黄骅港三大港口，具有发展临港产业的良好工业基础和资源优势。自《河北省海洋经济发展"十四五"规划》中提出要"加快临港产业、海洋经济发展"以来，河北省便着力打造陆海联动、产城融合的临港产业强省，构建向海图强、向海发展新格局。2023年4月，《河北省加快建设临港产业强省行动方案（2023—2027年）》中明确指出，未来五年将持续抓好八方面重点任务，着力打造"两群、五地、一融合"的港产城融合发展新格局；为助力临港产业强省建设，河北将重点做好优化港口营商环境、强化双向开放合作等五方面工作。比如，2023年4月，在唐山市区设立了关区首家跨境商品展示店；2023年5月，实现了跨境电子商务出口海外仓备案无纸化；2023年7月，石家庄海关根据海关总署推出的优化营商环境16条措施，结合河北省外贸特

点和口岸发展实际，配套出台了 28 条细化措施，进一步营造市场化、法治化、国际化一流营商环境等。

（三）辽宁省海洋经济发展趋势

1. 以现代化海洋牧场建设为引领，潜心耕牧"蓝色粮仓"

充分依托辽宁水产种质资源的比较优势，《辽宁省"十四五"海洋经济发展规划》中提出，实施"蓝色粮仓"工程，积极发展深远海养殖，高水平建设现代海洋牧场，建设"辽参产业之都""中国海盐之乡""中国贝类产业基地"等一批高附加值水产品加工基地等。2022 年 9 月，《大连市促进预制菜产业发展的八条措施》指出，力争到 2025 年实现预制菜产业产值达 3000 亿元。同年 10 月，大连市海洋食品与生物制品产业联盟成立，为大连市打造"中国海鲜预制菜产业之都"奠定了坚实的基础。同时，《大连海洋强市建设三年行动方案（2022—2024 年）》强调，实施优势产业提质行动，推进海洋渔业"深蓝"工程。2023 年 3 月，据辽宁省农业农村厅副厅长刘怀野介绍，为把辽宁建成海洋经济强省，辽宁将着重推进水产养殖业高质量发展、推动远洋渔业转型升级、加快建设国家级沿海渔港经济区；2023 年辽宁已启动建设养殖休闲综合体 2 个，大连杏树屯、锦州开发区国家级沿海渔港经济区 2 个，养殖工船 1 座，逐步形成深远海大型智能化养殖渔场等。

2. 以畅通东北陆海大通道为媒介，协同沿海六市高质量发展

辽宁沿海经济带包括大连、丹东、锦州、营口、盘锦和葫芦岛六个沿海城市，对应分布着六大港口，是东北唯一具有陆海双重通道的省份，是"一带一路"的重要节点。2022 年 10 月，《辽宁省推进多式联运高质量发展优化调整运输结构行动方案（2022—2025 年）》中规划，到 2025 年，初步建成连通日韩、东南亚和我国东南沿海与蒙俄、中亚、欧洲等国家和地区的"北上西进"东北海陆联运大通道。2023 年 3 月，在十四届全国人大一次会议上，辽宁代表团将东北海陆大通道上升为国家战略的建议，作为全团建议提交，试图从国家层面统筹推进东北海陆大通道建设，推进东北地区深度参与"一带一路"、打造对外开放新前沿。2023 年 6 月，《辽宁省人民政府办公厅关于

在辽宁全面振兴新突破三年行动中进一步提升对外开放水平的实施意见》指出，协同联动沿海六市开放发展，做大做强临港经济。《辽宁省 2023 年政府工作报告》将"推动沿海六市协同改革开放创新、全力建设'两先区'"布置为未来五年的主要目标任务等。

（四）山东省海洋经济发展趋势

1. 以海洋产业地缘优势为基础，建设世界级港口群

山东省地处南北交通要道、丝绸之路经济带与海上丝绸之路的重要结合部，建设世界级港口群有得天独厚的区位、资源优势。2018 年习近平参加十三届全国人大一次会议山东代表团审议时强调，要加快建设世界一流的海洋港口。近年来，山东省着力推进港口一体化改革，加速打造山东半岛世界级港口群。如《山东省"十四五"综合交通运输发展规划》提出，加快推进以青岛港为龙头，日照港、烟台港为两翼，潍坊港、威海港、东营港、滨州港为补充的山东半岛世界级港口群建设；2022 年 5 月，山东省第十二次党代会将"打造世界一流海洋港口，建设山东半岛世界级港口群"布置为未来五年的重点任务等，取得阶段性成效。2022 年全省沿海港口货物吞吐量18.9 亿吨，居全国第一。2023 年 8 月，《山东省世界级港口群建设三年行动方案（2023—2025 年）》的发布，将加快推进山东世界级港口群建设，提升山东港口服务国家战略、融入新发展格局的枢纽作用和支撑能力。

2. 以新兴产业培育为重点，打造双千万千瓦级海上光伏基地

"双碳"背景下，各沿海省市陆续着手推动海上光伏产业发展，山东省更是早早布局。《山东省电力发展"十四五"规划》提出，到 2025 年光伏装机 65 GW，海上光伏 12 GW 左右。2022 年 7 月，《山东省海上光伏建设工程行动方案》指出，打造"环渤海、沿黄海"双千万千瓦级海上光伏基地。为强化海上光伏基地建设的要素保障，2022 年 9 月，《山东省关于推进海上光伏发电项目海域立体使用的通知》发布，支持海上光伏产业探索实施海域立体综合开发利用；11 月，《山东省漂浮式海上光伏财政补贴细则》指出，对2022—2025 年建成并网的"十四五"漂浮式海上风电项目，给予项目业主单

位一次性财政补贴。扶持政策出台的同时，山东加快推进海上光伏项目落地，《山东省建设绿色低碳高质量发展先行区 2023 年重点工作任务》强调，积极推动中广核烟台招远 HG 30 等首批桩基固定式海上光伏项目，开展漂浮式海上光伏试点示范。2023 年 5 月，固定式长桩基海上光伏实证科研项目——山东文登 HG 32 海上光伏实证科研项目成功离网发电，进入试验运行期；近海桩基固定式海上光伏——国家电投山东能源海阳 HG 34 近海桩基式海上光伏关键技术研究及示范项目正式建成。

执笔人：郑慧（中国海洋大学）
张丽（中国海洋大学）

2
东部海洋经济圈海洋经济发展形势

一、东部海洋经济圈发展现状

作为海洋经济发展的重要力量，东部海洋经济圈由江苏省、上海市和浙江省的陆域及其附近海域组成。与其他沿海区域相比，东部海洋经济圈在市场环境治理与基础产业建设方面具有独特优势，为增强海洋经济活力、推动海洋科技创新和促进海洋经济高质量发展提供了有效支撑，是拓展我国海洋经济发展空间的重点区域。

（一）东部海洋经济圈海洋经济发展规模

1.海洋生产总值

在"十四五"规划纲要提出"积极拓展海洋经济发展空间"后，2022年党的二十大报告再次强调了发展海洋经济的重要战略意义。在此背景下，东部海洋经济圈把稳定发展、加速转型作为发展海洋经济的主要任务，在维持海洋经济总量的基础上寻求新的增长点，使海洋生产总值进一步提升。尽管2022年新冠肺炎疫情对东部海洋经济圈的海洋旅游业造成了严重冲击，但在国家疫情合理防控和稳经济政策影响下，海洋经济恢复迅速并持续增长，表现出强大的韧性。从海洋生产总值占比来看，2018年至2022年间东部海洋经济圈海洋生产总值占区域生产总值的比重维持在 12% 左右，意味着海洋经济在本区域经济生产活动中占据着重要地位（图 3-2-1）。此外，2022 年东部海洋经济圈的海洋生产总值仍约占全国海洋生产总值的 1/3，说明东部海洋经济圈是全国海洋经济生产活动的重要参与者。

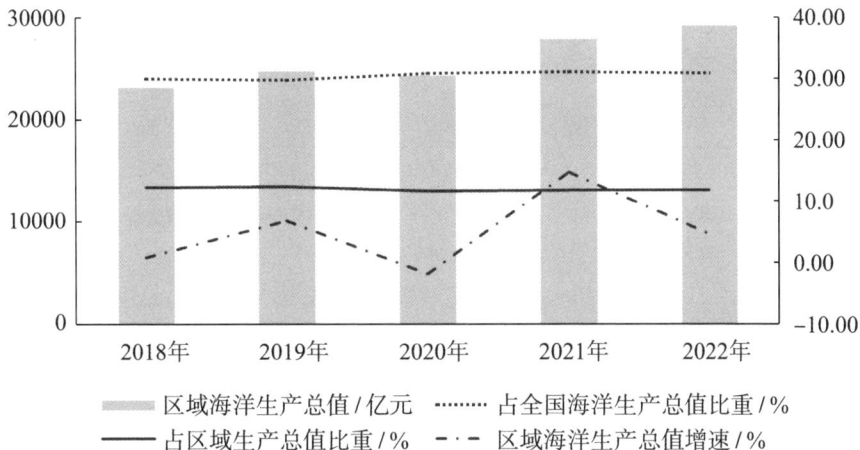

图 3-2-1　2018—2022 年东部海洋经济圈海洋经济发展趋势
（数据来源：依据历年《中国海洋经济统计年鉴》《中国海洋经济发展报告》以及各沿海地区公布数据计算得出）

2. 海洋产业增加值

2022 年东部海洋经济圈海洋产业增加值与 2021 年基本持平，海洋产业规模呈现稳定发展态势。从海洋产业增加值的增速变化情况来看，2018 年至 2021 年间平均增速约为 7%，其中 2020 年最低，2021 年最高，与海洋生产总值变化趋势基本相同（图 3-2-2）。而与 2021 年相比，2022 年东部海洋经济圈的海洋产业增长速度放缓，其主要原因在于海洋交通运输业、海洋旅游业等海洋产业的发展空间受限，而海洋药物和生物制品业、海洋电力业等新兴海洋产业体量偏小，对海洋经济总量增长贡献偏低。因此，加速传统海洋产业转型升级、培育壮大海洋新兴海洋产业仍是东部海洋经济圈海洋经济发展的重点。此外，2018 年至 2022 年间海洋产业增加值占东部海洋经济圈海洋生产总值的四成左右，说明海洋产业既是区域海洋经济活动的重要表现形式，也是推动海洋经济发展的核心力量。

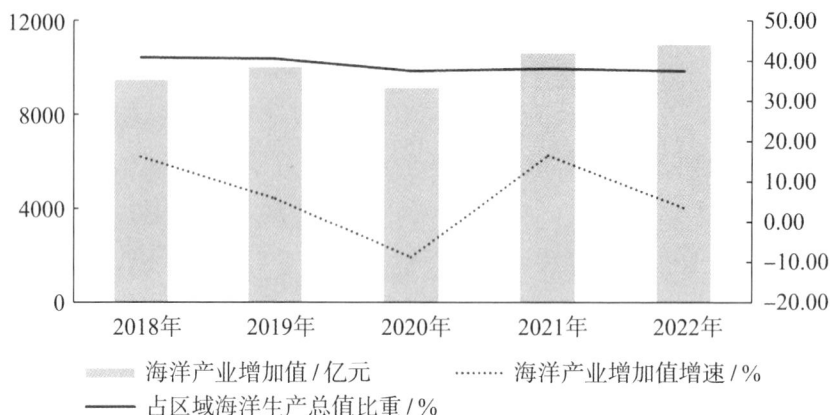

图 3-2-2　2018—2022 年东部海洋经济圈海洋产业发展趋势
（数据来源：依据历年《中国海洋经济统计年鉴》《中国海洋经济发展报告》
以及各沿海地区公布数据计算得出）

（二）东部海洋经济圈海洋经济发展结构

1. 海洋产业结构

在党的二十大报告指引下，东部海洋经济圈着力推进海洋经济高质量发展，不断优化产业结构，加快海洋经济转型升级。与 2021 年相似，2022 年东部海洋经济圈的第三产业占比最高，约为区域海洋生产总值的 60%（图 3-2-3）。与全国海洋产业结构相比，2022 年东部海洋经济圈第一产业与第二产业占比偏低，而第三产业占比高于全国平均水平，产业结构分布合理，符合东部海洋经济圈的比较优势。从不同海洋产业的具体发展情况来看，海洋交通运输业、海洋旅游业继续保持优势地位，为海洋经济发展空间的拓展奠定了坚实基础。此外，东部海洋经济圈第二产业在海洋生产总值中的比重也逐渐上升，主要原因在于海洋药物和生物制品业、海洋电力业等新兴海洋产业的迅速发展，使得第二产业逐渐成为支撑本区域海洋经济发展的重要力量。

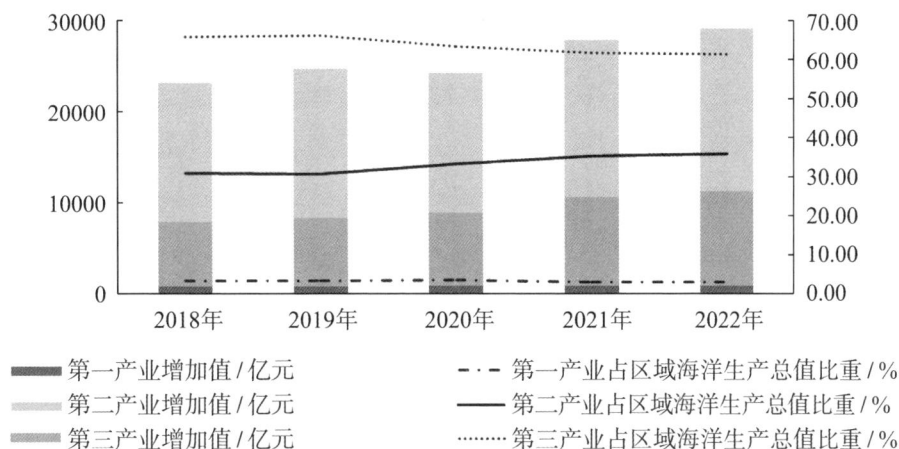

图 3-2-3　2018—2022 年东部海洋经济圈海洋三次产业发展趋势
（数据来源：依据历年《中国海洋经济统计年鉴》《中国海洋经济发展报告》
以及各沿海地区公布数据计算得出）

2. 海洋经济空间结构

为响应"十四五"规划纲要提出的"拓展海洋经济发展空间"号召，江苏省、上海市与浙江省高度重视海洋经济发展，并分别结合各自发展现状制订了相应的海洋经济发展"十四五"规划。从海洋经济的整体发展态势来看，2022 年东部海洋经济圈各省市的海洋生产总值发展较为均衡，长三角地区协同发展特征显著（图 3-2-4）。从东部海洋经济圈内各省市发展情况来看，2022 年浙江省海洋经济增速明显，成为东部海洋经济圈内海洋经济发展的"领头羊"；但受到新冠肺炎疫情的影响，沿海区域的海洋旅游业、海洋交通运输业等产业发展有所下滑，导致上海市海洋经济虽维持增长态势，但速度有所放缓；而得益于良好的海洋产业布局与海洋经济韧性，江苏省海洋生产总值在 2022 年稳中有升，占区域海洋生产总值比重也进一步增加。

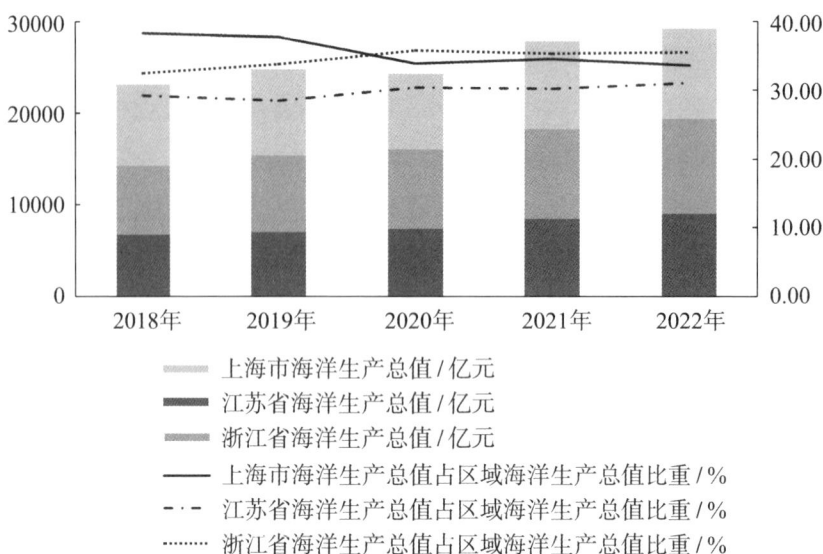

图 3-2-4　2018—2022 年东部海洋经济圈海洋经济空间结构发展趋势
（数据来源：依据历年《中国海洋经济统计年鉴》《中国海洋经济发展报告》
以及各沿海地区公布数据计算得出）

二、东部海洋经济圈海洋经济发展特征

（一）江苏省海洋经济发展特征

江苏省管辖黄海南部及东海的北端海域，拥有港航、土地、生物、旅游、盐和油气资源，海洋经济发展潜力较大。依托丰富的海洋资源，江苏省着力优化产业结构，持续构建产业竞争优势，积极培育海洋产业科技动能，发展韧性持续彰显，对外开放能力进一步提升。

1.海洋经济平稳发展，海洋经济总量再上新台阶

2022 年，江苏省海洋经济延续恢复性增长态势，产业结构进一步优化，展现出较强的发展韧性。《2023 江苏海洋经济发展指数》显示，2022 年江苏省海洋经济发展指数为 116.3，比上年增长 2.7%，海洋经济发展持续向好，呈现稳步增长态势。作为沿海大省和经济大省，江苏省持续发挥其资源优势

和经济优势，在我国海洋经济发展中占据重要位置。《2022年江苏省海洋经济统计公报》显示，江苏省全年海洋生产总值达9046.2亿元，同比增长7.4%，占全国海洋生产总值的9.6%。而随着海洋产业结构的调整，江苏省第三产业逐渐占据主导地位，在海洋经济发展中贡献较大。2022年，江苏省海洋经济三次产业增加值占本省海洋生产总值的比重分别为3.2%、41.6%和55.2%，其中，以海洋渔业、海洋交通运输业、海洋船舶工业为代表的海洋传统产业持续发挥支柱作用，带动江苏省海洋经济快速发展；以海洋工程装备制造业、海洋药物和生物制品业为代表的海洋新兴产业规模不断扩大，对海洋产业增长的贡献率达32.1%。此外，江苏省海洋综合管理能力稳步提升，海洋发展后蓄力量进一步增强。2022年，江苏省海洋公共管理服务增加值为1417.2亿元，比上年增长6.1%；海洋科研教育增加值557.5亿元，比上年增长9.0%，为海洋经济的可持续发展和转型升级提供了动力。

2.海洋主导产业竞争优势凸显，船舶海工产业领跑全国

传统优势海洋产业呈现出良好的发展态势，竞争优势显著，助力江苏省建设海洋强省。一方面，海洋交通运输业和海洋旅游业的经济贡献突出，仍旧是江苏省海洋经济发展的两大支柱产业。其中，江苏省海洋货运船舶运力不断提升，海洋交通运输业持续高速发展，2022年全年实现增加值1499.6亿元，同比增长9.3%。沿海沿江港口全年完成货物吞吐量26.6亿吨，排名全国第一，集装箱吞吐量2273.2万标箱，同比增长8.3%。而受国内新冠肺炎疫情多点频发的影响，江苏省海洋旅游业整体表现疲软，全年实现增加值481.8亿元，比上年下降12.7%；沿海三市（连云港市、盐城市、南通市）接待国内游客8899.6万人次，比上年下降16.1%。随着疫情防控措施的优化调整，海洋旅游业呈现复苏趋势，为拉动江苏省海洋经济发展提供支持。另一方面，海洋船舶工业和海洋工程建筑业在全国居于领先地位，为江苏省构建现代海洋产业体系赋能助力。作为全国船舶海工装备制造第一大省，江苏省海洋船舶工业不断增长，全年实现增加值234.6亿元，比上年增长5.1%；造船完工量1743.3万载重吨，比上年增长6.1%，三大造船指标占全国市场份额总体保持领先；同时，海洋工程建筑业保持平稳增长，海工装备和高技术船舶集群入选国家先进制造业集群名单，在全国海洋装备制造领域具有重要地位。

3. 海洋战略性新兴产业增速迅猛，集群化发展进入新阶段

江苏省立足海洋电力业、海洋药物和生物制品业等战略性新兴产业，积极培育科技核心竞争力，助推海洋经济新旧动能转换和高质量发展。2022年，江苏省海洋电力业持续发挥"绿色动能"，引领江苏省海洋经济绿色发展，全年实现增加值88.5亿元，比上年增长18.0%。其中，海上风电装机容量累计达1183.3万千瓦，与上年持平；发电量300.9亿千瓦时，比上年增长62.2%，均位居全国前列。2022年，全球最长风电叶片SR 260在盐城市下线，助力江苏省清洁能源快速发展。随着海洋生物制品产能的不断扩大，江苏省海洋药物和生物制品业增势良好，全年实现增加值76亿元，比上年增长10.9%，成为本省海洋经济的新增长点。与此同时，江苏省加快推进海洋战略性新兴产业集群形成，牵头成立江苏省海洋资源开发技术创新中心和江苏海洋生物资源创新中心，聚焦于海洋科技成果转化和海洋生物资源高值化利用研究，建设包括蓝碳实验室、现代贝藻类育种研发中心等项目。此外，江苏省还积极与涉海高校和涉海企业开展产学研合作，与江苏海洋大学、南通大学、盐城工学院等12家涉海高校院所、23家涉海企业，发起成立江苏省涉海产学研合作联盟，助力创新资源持续集聚。2022年，江苏省共投资5个浒苔防控类海洋科技创新项目，并在海洋灾害预警、生态保护等方面实现了多个科技成果转化，助推海洋资源的有效利用和海洋经济的快速增长。

4. 紧抓"一带一路"契机，构建高水平海洋开放合作高地

江苏省抢抓"一带一路"建设以及区域全面经济伙伴关系协定（RCEP）实施等机遇，积极融入国内国际双循环战略，构建开放包容、具体务实、互利共赢的蓝色伙伴关系。为打造高水平开放高地，江苏省成立推进"一带一路"建设工作领导小组，提升国际传播能力，共同讲好共建"一带一路"江苏故事，截至2022年6月，第四届进博会江苏已履约33.6亿美元，推动了"走出去"的进程。与此同时，江苏省立足沿海三市，打造高水平开放窗口。其中，南通市着力打造"大通州湾"，目前已拥有4个一类水运口岸和南通兴东机场一类航空口岸；连云港市不断提高对外开放水平，海向累计开辟了集装箱

航线 86 条，陆向开通了 23 条海铁联运通道，着力打造服务中西部地区对外开放的重要门户；盐城市则持续加强水运陆运联动水平，构建高水平开放窗口，全市已拥有 5 个一类开放口岸、2 个二类开放口岸，开放口岸数量位于全省前列。此外，江苏省还不断加强与海外港口的合作，推进港口互联互通，并把新亚欧陆海联运通道打造成为"一带一路"合作倡议的标杆和示范项目，加强了蓝色经济合作和投资贸易交流。

（二）上海市海洋经济发展特征

上海市地处我国海岸线中部与长江黄金水道交汇点，北接长江，东濒东海，南临杭州湾，不仅拥有对内、对外的双向区位优势，还拥有岛屿 26 个，富含潮汐能、潮流能、盐差能等多种海洋能资源。2022 年，上海市积极贯彻落实党中央、国务院关于海洋强国建设的战略部署，统筹新冠肺炎疫情防控和经济社会发展，海洋经济发展韧性凸显，海洋公共管理服务能力显著提升，海洋交通运输业贡献攀升，多个海洋特色产业园区项目持续推进，为上海市加快建设现代海洋城市提供了坚实保证。

1. 海洋经济发展韧性凸显，海洋产业空间布局优化

在新冠肺炎疫情零星散发的影响下，2022 年上海市海洋产业发展受到较大冲击，但同时也展现出较强的韧性。《2022 年上海市海洋经济统计公报》显示，上海市全年实现海洋生产总值 9792.4 亿元，同比名义增长 1.8%，占全市地区生产总值的 21.9%，占全国海洋生产总值的 10.3%。其中，海洋科研教育增加值 373.5 亿元，同比名义增长 3.3%；海洋公共管理服务增加值 2637.7 亿元，同比名义增长 11.8%，表明上海市海洋经济具备良好的适应能力和持续发展能力。与此同时，上海市海洋产业空间布局不断优化，"两核一廊三带"建设持续推进。2022 年，临港新片区工业总产值同比增长 30%，成为推动上海市发展的"发动机"。2022 年崇明岛正式发布《崇明世界级生态岛发展规划纲要》，提出建立生态岛生态产品总值核算体系等目标要求，明确了崇明生态产品总值的增长率要超过生产总值增速的目标。同时，崇明长兴岛力争打造千亿级海洋装备产业集群，目前已在标准集装箱船、液化天然

气船、汽车运输船、龙门吊等高端船舶和港口机械制造等方面领跑世界。

2. 持续强化用海要素保障，海洋管理服务能力显著增强

上海市不断强化对用海要素的保障，提升海洋管理服务能力，并在海岛管理、用途管制等方面取得显著成效，助推海域发展空间的拓展。《2022 年上海市海域使用管理公报》显示，上海市持续完善海域使用管理制度，2022年批准项目用海 19 个，保障了基础设施和产业项目的用海需求；同时继续推进落实海域有偿使用制度，全年共计征收海域使用金 2212.71 万元。此外，上海市还加强了海域海岛精细化管理制度，全年共开展海域执法巡查 201 次，检查项目 389 个次，检查无居民海岛 74 个次，核查疑点疑区图斑 24 个，并完成涉海科研项目课题 5 项，相关成果的应用有效支撑了海岸带湿地修复监管、奉贤生态修复项目申报、临港新片区灾害应对等工作。在用途管制和打击涉海违法行为方面，上海市启动实施了长江口海域管理和历史项目用海分类处置，初步筛查存量用海实体约 600 处，并全力做好打击非法采砂、长江禁捕等工作，开展各类专项执法巡查 117 次，海缆巡护 42 航次，违法用海罚款 195.4 万元。在围填海历史遗留问题方面，上海市也进行了持续跟进与管理，启动了"金山新城东部区域建设围填海项目"的不动产权证换发工作。上海市通过提升海洋管理服务能力，持续拓展海洋经济发展空间，增强了海洋经济的发展潜力。

3. 海洋交通运输业经济贡献攀升，海洋船舶工业增长突出

海洋交通运输业的经济贡献进一步提升，海洋船舶工业增长显著。一方面，上海市海洋交通运输业稳健发展，港口全球影响力不断增强。《2022 年上海市海洋经济统计公报》显示，相比于第一优势产业——海洋旅游业，海洋交通运输业与其经济贡献差距从 2021 年的 24.5% 缩小至 2022 年的 6.9%，占全市海洋产业增加值的 41.7%。依托良好的海运能力，上海市充分发挥港口航运枢纽功能，国际贸易中心能级大幅提升，2022 年上海市口岸贸易总额依旧位居世界城市首位，其中，集装箱吞吐量达到 4703.3 万标准箱，连续 12年排名世界第一。另一方面，上海市船舶与海洋工程装备制造业企业的自主创新能力不断提升。2022 年，中国船舶集团旗下沪东中华造船（集团）有限公司联合中国船舶工业贸易有限公司建造的 8 万立方米液化天然气（LNG）运输船"传奇太阳"号顺利交付，是全球最大浅水航道第四代船型，也是我国首艘江海联运型 LNG 船。同年，沪东中华造船（集团）有限公司交付中国首艘、全球最大的 24000 TEU 超大型集装箱船，这是我国在顶级超大型集装箱船建造领域取得的又一重大突破。一系列高端航运装备的交付，不仅使得海洋船舶工业以 184.2 亿元的增加值成为传统海洋产业中增长最多的行业，也折射出上海国际航运中心"硬科技"实力的不断提升。

4. 海洋产业园区聚焦特色优势，高能级项目接连启动

作为上海市两个最主要的以海洋产业发展为核心的特色产业园区，2022 年临港新片区海洋创新园与长兴海洋装备产业园分别在海洋生物医药与海洋装备产业方面取得快速发展。其中，得益于临港新片区得天独厚的蓝色经济政策和产业环境优势，海洋创新园入驻实体企业数量达 245 家，累计营收 316.87 亿元，交出了一份亮眼的海洋经济高质量发展成绩单。近年来，园区深入推进"学界+业界"的融合，打造海洋生物医药领域创新综合体，2022 年 11 月，临港新片区海洋生物医药科技创新型平台揭牌，主要围绕基因编辑、河鲀毒素、细胞治疗等海洋生物医药各细分领域，开展产业共性关键技术攻关，成为产业强海中的一支重要力量。与此同时，依托崇明岛的船舶与海工装备优势，长兴海洋装备产业园作为上海第二批 14 个特色产业园区之一，汇集了中船重工、振华重工等大型造船企业，全力打造国家海洋产业的高地。2022 年 6 月，中船上推制造中心项目正式开工，再次吹响了长兴岛打造海洋装备产业千亿集群的号角，成为上海市建设具备国际竞争力的船舶与海洋工程装备制造基地的核心承载地。

（三）浙江省海洋经济发展特征

浙江省区域优势明显，海洋资源禀赋突出，管辖海域 26 万平方千米，拥有宁波舟山港等众多深水良港，海洋渔业、文化旅游、海洋能源等资源在全国均居前列。2022 年，浙江省海洋经济持续发力，充分发挥自身海洋资源优势，推动海洋经济实现跨越式发展，成为助力浙江经济高质量发展的"蓝色引擎"。

1. 海洋强省建设"快马加鞭"，海洋经济韧性持续彰显

浙江省持续放大"海"的优势，海洋经济保持平稳增长的发展势头。2022年是浙江省深入实施"八八战略"20周年，海洋强省建设取得丰硕成果，海洋生产总值成功突破万亿关口，约为2003年的15倍，海洋生产总值占地区生产总值比重持续高于13.5%，超过全国平均水平约5个百分点。20年来，浙江省全方位、系统性推进海洋经济发展，并取得显著成效。第一，海港运输生产稳中有进，2022年浙江省沿海港口货物吞吐量达15.4亿吨，同比增长3.4%，其中，宁波舟山港货物吞吐量高达12.6亿吨，连续14年蝉联全球第一；集装箱吞吐量为3335万标箱，连续5年位居全球第三。第二，海洋辐射带动能力显著增强，浙江省积极参与共建"一带一路"，开展国家对外开放试点11个，对外直接投资规模、进出口分别跃居全国第二、三位。第三，海洋科技交流不断深化，2022年12月举办的浙江省海洋科学院发展合作论坛暨战略合作签约仪式，汇聚了国内高端海洋力量。另外，多式联运发展水平延续良好发展格局，截至2022年，浙江省已开通日本、泰国、越南、俄罗斯4条外贸直航线、12条内贸航线以及21条海河联运航线，增强了浙江省海洋经济的发展韧性。

2. 聚力"科技""生态"两大抓手，助力海洋产业蓬勃发展

浙江省积极落实"科技兴国"战略，充分发挥科技创新优势，始终坚持"人类命运共同体"的本质要求，引领海洋产业"爆破"式发展，加快海洋开发进程。在科技创新助力产业发展方面，浙江省逐步实现从"耕海牧渔"到"智慧海洋"的转变。2022年5月，浙江省舟山市成立东海实验室，聚焦海洋绿色资源与环境动力系统研究，支撑了海洋数字经济、智能装备和清洁能源等方面发展；同年11月，海洋数据产业大脑作为优秀产业大脑在2022年世界互联网大会"互联网之光"博览会上展出，该平台已接入涉海结构化数据4亿多条，非结构化数据3000 GB，数据目录和数据接口均超过300个；中国联通浙江省分公司则利用非视距微波技术，完成了多个海域之间非视距微波传输超级基站的搭建，为做好海域通信、抗击灾害提供了保障。在海洋生态文明建设和可持续发展方面，浙江省瞄准绿色智能发展方向，引领海洋产业高质量发展。2022年6月，国内首艘2000吨级集散两用新能源运输船"东兴100"在浙江省湖州市交付运营，开创了浙江省内河千吨级新能源货船的先河，其作为目前国内装船电池容量最大、续航力最长的纯电动货船，每年可节省燃油10万升，降低二氧化碳排放260吨，对打造生态绿色水运具有积极意义；同年12月，嘉兴港首批投用20辆氢能重卡，替代原有的柴油重卡用于码头集装箱运输，持续拓展氢能"应用链"，实现了氢能重卡在国内港口首次规模化应用。

3. 海洋优势产业动能强劲，海洋现代产业彰显活力

2022年浙江省海洋产业保持良好增长态势，海洋船舶工业等传统优势产业继续提速增质，海洋旅游业等现代产业的发展基础不断完善，海洋新能源产业增势显著。一是海洋船舶工业稳步发展，2022年浙江省海洋船舶工业企业总产值达366.2亿元，同比增长20.2%，其中船舶制造产值同比增长36.5%；全年完工船舶321.3万载重吨，同比增长18.8%，新承接船舶订单542.2万载重吨，同比增长28.8%。与此同时，船用动力系统、全船自动化控制操作系统等领域取得较大突破。其中，宁波中策自主研制的满足IMO Tier Ⅲ阶段排放法规的高压共轨大功率中速柴油机成功下线并启运交付；宁波凯荣集团则突破了国外对液化LNG储运系统的核心技术垄断，为客户提供了多元化的液货物流输配方案，提升了我国船企的国际竞争力。二是海洋旅游业加速发展，2022年浙江省海洋旅游重大项目建设如火如荼，截至年底，全省海岛公园建设投资总金额超1330亿元，建设项目高达227个，总投资1330.31亿元，助力海洋旅游体系的培育与发展。三是海洋战略性新兴产业发展迅猛，风电行业首当其冲。2022年3月，浙江省"十四五"期间重大建设项目——浙能台州1号海上风电场开工建设，全面投产发电后预计年发电量9.34亿千瓦时，每年可节约标准煤30.09万吨，节约淡水269万立方米；同年6月，全国首个柔性低频输电示范工程——台州35千伏柔性低频输电示范工程投运，首次实现了海上清洁能源降频直送，为浙江省海洋经济发展注入了新动能。

4.省域海洋政策"保驾护航"，助力浙江加速筑梦深蓝

为了保障海洋经济的可持续发展，浙江省在 2022 年陆续出台了一系列海洋经济相关政策，为海洋经济高质量发展提供了强有力支撑。首先，在助力海洋产业发展方面，2022 年 5 月，浙江省政府印发《浙江省能源发展"十四五"规划》，加快了高水平建成国家清洁能源示范省的进程，为构建安全高效的现代能源体系奠定了政策基础；同年 12 月，浙江省自然资源厅出台《关于规范光伏项目用海管理的意见》，多措并举共同保障了海域资源的效能提升，为实现海上光伏发电行业高质量发展把舵定向。其次，在规范用海秩序方面，2022 年 11 月，浙江省自然资源厅印发《浙江省海域使用权立体分层设权宗海界定技术规范（试行）》，进一步明确了海域空间分层的界限划分标准，提高了海域精准化管理水平；同年，浙江省自然资源厅联合省农业农村厅出台《关于开展违法用海用岛"双清零"攻坚行动的通知》，加强了蓝色资源开发利用监管，规范了用海用岛秩序，推动违法用海清零和违法用岛清零。最后，在加快建设现代海洋城市方面，2022 年 3 月，浙江省宁波市出台《宁波市加快发展海洋经济建设全球海洋中心城市行动纲要（2021—2025 年）》，对海洋经济的中长期发展做出了行动部署，进一步明晰了建设全球海洋中心城市路径和目标，为海洋经济发展提供了坚实的保障。

三、东部海洋经济圈海洋经济发展趋势

（一）江苏省海洋经济发展趋势

1.陆海统筹发展规划将逐步落实，全省海洋经济空间持续优化

江苏省积极发挥各地比较优势，逐步打造全域一体的海洋经济空间布局。《江苏沿海地区发展规划（2021—2025 年）》中强调要"高水平建设沿江海洋经济创新带"，以南京、无锡、泰州等城市为代表，立足其丰富的教育资源和科创优势，打造全国重要的海洋科技创新中心。各地市积极响应政策号召，2022 年南京市政府首次编制并发布《南京市"十四五"海洋经济发展规

划》，提出"三个打造"发展定位，即打造向海发展、陆海统筹的海洋经济示范城市，打造产学研用、协同融合的海洋经济创新高地，打造服务全省、辐射内陆的海洋经济服务平台，为全省海洋空间优化贡献南京力量。同月，启东市政府发布《启东市"十四五"沿江沿海科创带发展规划》，按照"启东沿江沿海科创带1.0、江苏沿江沿海科创带2.0、长三角沿江沿海创新发展带3.0"谋篇布局，推动实现从"0—1—N"的创新过程，细化落实全省海洋产业发展空间规划，进一步助力全省陆海统筹发展。立足于丰富的海洋资源和沿江沿河优势，江苏省沿海高质量发展其势已成，将通过多市联动，持续推进江海联动、河海联通、陆海呼应，逐步构建全域一体的高质量海洋经济发展格局。

2."互联网+海洋产业"将深度融合，驱动海洋经济数字化发展

江苏省持续推动"互联网+"与海洋产业的深度融合，依托互联网技术为海洋产业发展赋能助力，在提高生产效率的同时，持续打造新的海洋经济增长极。一方面，强化海洋数字经济的基础设施支撑。高标准布局海洋新型基础设施，建设海洋自主感知网络体系，对全省近海、滩涂、海岸线进行立体观测，不断完善海洋基础设施建设；与此同时，江苏省不断加速在海岛、海上风机、船舶建设5G基站和专网，将通过沿海5G立体网络的建设，保障沿海周边海域海洋生产的通信安全，向传统海洋产业注入5G动能，为江苏省海洋经济发展赋能助力。另一方面，推进海洋经济数字化转型。江苏省将继续深入智慧海洋工程建设，持续推进海洋产业数字化、网络化、智能化改造，促进现代信息技术与海洋产业的深度融合，提升产业链供应链资源共享和业务协同能力，打通物流供应链"信息通道"。同时，江苏省将进一步加快数字技术在海洋生态防控中的应用，执法部门可通过大数据平台，提高在长江禁捕、联合巡防等方面的效率，并采取更有针对性的执法措施，助力海洋生态保护。江苏省将立足于现有信息平台，努力建设"互联网+海洋产业"创新高地，促进"深蓝大脑"的形成，有力推动"智慧海洋"产业成为自身海洋经济高质量发展的新引擎。

3.涉海金融服务能力将持续提升，激活海洋经济发展新动能

江苏省作为海洋强省和金融强省，省内金融机构立足于服务实体经济发展的目标，创新和改进涉海金融产品和服务能力，实现海洋经济与金融发展的同频共振。江苏省持续鼓励海洋金融服务体系的建设，积极拓宽多元化融资渠道，进一步发挥多层次资本市场对涉海企业的促进作用，配合政府部门建立沿海地区高质量发展基金、海洋产业投资基金、海洋经济交易所等，撬动金融资源、社会资本向海洋生物医药、海洋能源等海洋新兴产业集聚，提高股权、债券融资比例。2022 年，江苏省涌现了包括江苏招商海洋产业基金等在内的一系列涉海金融产品，主要投资于海洋新兴产业培育等领域，为海洋经济的发展提供金融支持。在此基础上，江苏省将进一步加快金融产品和服务的创新。一方面，着力发挥银行机构特别是国有大行金融服务主力军作用，结合自身经营特点，按照风险可控、商业可持续原则，加大对现代海洋渔业、高端海洋制造业、优质海洋服务业等重点涉海领域的金融支持；另一方面，持续推动保险、信托等金融机构与风险投资、股权投资机构建立战略合作，为海洋产业的创新与发展提供资金和技术支持。

4.海洋生态系统将不断优化，构筑海洋经济蓝色屏障

江苏省海洋绿色发展持续向好，逐步形成人海和谐的海洋生态文明格局。在生态修复方面，2022 年江苏省自然资源厅出台《关于积极做好用地用海要素保障的通知》，明确 12 条政策措施精准保障重大项目的用地用海需求，积极推进海洋生态保护修复，建立健全相关制度体系，实施沿海陆域、近岸海域、入海河道的固定源污染排放许可证制度，严控陆源污染物排海总量，为江苏省海洋经济的发展注入绿色动能。在能源革新方面，积极开发天然气、风电等清洁能源，作为国内规模最大的液化天然气储备基地，江苏省盐城市"绿能港"未来将持续发挥船舶运输液化天然气的量级优势，稳定增加绿色能源发电规模，助推全省绿色低碳发展。在产业发展方面，江苏省将依托丰富的渔业资源，积极建设"海洋牧场+"的渔业模式，进一步加快科学生态修复与现代渔业生产的结合，实现海洋渔业产业转型升级、资源养护、生态修复的协同发展。在污染物排放方面，依托污染排放的公众参与监督平台，江苏省将强化对污染源头、污染企业和污染海域的管控，限制重点污染排放总量，从污染源头进行生态防控。江苏省将绿色发展理念贯穿于海洋产业的各个环节，积极打造海洋经济发展新高地。

（二）上海市海洋经济发展趋势

1. 海洋工作顶层设计将进一步夯实，助力打造全球海洋中心城市

上海市将进一步强化政策的引领作用，夯实顶层设计，加快打造全球海洋中心城市。为了实现 2025 年海洋生产总值达到 1.5 万亿元的目标，使海洋经济成为全市经济发展的新引擎，《上海市 2023 年海洋管理工作要点》（以下简称《要点》）中强调未来将进一步健全海洋工作体制机制，强化海域使用管理，激发海洋经济创新活力，加快推进现代海洋城市建设。在《要点》的引导下，上海市将继续巩固海洋政策规划体系，完善上海市建设现代海洋城市工作领导小组运行机制，制订海上发展战略空间规划，全面谋划并有序推动相关举措，强化对各个项目进展的持续监测和综合评估，深化细化《上海市海洋观测网中长期规划（2022—2035 年）》，持续密切关注并推进国家级和市级的关键涉海任务，提升本市海洋管理和效能治理水平。在提高整体海洋管理治理能力的前提下，如何激发海洋经济创新活力是上海市下一步的发展重点。一方面，上海市将不断完善海洋经济运行监测体系，进一步深化与市统计局合作，构建海洋经济数据常态化共享机制；另一方面将切实强化海洋经济服务能力，重点围绕海洋生物、海洋装备等海洋新兴产业发展和关键技术"卡脖子"领域攻关，逐步打造"一目录、一库、一平台、一基金"，提升海洋管理水平，增强服务海洋经济的能力，着力建设全球海洋中心城市。

2. "南北转型"蓝图将进一步细化，铸造世界级沿江沿海产业带

上海市将加速打造海洋经济发展新格局，形成"中心辐射、两翼齐飞、新城发力、南北转型"的空间格局。为此，上海市将持续推动宝山、金山两个南北端的经济结构升级与功能布局调整，推进建设崇明世界级生态岛和发展长兴岛海洋产业。根据《关于加快推进南北转型发展的实施意见》，上海南北两区（宝山区和金山区）到 2025 年将基本实现产城融合发展、新兴产业集聚、生态宜居宜业，聚焦新材料、生物医药、智能装备等重点领域，进一步增强高端产业对于海洋经济的引领功能，实现长三角产业链的巩固、补充及强化，打造世界级沿江沿海产业带。其中，宝山区将重点打造新兴产业集群，围绕高性能钢材等特殊金属材料、海洋生物医药研发制造、智能机器人本体制造等领域，搭建以钢铁为代表的各类大宗商品交易平台，打造高标准建设上海国际邮轮旅游度假区，助力上海市"北转型"，实现"钢铁之城"向"创新之城"的蜕变。金山区将做大做强纤维复合材料、医疗器械研发、无人机制造与场景应用等领域，并打造依托于海水海滩、文化资源等特色旅游业态的文旅消费新地标，创建国家级农业高新技术产业示范区，助力上海市"南转型"，推动"化工老区"向"上海湾区"的大步迈进。在"南北转型"的带动下，宝山区和金山区这两个传统的制造区域将腾空而起，建设成为一条世界级的沿江工业走廊。

3.海洋科技将持续创新，应用场景不断拓展

上海市将进一步落实科技创新在海洋经济发展中的驱动作用，服务陆海统筹和海洋强国等国家战略，推动上海市海洋经济高质量发展。《上海市水务海洋高质量发展科技创新三年行动计划（2023—2025年）》指出，上海市将主要聚焦于完善海洋灾害防御技术、海洋生态修复技术、海域资源保护技术以及海洋经济运行监测评估技术等方面的创新，同时推动数字孪生技术、5G+AI技术、装配式技术等新技术在水务海洋场景中的创新应用，增强自身作为超大城市的水系统科技核心竞争力，发挥服务辐射和示范引领作用。在海洋技术创新方面，2023年上海市建设现代海洋城市工作会议指出，上海市将全力推动海洋科技创新体系建设，抓重点领域突破，抓平台主体建设，抓全过程创新，聚力海洋观测探测、装备与材料研发、资源开发利用等三大领域，争取更多国家重大任务落户上海，打通海洋科技创新"从0到1""从1到10"的堵点、难点。与此同时，上海市将推动企业间技术交流和涉海资本对接，鼓励金融机构和涉海企业探索设立支持海洋科技等方面发展的投资基金，培养一支全球顶尖的海洋科创人才队伍，打造国际领先的海洋高端智库。未来，上海市智慧化应用溢出效应将显著增强，持续助力水利防汛安全和水环境整治、供水安全和高品质饮用水、排水提质增效和资源化利用、海洋防

灾减灾和生态修复等，推动海洋经济的高质量发展。

4. 继续发挥引领作用，推进长三角海洋经济协同发展

上海市将积极承担带动长三角区域经济协同发展的重任，实现其与江苏省、浙江省海洋经济的同步增长。根据《聚焦临港核心区打造上海"全球动力之城"实施方案》，海洋动力作为五大重点领域突破行动之一，将推动上海市到 2035 年全面建成彰显科技硬实力和人文软实力的全球动力之城，同时，上海市将遵循核心带动与整体布局相结合的思想，强化与长三角地区的协同增长，构建新的能源产业发展格局。2022 年国家海洋动力装备产业计量测试中心在上海浦东揭牌，这是海洋动力领域首个国家级计量测试中心，中心主要聚焦于海洋动力装备的可靠性和安全性的保障，满足海洋技术高水平科技创新，并进一步构建具有国际竞争力的现代先进测量体系，弥补我国在此领域的短板。此外，海洋动力领域测量中心将带动海洋动力全产业链、创新链和价值链的新发展，保障船舶核心装备自主可控，促进以上海为核心的海洋动力装备产业的整体转型升级。作为国内船舶动力巨头，中船动力集团旗下的核心船舶动力配套企业也成功落户上海，集团对国际巨头瓦锡兰低速柴油机业务的收购打破了船舶中低速发动机业务的垄断，将助力其技术水平达到全球领先行列，推动上海市及长三角地区高技术海洋船舶工业步入新一轮上升周期，进一步强化上海市海洋动力引领区域发展的支撑力。上海全球动力之城建设，将推动与长三角区域的有效分工，实现机制、创新和供应链的联动协同，共同打造具有全球影响力的动力磁场。

（三）浙江省海洋经济发展趋势

1. "八八战略"将持续走深走实，稳步提升海洋综合实力

浙江省将进一步围绕海洋强省建设和长三角一体化发展等战略需求，发挥"八八战略"的统筹引领作用，持续放大区位优势和山海资源优势，深入推进海洋经济高质量发展。2022 年 9 月海洋强省建设推进会在杭州召开，会议强调要深入学习贯彻习近平总书记关于海洋强国的重要论述精神，忠实践行"八八战略"，强化陆海统筹，放大海洋优势，持续推进海洋经济发展。

为了顺利实现"力争到 2025 年海洋经济实力稳居第一方阵，全省海洋生产总值突破 12800 亿元，占全省地区生产总值的比重达到 15%"的发展目标，未来浙江省将积极利用海洋资源优势和区位优势，着力增强现代海洋产业体系竞争力，打造甬舟温台临港产业带，重点突破海洋资源与能源开发、海洋电子信息等重点领域关键技术，发展壮大新材料、生命健康等现代临港产业集群；利用沿海港口辐射力强、拉动力足的传统优势，着力锻造港口国际竞争力，加快推进宁波舟山港建成世界一流强港，纵深推进义甬舟开放大通道建设。另外，浙江省将立足"强省建设"目标，持续推动海洋生态文明建设，增强海洋经济对外开放能力，不断提升海洋智治能力，在海洋经济建设多个方面持续发力。

2. 世界一流强港建设将持续推进，交通运输综合实力不断增强

浙江省将立足"开路先锋"使命，力争持续打造世界一流强港等多方面标志性成果。一是全面增强世界一流强港综合实力。重点深化港口管理体制机制改革，拓展强港管理体制机制改革，创新集疏运项目投融资模式，突破宁波舟山港一体化关键瓶颈，优化"海陆双向开放"模式，创新特色航运服务，为浙江省海洋经济发展贡献海港"硬核"力量。二是系统布局"135X"现代化交通物流体系。创新"枢纽+通道+节点+网络"一体统筹模式，发挥宁波舟山港的核心带动作用，提升杭州、金义、温州三大物流枢纽，拓展义甬舟、金丽温、甬台温、沪杭金、湖嘉甬五大高能级开放通道，培育一批区域枢纽和特色节点，织密多层次交通物流"一张网"，加快形成互联互通、陆海统筹的综合交通枢纽体系。三是创新海港、空港、陆港、信息港"四港高效联动模式"。重点深化国家综合货运枢纽补链强链，推进全国多式联运示范工程，全面打造金甬铁路全国首条双高示范线，升级"四港"智慧物流云平台，以数字技术助力物流发展，构建现代化交通物流体系和高质量海洋经济产业体系的重要纽带。

3. 深入推进清洁低碳发展，打造新型能源体系建设先行省

浙江省将继续深入贯彻新发展理念，着力推动降碳扩绿，以加快海洋低碳技术发展为抓手，全面推动海洋经济绿色化、低碳化转型，加快构建高效蓝碳体系赋能省域建设，促进海洋经济可持续发展水平再提升。为深入推进绿色低碳发展，浙江省将着力提升海洋资源利用效率，一是加快沿海核电基地建设进程，夯实核电作为本省中长期主力电源的战略地位。二是大力发展生态友好型非水可再生能源利用，全面推进光伏发电和海上风电开发，着力打造百万千瓦级海上风电基地，致力于到 2025 年全省风电装机达到 641 万千瓦以上，其中海上风电 500 万千瓦以上。三是打造世界级油品储备基地，全面加速海岛石油储备设施建设进程，不断探索海上储油的技术研发和示范应用。四是持续推进天然气管道建设，积极拓展气源供应渠道，统筹推进沿海大型LNG 接收站项目建设布局，以宁海舟山接收中心和温州台州接收站建设为中心，加快形成互融互通、共生共赢的 LNG 供应格局。与此同时，浙江省同步推进生态保护与经济发展，将聚焦陆源和海源污染防治、生态保护修复、美丽海湾建设、海洋风险等攻坚重点，加强海陆协同治理，保护海洋生态环境。

4.“产学研”要素保障将持续增强，提升海洋经济发展质效

浙江省将继续加强“产学研”融合发展，发挥浙江省海洋科学院等科研院所的智库作用，创新驱动海洋产业驶向深蓝。一方面，浙江省海洋科学院将与地方政府、国家机构、大型涉海国企等进行战略合作，依托省部级共建平台优势，汇聚涉海科研人才，瞄准科研成果转化落地、海洋数字化应用场景建设、海洋资源环境协同发展等方面，塑造“科技+人才+产业”三位一体的融合发展新体系。另一方面，浙江省各大高校高度重视海洋优秀学科建设和海洋科技创新。其中，浙江大学依托自身科研、人才优势和浙江省海洋区位优势建设海洋学院，致力于打造国际一流综合性科教基地；浙江海洋大学则以海洋科学、水产学两大优势学科为依托，聚焦海洋科技重大创新，为浙江省创新驱动发展战略的实施贡献力量。浙江省将以建设涉海领域高能级创新平台为核心，以高层次涉海实验室、研发机构与高校、科技创新领军企业等为载体，大力发展海洋高新技术，围绕制约海洋经济发展、海洋生态保护的科技瓶颈苦下功、谋突破，努力提高浙江省海洋创新在国家创新体系中的显示度，赋能全省海洋经济的高质量发展。

执笔人：王垒（中国海洋大学）

3
南部海洋经济圈海洋经济发展形势

一、南部海洋经济圈海洋经济发展现状

（一）南部海洋经济圈海洋经济发展规模

南部海洋经济圈由福建、珠江口及其两翼、北部湾、海南岛沿岸及海域组成，主要包括福建、广东、广西和海南的海域与陆域。该区域海域辽阔、资源丰富、战略地位突出，是我国与东盟等国家合作的前沿阵地，是具有全球影响力的先进制造业基地和现代服务业基地，也是我国保护开发南海资源、维护国家海洋权益的重要基地。

1. 海洋生产总值

2018—2022 年，南部海洋经济圈海洋生产总值稳中有升，年均名义增速接近 5%，高出全国同期整体增速 1.2 个百分点。经初步核算，2022 年，南部海洋经济圈海洋生产总值为 3.4 万亿元，继续呈现恢复向好的趋势，同比增长 5.7%，占区域地区生产总值的 15.8%，占全国海洋生产总值的 35.9%，两项占比均居三大经济圈之首（图 3-3-1）。

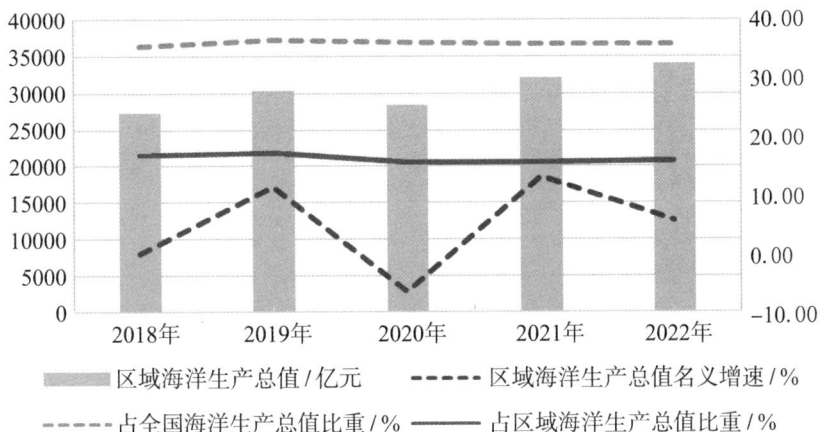

图 3-3-1　2018—2022 年南部海洋经济圈海洋经济发展趋势

（数据来源：依据历年《中国海洋经济统计年鉴》《中国海洋经济发展报告》以及各沿海地区公布数据计算得出）

2. 海洋产业增加值

2018—2022 年，南部海洋经济圈海洋产业虽受各种不利因素影响，但整体实现平稳增长，年均增速 3.7%，超全国同期平均水平，占海洋生产总值的比重稳定在 40% 左右（图 3-3-2）。

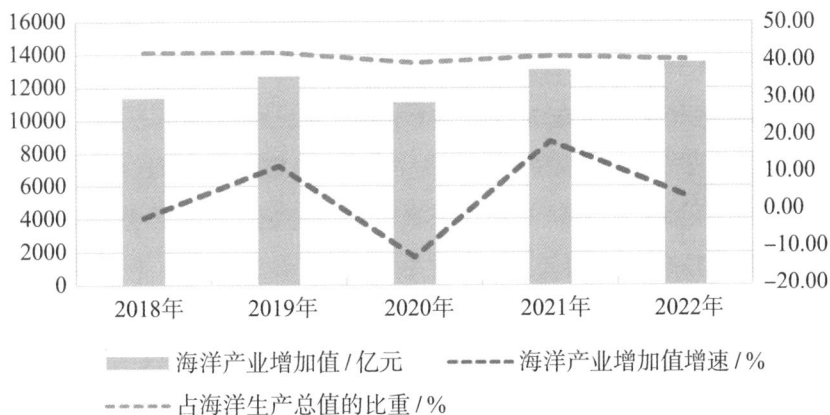

图 3-3-2　2018—2022 年南部海洋经济圈海洋产业发展趋势

（数据来源：依据历年《中国海洋经济统计年鉴》《中国海洋经济发展报告》以及各沿海地区公布数据计算得出）

（二）南部海洋经济圈海洋经济发展结构

1. 海洋产业结构

2018—2022 年，南部海洋经济圈产业结构稳定保持"三二一"的格局。其中，第三产业受疫情影响，占比小幅下降，第二产业占比明显上升，第一产业比重相对稳定（图 3-3-3）。

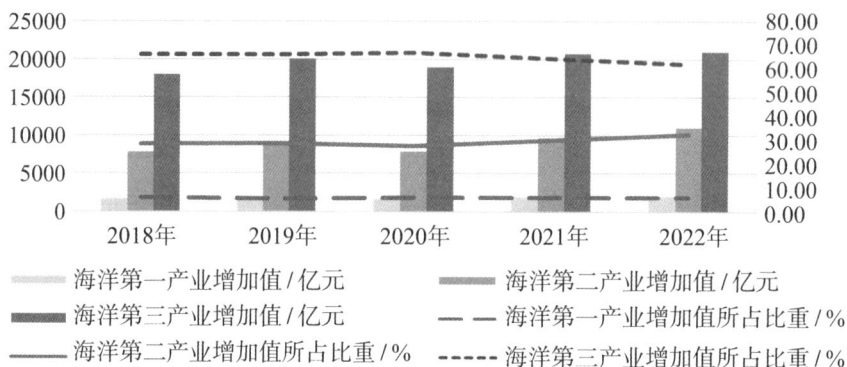

图 3-3-3　2018—2022 年南部海洋经济圈海洋三次产业发展趋势
（数据来源：依据历年《中国海洋经济统计年鉴》《中国海洋经济发展报告》以及各沿海地区公布数据计算得出）

2. 海洋经济空间结构

南部海洋经济圈以广东为核心引擎，福建、广西与海南各具发展特色。2018—2022 年，广东、福建、广西、海南四个省（区）海洋生产总值占南部海洋经济圈海洋生产总值的比重基本保持稳定，形成广东领先、福建次之、广西与海南相近的发展格局。2022 年，从四个省（区）海洋生产总值占南部海洋经济圈海洋生产总值的比重来看，福建与海南占比有所上升，分别上升 0.2% 与 0.1%；广东和广西占比下降，分别下降 0.2% 和 0.1%（图 3-3-4）。

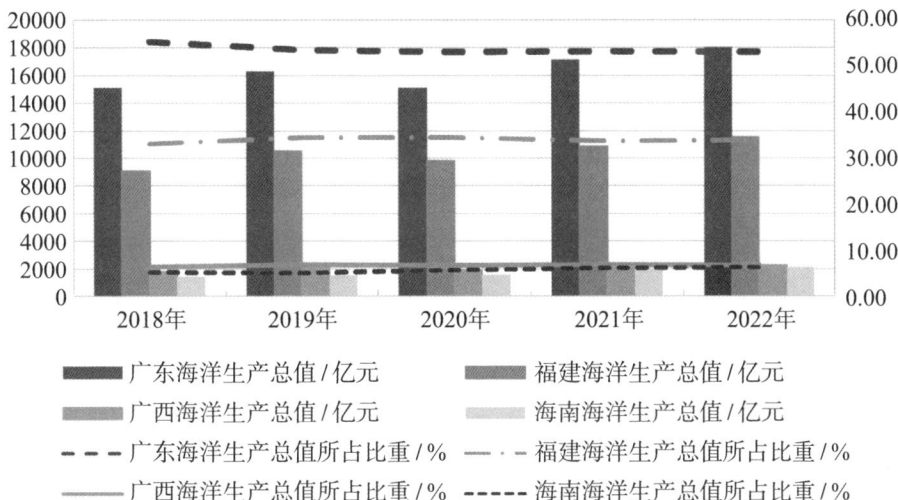

图 3-3-4　2018—2022 年南部海洋经济圈海洋空间结构发展趋势

（数据来源：依据历年《中国海洋经济统计年鉴》《中国海洋经济发展报告》以及各沿海地区公布数据计算得出）

二、南部海洋经济圈海洋经济发展特征

（一）福建省海洋经济发展特征

2022 年，福建省海洋经济高质量发展成效显著，海洋经济规模继续保持全国前列，全省海洋生产总值 1.2 万亿元，占地区生产总值 23%。全省水产品总量 862.4 万吨，其中海水养殖产量 548.9 万吨，居全国第一；水产品人均占有量 200 余千克，居全国第一；水产品出口额 85 亿美元，连续 10 年居全国首位；渔民人均纯收入 2.75 万元，同比增长 6.6%，继续保持全国前列；港口货物吞吐量首次突破 7 亿吨。

1. 加快发展深远海养殖，促进海水养殖业转型升级

福建省积极探索用机械化、智能化的大型钢结构深远海养殖平台替代传统渔排网箱养殖模式，推动海水养殖向深远海、生态化、智能化转型。2022

年9月，"百台万吨"生态养殖平台项目"乾动1号"海鱼养殖平台正式启用，养殖水体达2万立方米，养殖空间360度旋转，可抵御15级以上的台风。12月，全国首台渔旅融合的半潜式深海养殖平台、福建省首个深海智慧渔旅平台"闽投宏东号"正式投用，养殖水体约6.2万立方米，预计可年产优质大黄鱼600吨，经济价值近亿元；并可同时开展潜水、冲浪、海上休闲、垂钓以及海水养殖等生产生活活动，实现一二三产业有机融合。

其中，福州市连江县已成为全国最为集中、最具规模的深远海养殖发展示范区，现有10台套深远海养殖平台落户，配套500多口重力式深水网箱，年产优质大黄鱼超过500吨、大规格鲍鱼约40吨，产值超过2亿元，初步建成育苗、加工、冷链、销售为一体的深远海养殖全产业链发展模式。2022年，连江县积极探索深远海养殖平台登记工作，发放全国县级首本深远海养殖平台所有权证书；首创全国鲍鱼价格指数保险，开单首日签单保费达10万元，为养殖户提供风险保障250万元。

2. 大力拓展海上风电产业链，实现高端装备本地造

福建省坚持以资源开发带动全产业链发展，已形成风力发电机、风机结构件、风机总装、叶片生产等海上风电全产业链生产格局，加快推进海上风电绿色发展。在大容量风电机组科技创新方面，2022年，我国首台13兆瓦抗台风型海上风电机组在福清顺利下线，这是迄今为止亚洲地区单机容量最大、叶轮直径最大的风电机组，国产化率达90%；全球最大单机容量16兆瓦超大容量海上风电机组在福建三峡海上风电国际产业园成功下线，标志着我国海上风电大容量机组在高端装备制造能力上实现重要突破。在发展模式方面，福建以海上风电开发项目为牵引，完善风电设备配套产业链体系。由东方电气与三峡集团联合打造的东方电气海上风电总部基地暨风电电机及电控产业项目开工，项目总投资10亿元，规划年产能200万千瓦，致力于打造集生产制造、运维服务、物流仓储、人才培养等多功能于一体的国内高端装备制造基地和海外风电出口基地，形成以大型海上风电高端装备为重点的绿色智慧能源产业集群。中船漳州海上风电装备产业园项目举行签约仪式，项目总投资30亿元，规划年产能100万千瓦，主要生产10 MW ~ 20 MW风力发电机组和单片超过 100 米的风机叶片。截至 2022 年底，福建海上风电装机容量达 321 万千瓦，居全国第三位。

3. 积极探索海洋渔业碳汇体系建设，抢占蓝碳经济制高点

福建加快完善渔业碳汇市场化交易体制机制，率先开展海洋渔业碳汇交易，探索支持海洋碳汇发展的多元化投融资机制。在渔业碳汇交易方面，2022 年，厦门产权交易中心成功完成了我国首宗海洋渔业碳汇交易——连江县 15000 吨海水养殖渔业海洋碳汇交易项目，交易额 12 万元；莆田秀屿区依托海峡资源环境交易中心完成全国首例双壳贝类海洋渔业碳汇交易，为实现海洋渔业碳汇价值市场化提供了示范路径。在碳汇体系建设方面，"2022 年院士专家八闽行——全国海洋经济高峰论坛暨连江县海洋渔业碳汇建设体系发布会"举行，发布全国首个海洋渔业碳汇建设体系"1+3+1+N"建设体系，探索实现海洋碳汇生态价值的机制、标准、平台与应用体系，为蓝碳经济发展打造示范样板。在海洋碳汇金融方面，兴业银行福州分行完成全国首笔以数字人民币采购海洋渔业碳汇的交易，交易碳汇 1000 吨。在海洋碳汇创新应用方面，连江法院联合县检察院与福建（连江）海洋碳汇交易服务平台签订《连江县海洋碳汇交易生态司法保护共建协议》，审结全国首例适用海洋碳汇修复生态的非法采矿案，积极探索海洋碳汇生态司法修复机制。

4. 持续深化互联互通建设，"丝路海运"品牌影响不断扩大

福建聚焦互联互通、文化交流和经贸繁荣，推动"丝路海运"成为"一带一路"国际航运物流服务新品牌。2022 年，"丝路海运"开通 RCEP 新航线、首条"丝路海运"电商快线从厦门起航，助力企业以更高效率、更低成本"走出去"。第四届"丝路海运"国际合作论坛在厦门举行，正式发布第十批"丝路海运"命名航线，广州港、山东港、天津港、辽宁港、北部湾港 5 座港口共计 6 条集装箱航线被命名为"丝路海运"航线，首次命名 2 条"丝路海运"散杂货特色航线。至此，"丝路海运"命名的航线已达 94 条，覆盖大连港、天津港、青岛港、福州港、厦门港、广州港、钦州港 7 个中国港口，通达 31 个国家和地区的 108 个港口，联盟成员单位达 271 家。截至 2022 年底，福建与"一带一路"沿线国家和地区贸易额增长 13.8%。"丝路海运"与中欧班列

联动，助力福建打造内陆省份出海运输通道。中欧（厦门）班列首发"台湾—厦门—圣彼得堡"海铁联运线路，为东南亚及中国台湾等地区货物联通欧亚腹地提供了稳定优质的物流方案与服务，海铁联运模式实现"海丝""陆丝"无缝连接。

（二）广东省海洋经济发展特征

2022年，广东省海洋经济"引擎"作用持续发挥，海洋生产总值超1.8万亿元，占全国海洋生产总值的19.1%，连续28年居全国首位；较2021年增长5.4%，高于地区生产总值增速1.84个百分点，占地区生产总值的14%，海洋经济对地区经济增长的贡献率达到20.9%，拉动地区经济增长0.74个百分点。

1. 重点支持关键领域创新，海洋新兴产业发展迅猛

广东以海洋电子信息、海上风电、海工装备、海洋生物、天然气水合物、海洋公共服务业六大海洋产业为抓手，以解决关键核心设备和推动技术成果转化为重点，加快培育海洋新兴产业，带动海洋产业结构不断优化。2022年省级促进经济高质量发展专项（海洋经济发展）投入资金2.95亿元，用于支持海洋六大产业36个项目关键核心技术攻关；全年已验收项目申请专利161项，获得软件著作权授权33项。通过专项实施等一系列措施，广东海洋新兴产业发展迅猛，2022年产业增加值为210.8亿元，同比增长18.5%，占海洋产业增加值比重上升至3.3%，显著高于主要海洋产业增速。其中，海洋电力业同比增长44.2%，全年新增海上风电装机容量140万千瓦，累计建成投产装机约791万千瓦，占全国海上风电装机容量的26%，居全国第二；海洋药物和生物制品业同比增长16.9%，发表全球首个南方蓝鳍金枪鱼基因组图谱，为金枪鱼的遗传研究、种质资源保护等奠定了坚实的大数据基础；海洋工程装备制造业同比增长4.3%，全国首艘2000吨级风电安装平台"白鹤滩"号在广州南沙成功交付，该平台由我国自主研发设计、具有完全自主知识产权，是目前全球范围内起吊能力最强、作业水深最深、可变载荷最大、甲板面积最大的自升自航式风电安装平台。

2. 探索多式联运创新模式，开放合作空间不断拓宽

广东坚决落实重大国家战略，构建以珠三角港口集群为核心，粤东、粤西港口集群为发展极的"一核两极"发展格局，深入推进各种运输方式有效衔接，为实现高水平对外开放提供有力支撑。2022 年，广东加快沿海港口疏港铁路建设，以铁水联运、江海联运等为重点，大力发展以港口为枢纽的多式联运，打造经济、高效、便捷的集疏运通道。截至 2022 年底，全省沿海港口货物吞吐量 175517 万吨，集装箱吞吐量 6490 万标准箱，稳居全国首位；完成集装箱铁水联运量 67.8 万标准箱，其中广州港、深圳港集装箱海铁联运量为 59.7 万标准箱，同比增长 14.5%；共开行中欧、中亚、东南亚等方向国际货运班列 965 列，同比增加 123.9%；缔结国际友好港口 89 对，其中与"一带一路"沿线国家港口结对 50 对。立体交通体系助力广东构建对外开放新格局。2022 年，广东与"一带一路"沿线国家和地区进出口总额高达 2.25 万亿元，同比增长 10.3%，占同期全省外贸总额的 27.1%，成为我国与"一带一路"沿线国家和地区贸易量最大、双向投资最多的省份。

3. 加快建设协同创新体系，海洋科技取得新突破

广东以突破海洋产业关键核心技术为目标，加快构建多种类、多层次的海洋创新平台和载体，基本形成"实验室+科普基地+协同创新中心+企业联盟"四位一体的海洋科技协同创新体系，现有省级以上涉海研发平台超过 140 个，覆盖海洋生物技术、海洋防灾减灾、海洋药物、海洋环境等领域。2022 年，广东在海洋渔业、海洋可再生能源、海洋油气及矿产、海洋药物等领域专利公开数为 19375 项，海水淡化处理领域专利数占比超过 50%。南方海洋科学与工程广东实验室获批国际级科研项目 21 项，获得授权专利 159 项，建设成效显著。在关键技术与应用方面，我国自主设计建造的亚洲第一深水导管架"海基一号"正式投产，包含 2 项世界首创、21 项国内首创先进技术，陆地建造一体化率达 93%，关键设备全部实现国产化；自主培育的凡尔滨对虾"海茂 1 号""海兴农 3 号"打破国外种源垄断，在生产性能上取得了突破性进展；全球首艘智能型无人系统科考船"珠海云"号下水，获"开阔水域自主航行船舶"入级证书；全球最大的抗台风半直驱海上机组 MySE12MW

正式下线，可抵御 78.82 米/秒的超强台风，适用于我国 98%以上的海域。

4. 加快发展蓝色金融，金融服务海洋经济提质增效

广东加快发展蓝色金融产业，将金融资源投入海洋产业，推动海洋经济高质量发展，实现海洋资源可持续开发和利用。在涉海融资方面，2022 年，海洋领域 8 家企业完成 IPO 上市，融资规模 79.55 亿元，占全省 IPO 企业的 12.3%；政策性开发性金融工具持续落地，全年新开工港航基金项目 15 个，总投资 383 亿元，签约金额 26.9 亿元；广州航运供应链金融服务平台累计为珠三角地区近百家企业提供航运金融服务，融资金额达 6.97 亿元。在金融要素平台建设方面，全国首个线上航运保险要素交易平台上线运行，截至 2022 年底，已进驻 3 家保险机构，完成线上交易保单 3305 单，累计实现保费约 1.2 亿元，风险保障金额约 347.1 亿元。在金融产品创新方面，首笔海洋碳汇预期收益权质押贷款落地广东汕头，开辟金融支持海洋碳汇生态产品价值实现的新路径。在制度建设方面，湛江发布全国首份金融支持红树林海洋生态领域保护的文件——《关于金融支持湛江建设"红树林之城"的指导意见》，从体制机制建设、重点领域支持、金融产品创新、金融保障措施四个方面提出 15 条措施支持"红树林之城"建设。

（三）广西壮族自治区海洋经济发展特征

2022 年广西海洋经济继续保持稳中有进、进中向好的发展态势。经初步核算，广西全年海洋生产总值达 2296.9 亿元，同比增长 4.2%，占全区地区生产总值的比重为 8.7%，海洋经济对全区经济增长贡献率达 8.5%。其中南宁、北海、钦州、防城港 4 个向海经济核心区城市的地区生产总值从 2019 年的 7864.9 亿元增长到 2022 年的 9777.6 亿元，年均增长 7.5%，高于全区地区生产总值平均增速。海洋三次产业占比分别为 10.3% : 30.1% : 59.6%，主要海洋产业中海洋电力业、海洋工程建筑业和海洋药物与生物制品业增长最为显著，较上年同期分别增长了 50.9%、18%和 16%。

1. 壮大临港临海产业集群，向海经济综合实力不断增强

广西坚持海洋产业集聚化、集群化、差异化发展方向，依托重大项目建设、强链、补链、延链，临海临港产业呈现聚集发展态势。2022 年，临海园区重大产业链项目完成投资 314.8 亿元，华谊钦州化工新材料一体化基地二期、华友锂电项目、惠科电子北海产业新城一期多个项目、远景钦州智慧能源产业基地、中船海上风电总装基地建成投产，中石油炼化一体化转型升级项目全面启动建设，防城港海上风电示范项目完成核准。广西首台大兆瓦智能风机产品正式下线，新增首个 3000 亿元的冶金精深加工产业和自贸区钦州港片区 1 个千亿元产值园区，推动北部湾经济区八大重点产业集群主营业务收入首次突破万亿元，增速达 9.7%。

2. 推进向海通道互通互联，国际门户港建设成效显著

广西加快推进陆海、江海和空港出海通道建设，完善"海陆空铁水"现代综合立体交通网络，不断强化北部湾国际门户港和国际枢纽海港功能。2022 年，广西实施了贵阳至南宁高铁等 42 个向海重大交通基础设施项目，完成年度投资 733 亿元。在江海联运方面，我国首条连通西江流域与北部湾的运河——平陆运河正式开工建设，建成后将成为我国西南、西北地区最经济最便捷的出海通道；平陆运河"桥头堡"工程——西津二线船闸工程项目于 12 月建成通航，有效解决西江航运干线碍航瓶颈问题。在陆海联运方面，六宾、平南高速正式建成通车；南凭高铁南宁至崇左段正式通车，这是广西境内第一条广西自主投资建设的城际高速铁路，也是广西实现"市市通高铁"的重要一环；全年海铁联运班列累计开行量突破 8800 列，同比增长 44%。在空海联运方面，南宁吴圩机场改扩建工程项目建设迈入新阶段，贵港、防城港、贺州机场等项目加快推进。北部湾国际门户港上升为国际枢纽海港，全年完成投资 105 亿元，建成运营我国首个海铁联运自动化集装箱码头、全国规模最大的数字化散货堆场。全年港口货物吞吐量 3.6 亿吨，集装箱吞吐量 702 万标箱，同比增长 16.78%，增速保持全国沿海港口第 1 位。

3. 发挥区位优势，向海开放合作不断升级

广西立足区位优势，抢抓 RCEP 发展机遇，推动区域产业链融合发展，促进中国—东盟经贸合作迈上新台阶。在物流网络方面，北部湾港作为面向东盟的门户港，2022 年新开多条集装箱航线，大力促进与越南、日本、泰

国等多国的集装箱班轮往来；开行"RCEP—北部湾港—河南/河北""江西
南昌—钦州—越南"等海铁联运班列，开通北部湾港至西藏区外线路，并延
伸至中部、华东、华北区域，深化了内陆地区和东盟国家的经贸往来。截至
2022年底，北部湾港内外贸集装箱航线共75条，其中外贸集装箱航线达47
条，联通至东盟国家的航线达36条，基本实现东南亚、东北亚主要港口全覆
盖。在经贸往来方面，广西与RCEP成员国进出口额达3214.3亿元，占全区
外贸总额的48.7%；与东盟进出口总额达2811.1亿元，东盟已连续23年成
为广西第一大贸易伙伴。

4. 多路径招商引资，海企入桂取得新成效

广西聚焦重点产业和重点区域，开展向海经济产业招商活动。2022年，
广西将向海经济招商作为全区8大招商行动之一，坚持"引进来"和"走出去"
相结合，举办了投资广西——2022年西部陆海新通道洽谈会、广西·澳门产
业合作洽谈会、投向海经济投资合作推介洽谈会等重大投资促进活动；到粤
港澳大湾区、长江经济带、京津冀等重点片区开展驻点招商，组织重点园区、
企业赴北京、西安、深圳、杭州等地开展小分队精准招商；深化"简易办"
改革，梳理编制2022年广西"跨省通办"事项目录超100项，指导14个区
市与16个省区40个市开展点对点"跨省通办"合作，不断扩大"跨省通办"
深度广度，持续优化营商环境。2022年，南宁、北海、防城港、钦州、玉林
5市向海产业招商引资到位资金总额3584亿元，同比增长14.2%。

（四）海南省海洋经济发展特征

2022年海南省加速建设海洋强省，海洋生产总值达2100亿元，超过全
省地区生产总值的30%。其中海口市海洋生产总值896.06亿元，约占全市
GDP的42%，约占全省海洋生产总值的42.7%。渔业"三个走"转型升级取
得新进展，渔业经济发展持续向好，全省渔业产值466.57亿元，同比增长
3.6%，占全省农业产值的32%，深远海养殖位居全国第二。

1. 建立健全一揽子制度，休闲渔业转型再升级

海南省委、省政府和相关职能部门对休闲渔业高度重视，在全国率先构

建起一整套完整的休闲渔业发展政策体系，为推动休闲渔业高质量发展奠定政策基础。2022年，海南出台休闲渔业一揽子制度——《海南省休闲渔业管理办法（试行）》《海南省海洋休闲渔船检验管理规定（试行）》《海南省海洋休闲渔业捕捞许可管理规定（试行）》《海南省促进休闲渔业高质量发展三年行动方案》《海南省休闲渔业行业自律行为规范与准则（试行）》《关于进一步在海南省休闲渔业协会开展赋权工作的通知》，构建了休闲渔业政策四梁八柱的基本框架。南·南渔旅产业发展论坛在陵水召开，为海南省和南太平洋岛国的渔旅融合民间跨区域合作奠定基础；首批转产渔民与子女岗前职业技能培训顺利结业，42位学员获得休闲渔业相关职业资格证；首个渔港经济区建设规划——《东方市沿海渔港经济区建设规划（2022—2030年）》通过专家评审，休闲渔业被列为四个优先发展产业之一。2022年，全省休闲渔业总产值17.36亿元，同比增长26.96%；全年接待人数756万人次，同比增长47.23%；休闲渔业经营主体560个，同比增长18.9%。

2. 聚焦制度集成创新，游艇产业发展见成效

海南以制度集成创新探索游艇产业链建设，积极推动游艇产业发展。2022年，海南相继推出《海南省游艇产业发展规划纲要》《海南自由贸易港游艇产业促进条例》《海南游艇产业改革发展创新试验区建设实施方案》等文件，从制度建设层面支持打造"游艇产业改革发展创新试验区"。三亚作为海南省游艇保有量最多的城市，围绕制度规范建立、平台设施搭建、数据共建共享、产业支撑完善等方面进行改革创新，全力打造亚太游艇之都。首先，印发《推进三亚游艇产业链高质量发展工作方案》，提出"2866"行动计划，全力推进三亚游艇全产业链发展。其次，游艇过户"一次办，不停航"改革试点工作正式启动，在全国范围内首次将游艇注销再登记当作"一件事"来"一次办"，打造过户便利化"不停航服务"。最后，通过创新多元化服务模式，夯实产业发展基础。三亚国际游艇中心项目主体基本建成；海南首个交通载具类设计大赛——海南国际游艇设计大赛成功举行，力促"设计+产品"的资源对接，推动三亚游艇实现产业全链条、深层次的探讨与合作。截至2022年底，三亚已建成游艇码头4个，形成水上泊位约960个；2022年全市新增登记游艇 192 艘，同比增长 20.3%，登记游艇总量达 1137 艘，占全省登记总量的 85%、全国登记总量的 15%，三亚成功迈进千艇之城。

3. 依托"平台+项目"，深海产业体系初具规模

海南持续推进深海领域重大科研平台和创新载体建设，初步形成以国家级科创平台为核心、优质科研资源和多元创新主体加速集聚的高质量发展新格局，着力打造具有海南特色的深海产业体系。在深海科技公共服务平台建设方面，2022 年，深海技术创新中心揭牌，围绕"小核心、大网络"，与国内各行业优势力量组建系列联合实验室；崖州湾载人深潜工程实验室和深海照明工程技术联合实验室揭牌运行，"深海勇士"号和"奋斗者"号全海深载人潜水器正式进驻；深海科技创新公共平台、国家化合物样品库三亚深海化合物资源中心、国家深海基地南方中心科技创新平台等正加快建设。在深海产业项目建设方面，我国首个智能深海油气保障仓储中心全面投用，标志着我国深海油气资源勘探开发供应链保障体系基础设施建设已基本完成；"深海一号"大气田二期工程全面开工建设；乐东深远海养殖平台下水投产试养成功，海南实现深远海大型桁架类养殖网箱零的突破；海南首座深远海智能养殖旅游平台"普盛海洋牧场 1 号"投入使用。

4. 吸引航运要素聚集，国际航运枢纽加速建设

海南紧抓西部陆海新通道和海南自贸港建设带来的开放机遇，吸引中外航运企业加速向海南集聚，洋浦港作为区域国际航运枢纽的综合竞争力和影响力显著增强。在政策效应方面，得益于"中国洋浦港"船籍港政策，截至 2022 年底，洋浦港登记国际船舶达 34 艘，载重吨超 490 万，海南省登记国际船舶总吨位跃居全国第二；交通运输工具"零关税"政策使洋浦共计 42 艘营运船舶享受"零关税"进口，免征税收 10.2 亿元，为 7 艘境内建造国际运输船舶出口退税 3.59 亿元；加注不含税油政策为企业减少 30% 的燃油成本。在港航产业发展方面，洋浦新开通第二条洲际集装箱航线，截至 2022 年底，累计开通内外贸航线 40 条，其中外贸航线 19 条，内贸航线 21 条，远洋航线 2 条，形成了"兼备内外贸，通达近远洋"的航线新格局；全年累计完成集装箱吞吐量 176.7 万标准箱，同比增长 34.1%，增速连续三年在全国百万箱

量级港口中排名第一。在港口集疏运体系建设方面，截至 2022 年底，洋浦已建成码头泊位 47 个、万吨级以上泊位 32 个、吞吐能力达 1.13 亿吨、通过能力达 1.1 亿吨的现代化港口。

三、南部海洋经济圈海洋经济发展趋势

（一）福建省海洋经济发展趋势

1. 提升水产品供给能力，实现渔业高质量发展

根据《福建省"十四五"渔业发展专项规划》，福建将树立"大食物观"，把保供给作为渔业发展的第一要务，充分发挥渔业在创新驱动、生态文明建设、畅通"双循环"以及提升治理能力方面的作用。重点任务包括：创新驱动发展，提升渔业质量效益；构建现代产业体系，强化渔业全产业链；融入生态文明建设，促进资源可持续利用；完善渔业治理体系，提升渔业治理能力；统筹发展和安全，提升渔业防灾抗灾能力；推进开放发展，促进合作共赢。

2. 加快海上风电基地建设，推动能源绿色低碳转型

根据《福建省"十四五"能源发展专项规划》和福建省发改委发布的《关于做好促进新时代新能源高质量发展有关工作的函》，福建将加大海上风电建设规模，积极推进闽南海上风电基地示范开发。首先，按照竞争配置规则，持续有序推进规模化集中连片海上风电开发，重点推进福州、宁德、莆田、漳州、平潭等资源较好地区的海上风电项目，稳妥推进深远海风电项目。"十四五"期间计划增加并网装机 410 万千瓦，新增开发省管海域海上风电规模约 1030 万千瓦，推动深远海风电开工 480 万千瓦。其次，坚持新能源开发与电网规划协调发展，强化海上风电送出配套工程与国土空间规划和电力等专项规划的衔接，新增布局一批 500 千伏、220 千伏输变电站以及柔性直流输电系统陆上换流站等项目，积极协调解决新能源送出工程涉及的走廊通道问题。

3. 推动数字技术与海洋产业深度融合，打造智慧海洋

根据《福建省做大做强做优数字经济行动计划（2022—2025年）》，福建将实施新型基础设施"强基"行动，推进产业数字化，为全方位推进高质量发展提供强有力支撑。首先，加快传统基础设施数字化升级，打造海洋综合感知网和信息通信网，建设福建"智慧海洋"大数据中心，构建海洋信息通信"一网一中心"，拓展海洋信息应用服务。其次，推动数字技术与各产业深度融合，深入实施渔船"宽带入海"工程，推动天通卫星、新一代高通量卫星等应用，实现海上渔船和养殖渔排的互联网覆盖；发展海上视频监控、视频通话、养殖病害远程诊断、鲜活水产品直播销售等海上"互联网+"新模式。最后试点推广"海上漳州"平台，统筹海上安全管理、海上应急救援、海洋生态环境、海洋经济产业等领域的综合服务，全方位推进海洋数字化、智慧化、可视化管理。

（二）广东省海洋经济发展趋势

1. 构建全过程海洋创新生态链，推进高水平科技自立自强

广东将从"基础研究+技术攻关+成果转化+科技金融+人才支撑"全链条发力，加强海洋科技自主创新。依托国家海洋综合试验场（珠海）、南方海洋科学与工程广东省实验室、国家深海科考中心等创新平台，加强深海渔业装备、天然气水合物、海洋探测等领域核心技术攻关，着力突破关键技术"卡脖子"难题，取得一批产业带动性强、技术自主可控的重大科技成果。打造海洋科技成果转化与应用服务平台，加速海洋科技成果转化和产业化。完善金融支持海洋创新的机制，推动建设科技信贷、多层次资本市场等金融服务体系，引导金融活水流向海洋科技创新。抓住打造粤港澳大湾区高水平人才高地的契机，面向全球引才聚才，支持综合性涉海高校建设，支持有条件的高校和科研院所建设海洋学科，大力发展海洋职业技术教育，建构多方位涉海人才培育载体。

2. 加快产业集群建设，提升海洋产业发展能级

广东将以打造海洋产业集群为抓手，重点推动海洋新兴产业加速发展、海洋传统优势产业提质增效。培育壮大海上风电、海洋工程装备、海洋生物

医药、天然气水合物等七大海洋新兴产业，推动海洋油气化工、海洋船舶、海洋交通运输、海洋渔业四大传统优势海洋产业转型升级。根据《广东省人民政府办公厅关于加快推进现代渔业高质量发展的意见》，深入践行大食物观，科学布局建设深远海大型智能养殖渔场和海洋牧场，探索"深水网箱+风电""深远海养殖+休闲海钓"及海洋牧场、深远海养殖渔场与海上风电融合发展模式。依托巴斯夫（广东）一体化基地、埃克森美孚惠州乙烯、中海壳牌惠三期乙烯、茂石化技术改造等重大项目建设，打造全国领先的千亿级、万亿级海洋产业集群。

3. 推动广东与海南相向发展，放大国家战略叠加效应

海南自贸港是面向印度洋、太平洋开放的重要门户，自贸港相关制度与政策优势可以帮助广东打造面向全球的资源配置和要素集聚战略高地，更好地融入全球产业链、供应链和价值链。广东将着力推动粤港澳大湾区和海南自贸港联动发展，深化改革联动、开放联动、区域联动，促进博鳌亚洲论坛、广交会、高交会等开放平台共建共享，加快推进琼州海峡港航一体化和湛海铁路等交通基础设施建设，全力打造徐闻港水陆交通运输综合枢纽，确保琼州海峡交通安全顺畅运行，积极谋划建设琼州海峡一体化高质量发展示范区。加强在生物医药、特色船舶、海上风电、深远海养殖装备、滨海旅游等领域的协作，促进两省科研院校、企业协同创新，共同培育壮大发展新动能。

（三）广西壮族自治区海洋经济发展趋势

1. 壮大海上风电产业链，打造"海上风电+"多元融合发展模式

根据《广西能源发展"十四五"规划》，广西将立足海上风能资源优势，打造北部湾海上风电基地，实现海上风电规模化、集约化发展。重点推进近海海上风电项目开发建设，推动深远海海上风电项目示范化开发。发展壮大海上风电产业链，支持龙头企业加快打造风电产业园，推动海上风电项目开发与海洋牧场建设、海水制氢、能源岛建设、观光旅游等结合，实现"海上风电+"多功能多产业融合式发展。"十四五"期间，广西计划核准开工海上风电装机750万千瓦，其中力争新增并网装机300万千瓦。

2.加快发展数字海洋产业，打造数字海洋发展强区

根据《广西数字经济发展三年行动计划（2021—2023年）》《广西数字经济发展规划（2018—2025年）》（2021修订版），广西将以数字技术创新为突破口，以推进产业数字化为主线，大力推动互联网、大数据、人工智能和海洋产业深度融合。以北部湾为引领建设数字海洋产业园，完善园区数字基础设施，推进海洋产业数字化升级；围绕建设西部陆海新通道和北部湾经济区，建设智慧渔业、海底全息地貌、海洋生态环境感知、海洋态势智能感知等应用平台；培育发展海洋大数据产业，建设广西海洋大数据中心，制定全区海洋大数据标准规范，研究建立海洋大数据共享机制；引育海洋信息服务领军企业，打造海洋信息产业及设备制造基地。

3.加强内外联动，推动向海开放合作

广西将积极融入新发展格局，对外探索构建互利共赢的蓝色伙伴关系，对内发展飞地经济，积极推动高水平向海开放合作。根据广西大力发展向海经济建设海洋强区三年行动计划（2023—2025年），在向海开放国际合作方面，广西将高质量落实RCEP，提升中国与东盟全方位、多层次、宽领域的合作交流。支持北海、南澫、钦州、防城港4个渔港经济区及防城港市白龙珍珠湾、北海银滩南部海域国家级海洋牧场示范区建设；与马来西亚合作开展远洋捕捞，与文莱合作开展深海网箱渔业养殖。在向海开放地区间合作方面，与粤港澳大湾区、长江经济带、海南自由贸易港对接互动，推进粤桂合作特别试验区（梧州）、广西东融先行示范区（贺州）等园区建设；围绕海洋智能装备、深远海勘探开发等重点领域和关键环节开展重大科技、关键核心技术攻关；积极推进西部陆海新通道和海南自由贸易港的战略衔接。

（四）海南省海洋经济发展趋势

1.加快渔业转型升级推动渔业高质量发展

根据《加快渔业转型升级　促进海南渔业高质量发展若干措施》《加快渔业转型升级　促进海南渔业高质量发展三年行动方案（2023—2025年）》，海南将贯彻落实渔业"往岸上走、往深海走、往休闲渔业走"的战略部署，

坚持项目为王，加快渔业转型升级步伐，推动渔业高质量发展。首先，加快推动岸上渔业园区化、规模化、生态化发展，建设现代渔业产业园、水产种业基地、集中连片绿色养殖区和现代渔港经济区。其次，加快推动"深蓝渔业"产业化发展，实施深远海养殖拓展行动、现代化海洋牧场建设行动和深远海捕捞控量增效行动。最后，加快推动休闲渔业跨越式发展，实施休闲渔业基础设施建设行动、休闲渔业发展行动和渔民转产转业保障行动。

2. 发力风电全产业链，打造海上风电产业集群

根据《海南省风电装备产业发展规划（2022—2025 年）》，海南将打造海上风电 500 亿级产业链（群），分阶段推动风电装备制造业规模化发展。在海上风电装备制造业空间布局方面，海南将打造风电产业园，构建"一园两基地"——西部海上风电产业园，儋州洋浦、东方海上风电装备制造基地的空间布局。在海上风电产业链建设方面，海南将以"风电+风机+应用"为模式，发展海上风电全产业链，包括深海科技、风场勘测等专业服务产业，塔筒、海缆等配套设备制造产业，以及施工运维等关联产业。在海上风电装备市场定位方面，海南将坚持立足本省海上风电市场，面向环北部湾、东南亚等地区出口，形成"内外并重"的市场格局，加快培育本省海上风电装备制造产业集群，提升产业创新能力。

3. 统筹全产业链要素，建设游艇产业改革发展创新试验区

根据《海南游艇产业改革发展创新试验区建设实施方案》和《海南省游艇产业发展规划纲要（2021—2025 年）》，海南将构建形成以游艇设计和制造为基础，游艇销售和消费为核心，游艇赛事会展、金融保险、教育培训等服务业为延伸的全省游艇产业发展总体功能布局。在此基础上，海南提出完善游艇产业基础设施网络、拓展游艇消费市场、推动游艇产业智慧绿色安全发展、优化游艇产业营商环境、推进游艇领域专业人才聚集五项关键任务，预计到 2025 年，建成具有吸引力的区域游艇旅游消费目的地、活力迸发的游艇新业态新模式试验场、包容开放的游艇产业体制机制改革创新先行区。

执笔人：郭晶（中国海洋大学）

4
粤港澳大湾区海洋经济发展形势

蓝色是粤港澳大湾区发展底色之一，海洋经济在大湾区的高质量发展中扮演着重要角色。大湾区拥有长达 2000 多千米的海岸线和广阔海域，这为发展海洋经济提供了得天独厚的条件；大湾区还拥有世界级的港口以及成熟的供应链和产业链，这为发展海洋经济提供了坚实基础；大湾区在海洋科技创新、海洋环境保护、海洋旅游等方面也取得了显著进展。

在新的经济形势下，大湾区亦面临着挑战和机遇。2023 年 4 月习近平主席在广东视察时，强调要加强陆海统筹、山海互济，强化港产城整体布局，加强海洋生态保护，全面建设海洋强省。为此广东制订了《海洋强省建设三年行动方案（2023—2025 年）》，明确海洋工作发展方向，做好经略海洋大文章。

香港在 2022 年 10 月 19 日发布的《行政长官·2022 年施政报告》中强调推进大湾区发展，加强大湾区城市间的互联互通及在各个领域的高水平合作，加强高增值航运物流服务，推动智慧绿色港口发展，促进渔农业可持续发展。澳门在 2022 年 11 月 15 日发表的《2023 年财政年度施政报告》中指出，要强化海域管理，争取尽快完成有关《海洋功能区划》和《海域规划》文本草案以及《海域使用法》草案的编制和立法工作，与内地合作开展构建澳门智慧海事系统，强化对海上交通和船只的监管能力。

一、粤港澳三地海洋经济发展现状

（一）广东海洋经济总量与结构①

广东海洋经济空间结构包括占主要比重的珠三角地区以及粤东和粤西地区，珠三角地区的 7 个城市（广州、深圳、珠海、惠州、东莞、中山、江门），亦即粤港澳大湾区（"9+2"）中 9 个珠三角城市的 7 个沿海城市，而位处非海岸带的肇庆和佛山都有河道连通大海，水路和陆路交通四通八达，这也是湾区经济特点之一。

2022 年，广东海洋经济总量连续 28 年位居全国首位，全省海洋生产总值为 18033.4 亿元，同比增长 5.4%，占地区生产总值的 14.0%（表 3-4-1）。

表 3-4-1　2018—2022 年广东海洋经济总量

主要指标	2018 年	2019 年	2020 年	2021 年	2022 年
海洋生产总值 / 亿元	15074.5	16286.4	15089.0	17114.5	18033.4
海洋生产总值占地区生产总值比重 / %	15.1	15.1	13.6	13.7	14.0

注：2018—2021 年数据为《海洋及相关产业分类》（GB/T 20794—2021）新标准下的修订数。

数据来源：《广东海洋经济发展报告（2023）》。

2022 年全省海洋三次产业结构比为 3.0：31.9：65.1，海洋第一产业增加值占海洋生产总值的比重同比下降 0.1 个百分点，海洋第二产业比重同比上升 2.6 个百分点，海洋第三产业比重同比下降 2.5 个百分点（表 3-4-2）。

---

① 珠三角地区生产总值占广东省的八成，因市级海洋生产总值数据难以获取，因此以广东省整体海洋经济数据作为粤港澳大湾区内地城市的替代分析。

表 3-4-2　2018—2022 年广东海洋产业结构

主要指标	2018 年	2019 年	2020 年	2021 年	2022 年
海洋第一产业比重/%	3.0	2.9	3.2	3.1	3.0
海洋第二产业比重/%	26.7	26.9	24.8	29.3	31.9
海洋第三产业比重/%	70.3	70.2	72.0	67.6	65.1

数据来源：《广东海洋经济发展报告（2023）》。

2022 年广东海洋产业增加值为 6486.3 亿元，同比增长 7.0%；海洋科研教育增加值为 972 亿元，同比增长 4.0%；海洋公共管理服务增加值为 5186.6 亿元，同比增长 1.2%（表 3-4-3）。

表 3-4-3　2021—2022 年广东海洋生产总值构成

产业	2021 年		2022 年		2022 年较 2021 年增长率/%
	增加值/亿元	占比/%	增加值/亿元	占比/%	
海洋产业	6062.0	35.4	6486.3	36.0	7.0
海洋科研教育	934.6	5.5	972	5.4	4.0
海洋公共管理服务	5125.1	30.0	5186.6	28.7	1.2
海洋相关产业	4992.8	29.1	5388.5	29.9	7.9

数据来源：根据广东省自然资源厅《广东海洋经济报告（2023）》相关数据整理。

（二）大湾区珠三角城市的海洋经济发展现状

在大湾区的四大中心城市（广州、深圳、香港和澳门）中，广州和深圳构成了湾区海洋经济发展的"双核心"。2022 年广州海洋事业发展的政策体系进一步完善。2022 年 6 月，国务院印发《广州南沙深化面向世界的粤港澳全面合作总体方案》，赋予广州新的重大机遇和重大使命；2022 年 8 月，《广州市海洋经济发展"十四五"规划》发布，明确提出到 2025 年打造海洋创新发展之都、推动南沙建设南方海洋科技创新中心的发展目标，构建"一带双核多集群"的海洋经济发展空间布局。2022 年 12 月，我国首座深水科考、国内规模最大的科考专用码头以及世界一流的大洋钻探岩心库在广州正式启用。广州港持续保持国内最大内贸集装箱运输港口和最大粮食中转港地位，国际友好港数量达 54 个，位居全国第一。全国最大临港仓库群——广州南沙国际物流中心一期基本建成。广州海洋金融服务提质增效，广州航运交易所发展成为华南地区最大的船舶资产交易服务平台，成立 50 亿元的政策性产业引导基金，重点投向现代航运物流等方向，有力支撑海洋实体经济发展。

深圳稳步推进全球海洋中心城市建设。2022 年 6 月，《深圳市海洋经济发展"十四五"规划》出台，明确提出打造全国海洋经济高质量发展引领区、全球海洋科技创新高地，努力创建竞争力、创新力、影响力卓越的全球海洋中心城市和社会主义海洋强国战略的城市范例。2022 年 6 月 23 日，深圳国际海事研究院揭牌成立；2022 年 11 月 24 日，深圳市海洋产业招商大会举办，会上推动国家海洋高端装备公共服务平台项目、海洋生物新材料中试基地项目等多个优质项目落户深圳。2022 年 12 月 28 日，由海关总署首次批复、唯一授权的跨境贸易数据平台地方政府试点的深圳跨境贸易大数据平台正式发布上线。海洋创新载体加速落地，截至 2022 年底，深圳累计建有涉海创新载体 74 个，其中国家级 4 个、省级 22 个。

而在大湾区的 7 个节点城市（包括 5 个沿海城市即珠海、东莞、惠州、中山和江门以及 2 个内陆城市佛山和肇庆）中，珠海于 2022 年 4 月印发实施《珠海市海洋经济发展"十四五"规划》，明确提出发展海洋高端装备、海洋生物、海洋新能源、海水综合利用四大海洋新兴产业，全力构建高质量现代海洋产业体系。2022 年 7 月，我国自主设计和建造的全球最大 LNG 储罐在珠海金湾正式迈入主体施工阶段，推进我国华南地区规模最大的液化天然气储运基地建设迈向新阶段。国家海洋综合试验场（珠海）于 2022 年 11 月 24 日正式落户，南方海洋科学与工程广东省实验室（珠海）5G 移动网络建设项目将 5G 技术赋能于海洋领域，实现了 5G 网络的超远覆盖，成为全国首个海上智能装备测试场 5G 通信专网。2022 年 12 月 28 日，中国首个气田地下数智化系统——珠海金湾高栏终端天然气处理工艺数字孪生示范项目投入使用，推动南海气田运营提质增效。2022年12月29日，首届中国年鱼博览会在珠海开幕，首次提出"年鱼经济"概念，珠海获评"中国海鲈预制菜之都"。

惠州积极谋划海洋经济高质量发展。2022年6月21日，印发《惠州市海洋生态环境保护"十四五"规划》；12月30日，出台《惠州市海洋经济发展"十四五"规划》，努力将惠州建设成为粤港澳大湾区现代化海洋城市。惠州的临海石化工业实现高位增长，综合上游炼油、中游乙烯及下游碳二等产业链的炼化一体化规模位居全国第一，大亚湾石化园区连续四年位列"全国化工园区30强"榜首。2022年，惠州港"一港四区"基础设施扩能升级，惠州港口危险品货物吞吐量位居全国第三。惠州海洋生态整治修复成效显著，已完成新增种植红树林面积1100亩，营造鸟类栖息地160亩，为打造粤港澳大湾区红树林生态园奠定良好基础。

东莞海洋交通运输业增势良好。2022年3月8日，东盟快航"东莞-海防（越南）"点对点航线正式开通，为东莞企业与东南亚企业建立起更加快速的物流供应链通道；5月6日"东莞—利物浦"国际集装箱班轮航线正式开通，成为华南地区至欧洲最快的班轮航线之一。东莞海洋科技水平稳步提升，2022年12月18日，东莞市新一代人工智能产业技术研究院正式落户滨海湾新区，打造"机器视觉+高端装备"全国产业名片，推动东莞产业链向中高端跃升。海洋工程项目中，全球最大的跨径双层悬索桥——广东狮子洋通道项目主体工程于2022年12月29日正式开工。滨海湾海岸带综合示范区（东宝公园）成为广东省海岸带综合示范区建设示范标杆。

中山系统谋划海洋经济发展路径。2022年8月26日出台了《广东中山翠亨新区国民经济和社会发展第十四个五年规划和二〇三五年远景目标纲要》，提出将翠亨新区建设为珠江口东西两岸融合发展示范区，打造国际化现代化创新型城市新中心和现代化高品质滨海新城，对共建大湾区世界级城市群和粤港澳大湾区珠江口一体化高质量发展示范区起到重要支撑作用。中山海上风电设备研发制造水平不断提升，2022年1月，广东省海洋新能源创新中心获批筹建，实现中山市省级制造业创新中心零的突破；国内首艘CAT-

SWATH双模式风电运维船于 2022 年 6 月完成龙骨安放；2022 年 9 月，中山发布新一代科技创新产品"OceanX"双转子漂浮式海上风电平台。中山积极推进湿地资源保护，中山翠亨湿地成功列入 2022 年广东省重要湿地发布名录，启动 2022—2023 年度红树林生态修复项目。

江门涉海重大平台加快建设。江门"双碳"实验室获省科技厅批复加快筹建"双碳"省实验室，银湖湾滨海新区开发提速，澳门国际健康港、粤海智造创新港、新澳重大技术装备创意创业园等项目稳步推进；高品质滨海文旅项目加快建设，赤坎古镇华侨文化展示旅游项目成为省文化产业赋能乡村振兴的典型案例，澳门酒店旅业商会与江门市旅游行业协会签订《旅游业务合作框架协议》，共同开发旅游市场，推动两地旅游业发展；海洋交通设施建设加快推进，黄茅海跨海通道、崖门出海航道二期工程加快建设，全球最大宽扁浅吃水型半潜驳船——45000 DWT半潜驳船的主船体顺利完成四个总段的水上合龙工作，开通中老、中欧国际货运班列。

地处内陆的非沿海城市佛山在 2022 年海洋经济发展也取得显著成就。佛山首次纳入省海洋经济运行监测与评估范围，深入实施涉海企业联系制度，探索开展海洋经济活动单位名录核实工作，为广东非沿海城市开展海洋经济运行监测与评估工作提供先行示范。佛山船舶与海工装备制造业优势突出，"海上自升式平台升降系统及其服务技术""高效可靠自升式海上风电安装平台及其成套服务技术"达到国内先进标准；国内首座油电混合动力的海上风电安装平台"精锢 03"号建造完成；佛山首批 LNG 动力改造船舶交付开航，载重吨位最大的沿海运输船舶"泓富 32"正式开航。佛山率先在珠江水系打造广东首个智慧海事监管系统，开创广东海事智慧监管先河。此外，佛山还成功创建省级全域旅游示范区，加入"海上丝绸之路保护和联合申报世界文化遗产城市联盟"。

（三）香港海洋经济发展状况

香港拥有天然深水良港、良好的营商环境和高效的港口营运。近年来航运竞争力明显增强，香港通过发挥自身独特优势，提升及巩固香港的国际航运中心地位，加快融入大湾区海洋经济发展，助力海洋强国建设。2022 年 7

月 1 日，习近平主席在庆祝香港回归祖国 25 周年大会暨香港特别行政区第六届政府就职典礼上的讲话中强调："中央政府完全支持香港长期保持独特地位和优势，巩固国际金融、航运、贸易中心地位，维护自由开放规范的营商环境，保持普通法制度，拓展畅通便捷的国际联系。"

基于香港的国际金融、航运和贸易中心地位，香港涉海金融业和航运服务业在海洋经济发展最具优势。以香港船务服务业为例，2021 年除了往来香港与珠三角港口的轮船船东及营运者收入较 2020 下降了 8.7%，其他各项统计指标均有不同的增长，其中远洋货轮船东/营运者、航空及海上货运代理收入较 2020 年增长幅度较大，分别为 91.6% 和 80.7%，如表 3-4-4 所示。

表 3-4-4　2016—2021 年香港船务服务业收入情况（亿港元）

类别	2016 年	2017 年	2018 年	2019 年	2020 年	2021 年	2022 年较 2021 年增长率/%
船务代理/管理人，海外船公司驻港办事处	73.2	76.3	79.4	75.4	74.8	85.1	13.8
远洋货轮船东/营运者	741	691	843	959.3	1124.4	2154.6	91.6
货柜码头及货运码头运营者	88	82.8	82.0	76.3	74.9	82.4	10.0
往来香港与珠三角港口的轮船船东及营运者	64	66.6	62.4	57.3	38.0	34.7	−8.7
港内水上货运服务	10	10.4	11.5	11.5	10.3	10.7	3.9
中流作业及货柜后勤活动	50	51.4	50.9	52.0	52.0	56.7	9.0
航空及海上货运代理	1033	1206.5	1245.6	1222.8	1452.1	2623.7	80.7

数据来源：根据香港特区政府统计处"运输、仓库及速递服务业的业务表现及营运特色"《表 11. 2021 年在选定细致行业组别内的所有机构单位主要统计数字》整理。该报告最新一期 2022 年 12 出版，收录 2021 年相关数据。

香港船务基础信息显示，整体而言香港海洋经济依旧受到新冠疫情的严重影响，2022 年相比于 2021 年机构单位数目、就业人数、进入香港的乘客、货柜吞吐量以及水上运输进口都有不同程度的下降，其中乘客数量受疫情影响最大，为 33 千人次，相较 2021 年下降了 88.3%，相较 2019 年下降了99.8%；进入香港的船只为 132177 船次，较 2019 年下降 59.0%；水上运输进口约为 4.67 亿港元，较 2021 年下降 53.4%；业务收益指数为 211.8，较 2021年有进一步的提升，但提升速度减缓；水上运输出口为 3.40 亿港元，较 2021年增长了 50.6%（表 3-4-5）。

表 3-4-5　2016—2022 年香港船务基础信息

类别	2016 年	2017 年	2018 年	2019 年	2020 年	2021 年	2022 年	2022 年较2021 年增长率 / %
机构单位数目 / 个	3071	3117	3220	3263	3231	3184	3155	-0.9
就业人数 / 名	37264	36631	35912	34631	32749	32555	31949	-1.9
业务收益指数	88.8	93.9	97.9	98.1	108.5	201.7	211.8	5.0
进入香港的船只 / 船次	370988	372610	350410	322628	174959	123801	132177	6.8
进入香港的乘客 / 千人次	26690	26774	25603	16072	1029	281	33	-88.3
货柜吞吐量/千个标准货柜	19813	20770	19596	18303	17969	17798	16685	-6.3
水上运输进口 / 亿港元	13.84	17.75	8.55	12.72	8.54	10.01	4.67	-53.4
水上运输出口 / 亿港元	2.56	5.15	5.42	6.94	4.78	2.26	3.40	50.6

数据来源：根据香港特区政府统计处《服务业统计摘要，第 12 章水上运输服务业》整理。

（四）澳门海洋经济发展状况

澳门在 2022 年集中恢复综合旅游休闲业的发展活力，并于《2023 年财政年度施政报告》中提出采取"1+4"适度多元发展策略，优化产业结构，其中"1"是按照建设世界旅游休闲中心的目标要求，促进旅游休闲多元发展，做优做精做强综合旅游休闲业；"4"是持续推动大健康、现代金融、高新技术、会展商贸和文化体育四大重点产业发展。由此可见，澳门并未将海洋产业作为发展重点，其海洋经济主要包含于综合旅游休闲业中的滨海旅游业以及海洋运输仓储业。

自 2020 年受新冠疫情影响澳门的旅游消费总额骤降到 119.38 亿澳门元，连续三年旅游业一直处于低迷的态势，2022 年访澳旅客约为 570 万人，带来的旅游消费（不含博彩业）为 161.65 亿澳门元。2022 年 6 月 21 日，澳门新博彩法获立法会通过，澳门博彩企业将会更多投入非博彩业务，这将会促进未来滨海旅游业的发展。澳门运输仓储业主要分为陆路运输、水路运输、航空运输和运输相关服务等。2021 年澳门运输行业整体增加值总额较上一年提高了 18.67%（表 3-4-6）。

表 3-4-6　2016—2022 年澳门旅游业和运输仓储业

类别	2016 年	2017 年	2018 年	2019 年	2020 年	2021 年	2022 年	2021 较 2020 年 增长率 /%	2022 较 2021 年 增长率 /%
旅游消费总额（不含博彩业）/亿澳门元	526.62	613.24	696.87	606.69	119.38	244.53	161.65	104.83	−33.89
旅游游客总人次/万人	3095.0	3261.1	3580.4	3940.6	589.68	770.6	570.0	30.68	−26.03
海路入境旅客人次/万人	1077.8	1123.6	1035.5	626.76	42.63	20.08	16.60	−52.90	−17.33

（续表）

类别	2016 年	2017 年	2018 年	2019 年	2020 年	2021 年	2022 年	2021 较 2020 年 增长率 /%	2022 较 2021 年 增长率 /%
陆路入境旅客人次 /万人	1776.0	1863.0	2215.3	2930.2	504.57	70.04	52.93	−86.12	−24.43
空路入境旅客人次 /万人	241.33	274.46	329.58	383.67	43.64	50.14	24.11	14.89	−51.91
运输业总额增加值总额 /亿澳门元	69.72	73.29	79.93	84.43	28.97	34.38	—	18.67	—
陆路运输增加值总额 /亿澳门元	19.85	22.35	23.56	29.01	21.45	19.15	—	−10.72	—
水路运输增加值总额 /亿澳门元	9.82	8.34	7.82	3.27	−1.67	−0.78	—	−53.29	—
航空运输增加值总额 /亿澳门元	8.98	9.04	11.22	9.84	−5.07	0.64	—	−112.62	—
运输相关及辅助服务增加值总额 /亿澳门元	31.07	33.56	37.30	42.59	14.26	15.38	—	7.85	—

数据来源：根据澳门特别行政区政府统计暨普查局《澳门资料》《旅游会展及博彩—旅游统计表 7》《运输、仓储及通讯业调查》相关数据整理。

二、湾区海洋经济发展特征

粤港澳大湾区是我国积极开拓海洋经济开放合作、应对国际竞争的前沿区域，在"9+2"的城市群内，海洋经济具有不同的发展优势和广阔的合作发展空间，表现出如下特点。

1. 政策支持有力，涉海政策红利持续释放

国家对粤港澳大湾区的建设给予了大力支持，提出了一系列政策措施，包括支持海洋产业的发展、推动海洋产业协同创新、加强海洋经济区域合作等。这些政策为大湾区海洋经济的快速发展提供了有力保障。2022 年以来在前期的促进海洋经济发展的政策上，各地又陆续出台了一批新的支持海洋经济发展的政策，包括广东印发《广东省海洋经济发展"十四五"规划分工方案、广东省自然资源厅关于加强海洋资源要素保障促进现代化海洋牧场高质量发展的通知》，《广州市海洋经济发展"十四五"规划》和《深圳市海洋发展规划（2023—2035 年）》相继出台，以及港澳在各自的年度施政报告中对海洋经济的相关论述。这些均彰显了中央和地方政府为赋能粤港澳大湾区海洋经济发展而不断释放的政策支持。

2. 共享同一片海，海洋产业分工合作加快

粤港澳大湾区各城市在海洋产业方面的合作不断加强，共同谋求同一片海洋的可持续发展。海洋产业分工协作加速，形成以三大中心城市（广州、深圳和香港）为主导，湾区西部集聚海洋工程装备制造业、海洋生物医药等，东部集聚海洋电子信息和涉海金融服务业等，湾区全域发展滨海旅游业的特色海洋产业格局。这一分工协作式的海洋产业布局使得大湾区的海洋产业呈现出明显的梯度性，地域分工差异性显著，海洋经济联系更加紧密，不仅扩展到传统的海洋渔业、交通运输和滨海旅游等领域，也逐步拓展到涉海金融、保险、会计、法律仲裁和工程咨询等专业服务领域，促进了基于互利共赢的海洋服务业融合发展。这不仅给大湾区带来巨大的经济利益，而且对促进海洋资源合理利用、保护海洋生态环境起到了积极作用。

3.位居双循环交汇点，国际化程度不断提升

粤港澳大湾区是我国对外经贸合作程度最高的区域，珠三角9个城市是我国改革开放的最前沿，作为自由贸易港的港澳开放程度非常高，拥有相对宽松的外汇管制和发达的金融市场体系，在我国"一带一路"建设中担任着重要角色，分别担当中英联邦国家和葡语系国家的"超级联系人"和"精准联系人"。在新的国际形势下，大湾区已成为国内国际双循环重要交汇点，为我国参与经济全球化和国际分工协作提供了重要平台。大湾区海洋经济加快"走出去"步伐，积极与沿线国家和地区开展海上经贸和产能合作，进一步巩固了双边和多边的海洋经济利益纽带。通过高度的国际化水平，粤港澳大湾区得以更好地发挥自身优势，积极推动海洋经济的国际合作，这也标志着大湾区海洋经济发展迈向更高水平的开放、更大范围的协作和更深层次的共赢。

三、大湾区海洋经济发展存在的问题

尽管近年来粤港澳大湾区海洋经济合作实现了飞速发展和长足进步，但也存在着许多制约因素和障碍，需要得到有效解决。

1.海洋经济发展欠统筹规划，海洋产业政策同质化显著

粤港澳大湾区作为一个城市群，需要推动实现城市产业的合理分工和高效协作而产生的"1+1>2"的整体效益，但目前大湾区在促进区域海洋产业统筹发展的力度上尚不足，各城市出台的海洋经济发展定位和目标同质化明显，尤其是珠三角9个城市的海洋经济规划确定的海洋产业相似度较高，由于各城市的海洋经济发展缺乏整体协调与分工协作，导致海洋资源分散和海洋要素投入重复，海洋产业发展的区域协调度不足。此外，大湾区位于中心城市的广州港、深圳港和香港港与位于其他节点城市的港口，彼此之间都存在竞争，港口群规模效应需要进一步增强。因此，有必要建立大湾区海洋产业发展的协调机制，加强城市间的合作与分工协作，以实现资源的优化配置和整体效益的最大化。

2. 涉海生产要素流动受限，海洋资源配置效率有待提高

粤港澳大湾区是在"一个国家、两种制度、三个关税区、三种法律制度、三种货币"框架下发展海洋经济的，需要基础设施"硬联通"、体制机制"软联通"以及社会文化理念的"心联通"。然而，囿于制度和社会经济的区域差异，大湾区内的海洋人才、技术、资本等生产要素未能充分流通，若干城市在区域海洋经济合作中获得权益存在困难，也难以有效化解彼此之间的利益差异。同时，跨境涉海基础设施供给不足和城际行政边界效应的存在，城市配套和涉海公共服务存在隐性门槛问题，珠三角9个城市的市场主体地位没有得到最大程度的体现，导致其缺乏有效的市场化资源配置。另外，海洋人文环境等尚未在港澳与珠三角城市之间实现全面沟通理解，这也在一定程度上制约了沿海旅游及其他行业的良性发展，也不利于大湾区间的海洋经济协作与地区间的协同发展。

3. 海洋产业链上下游配套不足，亟须聚力延伸整合

粤港澳大湾区的11个城市间海洋经济发展并不均衡，湾区西部的澳门、珠海、中山和江门与东部的香港、深圳、东莞和惠州以及中部的广州等城市相比，海洋经济发展水平相对较低。大湾区的海洋产业存在梯度性，但受跨境交易和制度成本等因素影响，海洋产业链上下游产业相互配合不够充分，难以有效延伸与融合。海洋科技创新要素之间的合作不够紧密，跨境海洋科技创新的驱动力度不够，尚未形成高效畅通的产学研用体系，导致海洋经济创新链和产业链未能有效融合并驱动海洋经济合作与高质量发展。大湾区海洋产业具有一定的集聚特征，但是海洋龙头企业的实力还不够强，产业集群发展不够成熟，产品附加值总体不高。由于缺乏大企业（集团）的跨区域、跨行业协作，可能引致大湾区海洋经济发展面临"低端锁定"与"高端封锁"的双重困境。因此，迫切需要将海洋产业链的上下游进行延伸整合，强化海洋科技创新与人才培养，促进海洋产业的集群化发展，扩大合作的领域和空间。

四、推动湾区海洋经济发展的措施建议

为了实现高质量发展，大湾区需要不断完善合作机制、提高设施互联互通水平、优化资源配置，并且加强海洋科技创新和国际合作。

1. 完善顶层协商和构建多层次合作机制，共谋湾区海洋经济协同发展

为实现粤港澳大湾区海洋经济的协同发展，需要建立和完善顶层协商机制，由中央政府设立粤港澳大湾区海洋经济发展协调领导小组，负责制定和协调海洋经济发展战略和政策，并推动粤港澳三地政府具体落实相关决策。同时，可以成立由粤港澳涉海企业、非营利机构等组成的海洋经济发展委员会，负责协调各方的利益冲突，形成海洋经济合作协调机制。在此基础上，探索在现有制度框架下多层次、多层次的合作机制，如基础设施建设、海洋产业协同发展、科技协同创新，以优化粤港澳大湾区的海洋经济合作机制与环境，促进海洋经济高质量发展。

2. 加快涉海基础设施的互联互通，构建海洋经济开放合作新格局

以推进海洋交通基础设施共建为抓手，构建人才、技术、资本等生产要素在大湾区中流动的连接基础，提升大湾区内部的联通效能和跨境效率。以港口为核心进行统一规划并推进建设世界级港口群，优化港口布局，整合港口资源，强化港口间的国际协作，打造"一带一路"对外海洋物流的枢纽门户，提升湾区的海洋产品与要素的国际流通水平。推动共建统一的海洋大数据平台，整合海洋数据资源，实现海洋数据的共享与应用。实施大湾区"智慧海洋"工程，建设集海洋执法、防灾减灾、海洋生态环境监测和海域动态监管于一体的综合监测网络。

3. 激发湾区各城市海洋产业特色，共建现代海洋产业体系

发挥四大核心城市的引擎作用以及其他节点城市的分工协作效应，促进海洋产业梯度转移，形成上下游产业链之间的协同效应，优化海洋产业空间布局。加快培育具有完整创新系统的各类海洋产业"领头羊"企业，带动大湾区的海洋产业链，实现产业链的整合和延伸。在传统的海洋交通运输业、海工装备制造业等优势产业的基础上，重点发展海洋生物医药、海上风电、海洋电子信息业等海洋战略性新兴产业，并通过推动人工智能和数字技术在海洋经济的应用，促进产业融合发展。采取联合研究、并购等手段，加速推进湾区海洋战略性新兴产业向全球价值链中的高端迈进，促进湾区建成以服务经济和创新经济为主的现代海洋经济体系。

4.调动各城市的创新力量，构建全方位的海洋科技合作创新生态圈

以广州、深圳和港澳四个中心城市以及湾区沿珠江口东、西岸分布的各城市的科技产业园构成的科技创新走廊为基础，共同推动大湾区海洋科技创新，实现海洋科技从基础创新到开发应用再到产业化的全链条突破，并不断向全球海洋科技创新链高端迈进。落实《横琴粤澳深度合作区建设总体方案》《全面深化前海深港现代服务业合作区改革开放方案》以及《广州南沙深化面向世界的粤港澳全面合作总体方案》，发挥横琴、前海和南沙三大合作平台的示范作用，以"市场导向"的方式，持续激发大湾区核心城市内的海洋基本创新因素，带动其他城市开展海洋应用创新。

执笔人：刘成昆（澳门科技大学）

专题篇

1
海洋强国战略目标下海洋经济统计面临的挑战分析与政策建议

　　摘要：建设海洋强国是新时代中国特色社会主义事业的重要组成部分。从党的十八大报告首次提出建设海洋强国战略，到党的二十大报告进一步提出"发展海洋经济，保护海洋环境，加快建设海洋强国"，海洋强国战略已成为国家重要发展战略之一。在海洋强国战略的引领下我国海洋经济发展取得显著成效，海洋经济的产业构成、技术革新、辐射范围等方面都发生了巨大的变化，同时，快速发展的海洋经济也对海洋经济统计与监测评估工作提出了新需求和新挑战。本研究在梳理和总结当前我国海洋经济统计现状基础上，全面分析海洋经济统计的供需矛盾，综合研判海洋经济统计面临的问题与挑战，提出强化海洋经济统计支撑、服务海洋强国建设的政策建议。

　　关键词：海洋强国；海洋经济统计；供需协调性；挑战

一、我国海洋经济统计发展基础与现状

　　我国海洋经济统计起步较晚。1989 年，为统筹涉海产业的统计工作，国务院赋予国家海洋局"负责海洋统计工作"的职责，开创了我国海洋经济统

计工作的先河，标志着我国海洋统计工作作为一个独立的统计体系正式起步。此后，组建了由各涉海部委统计部门以及沿海省（自治区、直辖市）海洋与统计等部门组成的"全国海洋经济信息网"，搭建了涉海部门间、中央与地方间上下贯通的海洋统计联络机制。1999 年，国家统计局批准执行《海洋统计综合报表制度》，海洋统计正式纳入国家统计制度。2004 年首次向社会公布了《2003 年中国海洋经济统计公报》。2005 年，原国家海洋局、国家统计局印发《海洋经济核算体系实施方案》。《2006 年中国海洋经济统计公报》首次发布海洋经济核算数据，同年发布了海洋经济领域的首个国家标准《海洋及相关产业分类》（GB/T 20794—2006）。2019 年，完成了第一次全国海洋经济调查，建立了全国首个海洋经济活动单位名录库。近年来，海洋生产总值核算由省级核算推进到市级核算，核算频率也由年度、半年度核算提升到季度核算。与此同时，在《中国海洋经济统计公报》《中国海洋经济统计年鉴》基础上，《中国海洋经济发展指数》《国证蓝色 100 指数》等统计服务新产品不断推出，丰富完善了我国海洋经济统计产品与服务体系。

回顾我国海洋经济统计走过的历程，尽管取得了显著的成绩，但是在统计范围、统计指标、数据颗粒度以及更新频率等方面仍还不够完善，同时海洋经济高质量发展也对统计工作在拓展、深化、提频等方面提出了更高的要求。此外，当前海洋经济统计产品以反映现状、短期发展趋势为主，对于需要整合多维度信息，宏观微观相结合，充分研究海洋经济、海洋产业、海洋企业、市场供需、政策指引等方面的专题研究报告还不够充分，蓝色 100 等产品首次切入实体产业发展，为海洋经济统计产品的研发拓展了领域、开拓了方向。

二、我国海洋经济统计供需协调性分析

我国当前海洋经济统计面临的短板与不足归根结底是海洋经济统计供需协调性的问题。目前，我国海洋经济统计资料的"供应端"主要包括国家海洋统计机构、地方海洋统计机构、涉海部门、行业协会及相关机构以及涉海

企业等；而海洋经济统计产品服务"需求端"主要包括海洋行政管理部门、海洋科研教育管理部门、涉海企业、金融机构以及相关机构等。为进一步比较海洋经济统计供需差异与供需衔接情况，本研究从统计范围、统计指标、数据颗粒度、数据更新频率、产品与服务时效性、产品与服务可获性、统计数据质量可靠性、统计服务定制化、统计服务决策支撑力9个方面开展了海洋经济统计供需协调性分析。

（一）统计范围

海洋经济活动虽然并不限于沿海地区，但考虑到统计力量投入和统计部门协调等因素，常规性统计重点集中在沿海地区；非沿海地区则通过海洋经济调查等专项统计的形式，了解海洋经济活动状况。同时，统计指标覆盖性上，逐渐丰富海洋经济统计指标的区域层次，尽可能覆盖沿海地区、沿海城市。同时，海洋生产总值同国内生产总值一样，均为属地统计，公海、深海、极地产业活动不纳入统计范围，可协调大洋办、极地办等相关机构获取产业活动相关数据。

（二）统计指标

统计内容与统计指标的与时俱进一直是各方对海洋经济统计最关注的地方。近年来，海洋经济季度月度报告中探索了一些反映海洋经济新特征、新动态的统计指标，取得了较好的社会效果。但是海洋经济统计年鉴中统计指标多年来没有多大变化，对海洋经济高质量发展、新业态新趋势反映不足，且汇总指标区域层次、产业层次深度不足，难以支撑社会各界对统计数据的决策需要。这其中一个客观限制条件是，海洋经济统计数据受数据来源渠道所限，主要来自各涉海部门，涉海部门对于细分数据发布将越来越谨慎，未来能否拿到细分数据不确定，同时能否将新指标补充到现行统计制度中仍需进一步协调探索。

（三）数据颗粒度

全国汇总数据较为齐备，沿海地区汇总数据大部分指标可实现。但目前难以覆盖到市县，仅个别指标可以按城市汇总。

（四）数据更新频率

受海洋经济统计数据获取的间接性所限，且受统计法数据保密等规定约束，一般数据更新与发布都要滞后于国民经济统计数据。

（五）产品与服务时效性

《中国海洋经济统计公报》的发布时效性较强，稍滞后于《国民经济和社会发展统计公报》发布；但《中国海洋经济统计年鉴》产品服务时效性较差，相较于《中国统计年鉴》，滞后至少半年到一年，难以满足用户对海洋经济数据的及时需求。

（六）产品与服务可获性

除《中国海洋经济统计年鉴》能发布海洋经济统计基础数据外，目前其他统计产品发布的全国汇总数，大多难以支撑各地区及有关科研机构开展的海洋经济活动深度分析。

（七）统计数据质量可靠性

国家层面海洋经济统计数据质量基本可控，同时采用下算一级的方式，保证国家-省海洋经济核算数据是衔接的；但是沿海各地市由于采用省级核算或各地市自行核算的方式，受基础资料、技术力量和核算经验所限，各地市核算数据参差不齐，目前省-市海洋经济核算数据仍存在部分不衔接情况。

（八）统计服务定制化

面向需求的统计服务将是未来海洋经济统计的发展方向。当前沿海地方政府对发展海洋经济高度关注，亟须在海洋经济统计服务提供强有力支撑。但目前国家强、地方弱的统计力量分布现状，难以满足沿海地方的海洋经济统计决策需要。未来，国家层面可结合国家力量优势，结合国家战略重点和地方决策支撑需求，不定期开展海洋经济统计需求调研，研究与探索适应时代需求的海洋经济统计指标，并结合大数据技术等现代统计技术，研究海洋统计数据多源获取途径，不断满足各方对海洋经济统计的定制化需求。

（九）统计服务决策支撑力

国家层面海洋经济统计力量雄厚，技术手段和工作基础扎实，应针对海洋强国建设和高质量发展对海洋经济统计的新需求，不断拓展适应时代需求的统计指标和数据渠道，发挥海洋经济统计的引领作用，为国家和沿海地方决策支撑发挥更大作用。同时，海洋经济发达地区，需要海洋经济统计提供更全面、更细致、更富时代意义的统计指标，满足对海洋经济统计服务决策的更高层次、更精准化的需求；海洋经济欠发达地区，需要补足短板，为后发地区海洋经济政策制定提供针对性的决策支撑。

三、海洋强国战略目标下海洋经济统计面临的挑战

党的十八大以来，在海洋强国战略的引领下海洋经济发展取得显著成效，海洋经济的产业构成、技术革新、辐射范围等方面都发生了巨大的变化，同时也对海洋经济统计提出了新需求，给海洋经济统计工作带来了新挑战。本研究重点从统计技术和统计决策服务两个方面，剖析我国海洋经济统计面临的挑战。

（一）海洋经济统计技术方面

1.海洋经济统计范围滞后实际

随着海洋强国战略的深入实施以及海洋经济的蓬勃发展，新产业新业态新模式不断涌现。从产业视角看，《海洋及相关产业分类》（GB/T 20794—2006）已不适应现行海洋经济活动的分类划分，亟须进一步修订与调整。同时，从区域视角看，海洋经济活动也并不仅仅限于沿海地区、沿海城市与沿

海县（区），长江流域江海联动分布的海洋装备制造业、吉林珲春的海洋水产加工等，均突破了当前对海洋经济地域范围限于沿海地区分布的认识，需要在沿海区域统计分类中予以补充与修订。

2. 海洋经济统计指标体系创新不足

海洋强国战略的提出，使海洋经济的战略地位进一步凸显，并丰富和拓展了海洋经济统计指标的范畴和边界。同时，随着新发展理念的逐步深入以及海洋在新发展格局中重要地位的提升，当前海洋经济统计内容与统计指标已难以适应海洋经济高质量发展对海洋经济统计的新要求，在更好地诠释创新、协调、绿色、开放、共享五大理念的特征方面存在明显的短板和不足，海洋经济指标体系亟须在内容主题、时代特征、指标深度等方面加快创新，以适应海洋强国战略和高质量发展对统计工作的发展需要。

3. 海洋经济统计方法传统局限

从统计实践来看，我国海洋经济统计方法仍以传统方法为主，存在着统计数据渠道有限、统计数据质量不高、统计效率低下、统计时效滞后等突出问题，难以满足海洋经济高质量发展对统计数据质量与时效的要求。当前，大数据背景下，基于行政记录和多种信息来源的数据采集制度逐步加强，以服务于政府统计的推算、估算和校正，这已经成为世界各国政府统计发展的基本趋势。而我国大数据技术等现代统计方法还较少应用到海洋经济统计实践中，迫切需要主动顺应数据社会化的趋势，加快推进海洋统计思维的转变以及统计改革的推进，在大数据技术等新型统计方法上取得创新与突破。

4. 海洋经济核算体系与国际接轨不够

我国海洋经济核算体系研究与实践仍较为缓慢。一是从核算方法看，现有的海洋经济核算方法仍有待进一步优化完善。二是从核算内容看，现阶段海洋经济核算实践仍主要体现在海洋生产总值的主体核算，对于海洋经济基本核算、附属核算等其他核算研究大多局限于相关理论方法的构建。三是从国际接轨看，当前海洋卫星账户是国际上开展海洋经济核算的重要方式和途径，但我国关于海洋经济卫星账户的研究较为不足，基础研究相对薄弱，海洋经济卫星账户的构建与实践方面的研究亟待开展。

（二）海洋经济统计决策服务方面

1.海洋经济监测预警时效性不强

国家"十四五"规划纲要明确要"健全宏观经济政策评估评价制度和重大风险识别预警机制，提高决策科学化水平"，但现有对海洋经济的监测预警与景气情况分析仅停留在年度数据层面，季度、月度等高频数据难以获取或受限，海洋经济季度甚至月度景气研究匮乏，现有研究成果无法及时反映海洋经济景气情况，难以发挥对海洋经济决策支持的监测预警功能。

2.海洋经济评价体系时代性和指向性不足

目前，针对海洋经济评价体系众多，但评价视角缺乏全球观，评价体系的时代性特征不足，特别是与国家推进实施海洋强国战略之间缺乏较强的内在逻辑性。另一方面，现有海洋经济评价结果对海洋强国战略的策略性指导不足。尽管现有海洋经济评价的研究成果丰富，但对现实海洋经济发展状况的解释呈现差异性，不能直接用于海洋强国战略下海洋经济发展的支持政策研究中，难以为海洋经济政策制定与调节提供有效支撑。

3.海洋经济统计决策分析与服务能力不足

目前海洋经济评价体系侧重单一要素评价，系统全面的综合评价明显不足，一方面受限于现有统计指标缺失，另一方面缺少系统全面的海洋经济评价体系以及相配套的辅助决策体系，导致海洋经济统计决策分析与服务能力不足，难以为科学量化评估海洋经济与海洋强国建设成效提供决策支持。

四、强化海洋经济统计支撑、服务海洋强国建设的政策建议

推进海洋经济统计现代化是强化海洋经济统计工作、客观真实反映"发达的海洋经济"进展成效、全面监测评估海洋强国战略实施情况的必然要求。要准确把握新发展阶段，全面贯彻新发展理念，加快构建新发展格局，既要放眼国际，又要植根国情，守正创新、求真务实，不断拓展海洋经济统计调查领域，丰富海洋经济统计调查内容，提升海洋经济统计服务水平，增强海

洋经济统计保障能力，加快建立与"发达的海洋经济"要求相适应的现代化的海洋经济统计体系，为促进海洋经济发展、推进海洋强国战略实施提供坚强的统计保障。

（一）站位要高：积极参与全球海洋治理

在全球经济一体化的背景下，随着海洋资源开发、海洋服务空间拓展、海上贸易量的持续增长等海上活动对全球经济的重要影响，由海洋引发的议题正成为全球治理关注的重要内容之一。因此，我们对"发达的海洋经济"的认识和理解既要有中国特色，形成中国方案，也要在国际发达国家海洋经济发展新进展和新趋势中得到印证，在国际海洋经济与海洋产业发展领域拥有更多的话语权和影响力。因此，在海洋强国战略实施的背景之下，要将提升海洋经济统计站位、拓展海洋经济统计视野作为监测评估"发达的海洋经济"进展情况的前提条件，为此提出如下要求：一是跟踪监测发达的海洋国家海洋经济新进展和新趋势，及时反映和综合分析国际海洋经济发展成效以及对我国的启发借鉴，特别是海洋经济统计方法的创新，如海洋卫星账户，为改进我国海洋经济统计方法、提升海洋经济统计决策支撑提供国际经验和技术支撑。二是积极开展海洋经济统计对外交流与合作，积极申请承办综合性专业性海洋经济统计国际会议，积极分享中国海洋统计进展成效和实践经验，深度参与国际海洋经济统计治理，加强海洋经济统计双边、多边合作交流，积极推进国家标准《海洋及相关产业分类》申请国际标准，加强海洋经济统计国际话语权和能力建设。三是积极探索建立国际可比的海洋经济统计和核算制度方法，要深化与国际同行在海洋经济统计指标、统计方法和统计体系建设的探讨与交流，在互学互鉴中建立一套各国通用、便于国际比较的海洋经济统计指标和核算方法，以便于在规则统一的框架下实现海洋经济国际比较。

（二）内容要全：呼应海洋强国战略实施

海洋经济统计的重要职责是监测、评估和综合反映海洋经济运行情况，为促进海洋经济发展、建设海洋强国提供决策支撑作用，进而发挥海洋经济统计"晴雨表""指示器""风向标"的作用。但当前我国海洋经济统计在统计内容与范围、战略规划落实等方面的短板和不足较为突出。在海洋强国战略实施的背景之下，要将拓展海洋经济统计调查领域、丰富海洋经济统计调查内容作为监测评估"发达的海洋经济"进展情况的首要任务与重点，提出如下要求：一是优化现行海洋产业运行情况和生产能力的统计指标，丰富反映新发展理念、新发展格局的统计指标，如加强海洋领域能源资源环境气候统计，增加反映海洋经济供给质量、供给结构及供给体系对国内需求适配性的统计指标，及时反映新发展动能、新发展业态的统计指标，如增设反映数字产业、数字技术与海洋经济活动深度融合的统计指标；完善反映海洋要素市场、海洋产业绿色发展、海洋对外开放、海洋经济治理等方面的统计指标，如反映涉海就业和劳动力供给需求、科技成果转化与交易等海洋要素市场的统计指标，系统反映"发达的海洋经济"的进展情况。二是围绕海洋强国等国家重大战略实施、沿海地区涉及的区域发展战略等，研究制定反映陆海统筹、海洋战略规划执行的指标体系，以有效监测和全面反映国家发展重大战略与区域发展战略的落实落地情况。

（三）质量要优：客观真实展现国情国力

真实准确、系统完整的海洋经济统计数据是客观真实地反映我国海洋经济活动和海洋强国建设进展、展现我国海洋国情国力的坚实基础和基本保障。在海洋强国战略实施的背景之下，要将改进海洋经济统计方法、规范海洋经济统计制度、健全海洋经济核算体系作为监测评估"发达的海洋经济"进展情况的重要实现途径。为此，提出如下要求：一是改进海洋经济统计方法方面，拓展海洋经济统计数据来源渠道，加强涉海部门行政记录应用研究，规范获取涉海部门统计数据。要研究建立涉海部门统计数据共享机制，推进海洋经济统计信息共享工作。二是规范海洋经济统计制度方面，要与时俱进，不断健全完善海洋经济统计制度，改进海洋经济统计调查方法，优化海洋经济统计调查调查指标，丰富海洋经济统计调查调查数据，拓展海洋经济统计调查监测领域，扩大海洋经济统计调查统计范围，丰富海洋经济统计调查监测内容，使抽样调查在海洋经济统计中更加广泛运用，常规统计调查获取数据及时有效、科学规范。三是健全海洋经济核算体系方面，要进一步完善海洋生产总值核算方法，深化市县级海洋生产总值核算方法，改进季度海洋生产总值核算方法，提高海洋经济核算方法的统一性、规范性和科学性，全面准确反映海洋经济运行状况。健全海洋经济核算体系，深化海洋经济投入产出表研制，推动在海洋投入产出核算中的应用；研究编制海洋自然资源核算表，探索建立反映生态产品保护和开发成本的海洋生态产品价值核算方法。

（四）速度要快：及时反映海洋经济成效

全面、及时、客观地反映海洋经济运行状况与发展成效，是海洋经济统计工作的重要职能和任务。在海洋强国战略实施的背景之下，健全完善协调顺畅的海洋经济统计体制机制，强化现代信息技术的融合应用是监测评估"发达的海洋经济"进展情况的重要前提和技术保障。为此，从机制和技术两个方面提出如下要求：一是在健全完善海洋经济统计体制机制方面，要进一步深化与国家统计局、涉海部门、金融机构等方面的战略合作，健全组织高效、协调顺畅的机制，推动部门间数据共享取得突破性进展；强化国家海洋经济统计机构对地方海洋经济统计机构的业务指导机制，强化基层统计基础能力建设，配强统计力量，加强对基层统计的业务培训，不断完善上下联动、运行顺畅的海洋经济统计网。二是创新海洋经济统计调查技术方面，要推进海洋经济统计业务与现代信息技术进一步融合，开发大数据统计应用方法技术，实现大数据、云计算、区块链、物联网、空间地理信息技术等新技术在海洋经济统计工作中得到有效运用，加快构建海洋经济统计现代化采集体系，进一步优化调查设计、数据采集、数据处理等统计调查流程，提高海洋经济统计数据采集、处理、分析与决策应用效率，以更及时高效地反映海洋经济发展成效、服务海洋经济决策需要。

（五）决策要准：保障统计服务决策支撑

数字治理越来越成为国家治理的重要方式，用数据说话、用数据决策、用数据管理、用数据创新已成为普遍共识。海洋经济统计是实现数字治理的重要途径，在了解海情、把握趋势、制定政策、服务发展等方面发挥着重要的综合性基础性作用。在海洋强国战略实施的背景之下，要将加强海洋经济统计成果的决策应用、增强海洋经济监测预警能力作为监测评估"发达的海洋经济"进展情况、发挥海洋经济统计"指示器""风向标"作用的目标追求。为此，提出如下要求：一是加强海洋经济统计成果的决策应用，坚持高频率和长周期并行的原则，不断完善海洋经济季月度监测指标，及时反映海洋经济运行情况的最新和动态进展，加强海洋经济形势研判，发挥引导社会预期的作用；同时研究制定反映海洋经济高质量发展和海洋强国战略实施的综合评价体系，科学反映与评价国家重大战略和决策部署贯彻落实情况和海洋经济高质量发展进程，更好服务党政决策，为社会公众提供更多优质统计产品和优质高效的海洋经济统计服务，不断提高统计服务水平。二是提升海洋经济统计信息公开化透明化，要逐步拓展海洋经理统计数据发布内容，充分发挥政府统计网站、新媒体优势，改善统计用户体验，满足政府、科研、企业等不同用户对海洋经济统计服务的需求，不断拓展统计数据统计服务领域，使海洋经济统计产品更加丰富、方式更加多样。三是增强海洋经济预测预警能力，不断提升海洋经济统计分析的前瞻性和预判能力，进一步加强海洋经济先行指标监测，及时反映和揭示经济运行中的风险隐患与问题矛盾，强化苗头性、倾向性、潜在性问题研判和深度分析，为强化海洋经济预期管理、提高调控科学性提供前瞻性依据。

执笔人：徐丛春（国家海洋信息中心）

周洪军（国家海洋信息中心）

胡　洁（国家海洋信息中心）

刘禹希（国家海洋信息中心）
注：本文由国家社科基金重大项目［21&ZD155］资助。

2
RCEP 背景下我国海洋产业发展的机遇与路径

摘要：《区域全面经济伙伴关系协定》（简称 RCEP）于 2020 年 11 月 15 日正式签署，涵盖了中国、日本、韩国、澳大利亚等 15 个成员国，旨在促进区域内的贸易自由化和经济一体化发展。本报告首先阐述了 RCEP 政策背景；其次，在 RCEP 背景下，详细分析了我国海洋产业发展的机遇与挑战；最后，结合我国海洋产业发展现状及 RCEP 背景，给出我国海洋产业发展路径与策略，即从国际大湾区建设、海洋产业集群化发展、制度体系优化、融资渠道与管理完善、人才制度改进五个领域重点发力。

关键词：RCEP；海洋产业；机遇与挑战；路径与策略

一、RCEP 的实施背景

2020 年 11 月签署的《区域全面经济伙伴关系协定》（RCEP）是一项自由贸易协定，旨在促进中国、日本、韩国、澳大利亚、新西兰和 10 个东盟成员国之间的经济一体化。RCEP 致力于构建一个高质量的经济合作框架，不仅要求消除 15 个国家之间的关税贸易壁垒，还要求消除非关税贸易壁垒，例如数量限制，进口许可程序以及与进出口相关的费用和程序。通过减少和消除关税和非关税壁垒，RCEP 旨在建立一个现代、全面、高质量和互利的经济伙伴关系框架，以促进区域贸易和投资的扩大，并为全球经济增长做出贡献。

RCEP 的签署为我国带来了重大机遇，同时也让我国面临很多挑战。我国应依托 RCEP 进一步扩大开放，构筑新时代对外开放新格局。RCEP 作为大型区域贸易协定，议题及标准基本上兼顾到各方利益。尽管在某些领域的标准不及 CPTPP，但因其具有开放包容的特点，能够为各方经贸合作提供一个灵活、务实的框架，是亚太各国深化经贸合作的重要平台。总体来说，RCEP 不仅是目前全球最大的自贸协定，而且是一个全面、现代、高质量和互惠的自贸协定。

（1）RCEP 具有全面性特点。该协议涵盖 20 个章节，即包括货物贸易、服务贸易、投资等市场准入，也包括贸易便利化、知识产权和电子商务等大量规则内容。在市场开放方面，除了 90% 的货物贸易自由化之外，服务贸易部门开放数量也明显增加。如我国在加入 WTO 时承诺开放 100 个服务部门的基础上，在 RCEP 中又承诺增加技术研发、管理咨询、航空等 22 个部门，并放宽了金融、建筑、法律、海运等 27 个部门的外资所有权限制。

（2）RCEP 具有现代化特点。RCEP 采用区域原产地累积规则，支持区域产业链供应链发展；采用新技术推动海关便利化，促进新型跨境物流发展；采用负面清单做出投资准入承诺，大大提升投资政策的透明度；协定还纳入了高水平的知识产权、电子商务章节，适应数字经济时代的需要。RCEP 始终将贸易自由便利作为其主要宗旨，超过 90% 的货物贸易将在域内之间实现零关税进出。为此，RCEP 鼓励域内各方采取新技术来推动通关便利化，大力推进新型物流业的发展，如果要求域内货物贸易必须在 48 小时内通关，生鲜、易腐商品在 6 小时内通关。

（3）RCEP 具有高质量特点。货物贸易零关税产品数整体上超过 90%，服务贸易和投资开放水平显著高于原有的"10+1"自贸协定。同时，RCEP 新增了中日、日韩两对重要国家间的自贸关系，使区域内自由贸易程度显著提升。RCEP 作为亚太地区经济一体化的重要协定，日、韩、澳等也认可了亚太经济合作的高质量的开放特征，而不是采取对抗和保守主义。实际上，RCEP 的签署就已经向世界发出了一个重要信号，即亚太地区经济一体化依然是开放性、多边化和高质量的协议。

（4）RCEP 具有互惠性特点。从经济发展方面来看，RCEP 成员中有发达国家和发展中国家，更有一些最不发达国家，成员间经济体制、发展水平、规模体量等差异巨大。RCEP 最大限度兼顾了各方诉求，在货物、服务和投资等市场准入和规则领域都实现了利益的平衡。协定还给予最不发达国家差别待遇，专门设置了中小企业和经济技术合作两个章节，来帮助发展中国家成员加强能力建设，促进本地区的包容均衡发展，共享 RCEP 成果。从机制改革方面来看，RCEP 还专门为柬埔寨、缅甸、老挝等国家的国内立法及监管体系完善设立了过渡期，确保贸易自由化和利益合作分享的相对平衡。

RCEP 的贸易自由化为我国海洋产业的发展带来了机遇。具体而言，RCEP 将为我国构建海洋产业新发展格局提供有力的支撑，通过开放贸易和投资，有助于我国打通海洋领域的产业链和供应链，更好地联通国内、国际两个市场、两种资源；有助于畅通国内大循环，促进国内国际双循环，推动我国加快构建新发展格局。RCEP 将有助于我国海洋经济向先进的产业水平迈进，提高我国海洋产品的质量标准，推动海洋产业升级，推动我国海洋经济的高质量发展。RCEP 作为全面的经济伙伴协定，涵盖了市场准入与规则条款，将对我国海洋产业产生系统性的综合影响。

二、RCEP 背景下我国海洋产业发展的机遇与挑战

RCEP 的签署使亚洲多个国家和地区的联系逐渐紧密，对我国海洋产业的影响既有积极的一面，同时存在一些潜在的挑战。

（一）RCEP 背景下我国海洋产业发展的机遇

1. 搭建海洋产业合作框架

RCEP 的签署有助于深入搭建海洋产业合作框架。一是 RCEP 签订之前，

各国早已开展了多项双边、多边合作。东盟自身成员国较多，地缘位置重要且复杂，成为中日韩开展海洋产业合作的重要对象。而且东盟是海上丝绸之路的重要枢纽，海洋产业合作是我国与东盟各国建立海洋产业全面合作的关键点。韩国重点围绕海上物流运输，积极探求与东盟国家开展双边、多边海洋合作，比如2016年韩国海洋水产部与联合国亚太经济与社会理事会在泰国召开了港口开发研讨会，重点开拓海外港口市场。二是RCEP的签署还可能存在诸多次区域海洋产业一体化的经济合作。在东南亚方向，泛北部湾可以强化海洋产业合作，主要在交通战略方面统筹规划，共同致力于打造南海海洋产业协同化发展模式。中、日、韩三国可以依托地理位置上的优势，实现地区一体化趋势，利用三国经济、人口等要素资源，加强海洋产业同质化发展的战略合作。同时加强海洋产业与金融资源，探索金融资源助力海洋产业高质量发展模式。三是中、日、韩三国应摸索港口合作共赢发展方案，预测海洋交通运输行业发展趋势，完善环境规制，应对海运物流技术创新等行业环境变化，交流各国中长期措施，围绕集装箱码头装卸能力、三国港口相关法律、港口环境管理、进出口纳税等方面展开讨论。

2. 实现海洋资源深度开发合作

RCEP的签署为多个国家合作开发海洋资源提供了契机。海洋蕴藏着大量的矿产资源，具有很高的经济价值和战略价值。RCEP成员国中涵盖了一些海洋资源丰富的国家，该协定可能为我国在海洋资源领域的合作提供新的机遇。作为典型技术密集型产业的海洋矿产资源开发，涉及地质、海洋等诸多学科和工业部门，以及各国海域争端等政治博弈，因此，国际海洋资源开发对一个国家综合国力、科技水平和国家战略能力等综合要求较高。而RCEP的签署在一定程度上促进了各成员国之间的合作进度和程度。海洋经济和海洋科技实力是构成当代海权体系的基础。因此，成员国之间的合作能对国际海底区域进行有效开发和利用恰恰是海权经济功能和科技功能的运用，而国际海底区域开发带来的经济利益和海洋科技进步反过来又强化了海权。二者之间可谓相辅相成，形成了良性循环。RCEP的签署有助于我国实现建设海洋强国的战略目标。

3. 实现我国海洋产业高质量发展，提升海洋科技创新能力

RCEP 的签署可能会加快我国海洋产业增量提质的步伐。随着RCEP的签订，我国海洋经济增长动力更加强劲，助推海洋产业高质量发展，为海洋经济向好发展奠定了坚实基础。海洋强国战略背景下，海洋产业将保持平稳较快发展，在国民经济中的地位和贡献将得到提升。在新发展理念的指引下，我国海洋产业将以高质量发展为主题，牢牢把握科技创新的核心地位，推动深水、绿色、安全、智能等海洋重点领域的核心装备和关键共性技术取得实质性进展，通过提高自主创新能力，全面提升海洋产业的发展质量和水平。另外，RCEP可能会协助我国海洋科技创新取得重大突破，海洋产业链的信息化程度也将不断提升。一方面，重点海洋城市可以向海洋经济实力强劲的RCEP成员国，如日本、澳大利亚，学习先进的技术与经验，努力实现海洋创新和科技机制创新的并驾齐驱，释放海洋科技动力。针对海洋创新及相关研究领域创新的资本支持力度不断增强，海洋价值链、资源链和技术链的深度整合步伐加速。另一方面，模仿性创新成本较低，形成"模仿—自主"的创新研发模式，使自主技术创新能力进一步增强。

4. 推动区域海洋产业链协同发展，增加我国海洋产业链韧性

RCEP 旨在推动亚太区域产业链、供应链一体化，促进区域产业链与创新链深度融合，探索发展中国家与发达国家互利共赢的新模式。"十四五"时期，我国以建设海洋强国为重要目标，开放、创新是我国建设海洋强国的重要路径之一。我国应以加入 RCEP 为契机强化开放和合作水平，不断推动海洋产业链与创新链深度融合，强化与日韩等发达国家区域海洋创新链协同，在开放发展中实现海洋产业链、供应链现代化。推动 RCEP 框架下的海洋产业链、供应链区域化整合与开放，有利于推动我国海洋产业链、供应链现代化水平，提升我国海洋产业链、供应链韧性。

（二）RCEP背景下我国海洋产业发展的挑战

1. 国际不和谐因素影响区域间合作的稳定性

国际不和谐因素指的是国际合作区域内的外部力量、问题或因素，这些

不和谐因素可能会对 RCEP 合作的稳定性产生负面影响。一些国家可能会利用区域合作中的分歧和矛盾，试图干预或加剧合作区域内的地缘政治竞争。如果 RCEP 合作国家之间真的存在冲突和矛盾，这些问题可能会扩散到整个合作区域，影响合作方之间的关系和合作意愿，从而干扰合作的稳定性。国家意识形态分歧是影响 RCEP 深度合作的重要原因之一。RCEP 各国均有着不同的发展经历，不同的文化所形成的独特背景和环境。如果 RCEP 成员国之间在意识形态、价值观方面存在分歧，可能会导致合作国家在关键问题上的意见分歧，从而影响成员国之间合作的一致性和稳定性。另外，国家与国家之间的经济竞争和压力是影响合作不可忽视的关键因素。成员国之间可能存在产业替代情况，加剧竞争关系，导致各成员国之间出现明显的利益冲突。为了争夺市场份额和资源，各成员国可能采取干扰合作措施，造成道德风险和逆向选择，最终影响各成员国之间的可持续性合作。

2. 区域海洋合作体系不完善，海洋环保合作机制尚不成熟

RCEP 成员国覆盖全球三分之一的人口和经济体量，在全球海洋治理中也必然担当重要使命。总的来说，成员国之间涉及海洋合作的双边和多边合作已经取得了不错的进展，但为了能有效落实相关政治共识以及意识形态问题，依然需要进一步解决成员国之间的合作短板问题。目前，RCEP 成员国间尚未形成具有覆盖性和影响力的核心架构，区域海洋治理合作体系整体上仍然呈现碎片化。从地理位置来看，各成员国之间缺少海洋领域合作机制衔接、共建。从我国的情况来看，虽然我国与成员国的海洋合作领域不断扩大、项目不断增加，但相关合作在具体实施中缺少统筹，影响了综合治理效果，从而导致合作功能结构性缺失。而且，在合作体系中大多为短期应急性内容，比如针对海上的紧急事态进行沟通、实施海上救灾行动，缺少稳定长期的合作沟通，更缺少海洋产业链一体化发展模式的构建。另外，RCEP 成员国间关于海洋环保合作尚未形成常态化合作机制。各成员国缺乏对区域内海洋生态环境保护的全局性认识，缺乏全球视野的战略思维，并且国与国之间的政治博弈使得各国难以协调海洋环境相关合作。现有合作以双边合作为主，多边合作较少，然而双边合作相比多边合作存在效果差、连续性短等弊端。再者，部分 RCEP 成员国经济体量较小，无法投入大量的资金支持区域内海洋环保及合作，更难对多边合作给予资金支持，导致海洋环保合作停滞不前。

3. 区域海洋产业合作层次较浅，海洋产业链构建困难

目前，海洋渔业是 RCEP 成员国的首选合作领域，但成员国之间的合作层次有限，更多偏重于劳动密集型产业，高端科技与人才并没有发挥出应有的作用。而且大多海洋渔业企业实力较差，南海区域内国家对海洋捕捞的管理又比较严格，造成区域内捕捞合作动力不足。同时，海产品加工方面的合作层次较低，产品附加值偏低，产业集中度较低，无法形成产业集群化发展，无法激发各成员国的海洋渔业优势。RCEP 成员国之间关于海洋旅游业的合作日益频繁，但也存在比较突出的问题。成员国很多旅游项目存在明显的竞争，缺乏区域间的协调统筹，特别是南海区域大部分成员国的地质地貌、景点特色、经营理念等趋于同质化，低层次竞争普遍存在，影响整体海洋旅游发展质量。另外，我国海洋产业的国际供应链不畅问题日益突出，并存在产业链关键环节断裂、梗阻的风险。例如，我国海洋油气开发新增产能大多位于南海，受南海周边安全局势影响较大；我国大宗物资运输高度依赖马六甲海峡等几个关键海上通道；海洋油气开发、海洋监测探测、海洋船舶等若干产业的关键技术装备受制于人的风险尚未消除。

三、RCEP 背景下我国海洋产业发展的路径与策略

（一）依托海洋强市建立国际大湾区

据世界银行的调研数据显示，全球有约 60%的经济体量来自港口海湾地带及其直接腹地。从施罗德（Schroders）发布的《2023 年全球城市指数报告》中全球 30 个最佳城市的区域分布来看，世界顶级城市群大多分布在湾区，而我国也应依托于海洋强市建立国际大湾区，助力海洋产业高质量发展。北部海洋经济圈应借助青岛市海洋强市的优点，加快发展海洋交通运输、船舶与海工装备制造、海洋生物医药等海洋产业；全面提升海洋科技创新、海洋特

色文化、海洋生态文明、海洋对外开放四大领域发展水平；实施海洋新动能培育、重点区域率先突破、项目园区企业建设、国家军民融合创新示范区建设、"放管服"综合改革五大支撑保障工程。东部海洋经济圈应以宁波、上海为核心，组成双边海洋经济中心辐射整个东部海洋经济圈。以海洋新材料、海洋生物医药、海洋工程装备为主导。加强海洋战略性新兴产业在中部海洋经济圈的地位，提高高附加值海洋产业在国内外市场的竞争力度。宁波和上海应积极服务以先进船舶海洋工程与港口机械装备制造为方向的创新示范工作，推动以海洋产业与航天技术为重点的科创基地建设，推进以渔业供应链金融体系为特色的渔港综合营运服务发展模式建设，促进以工业旅游和中部海洋经济圈旅游资源整合为内涵的海洋文化旅游圈建设。南部海洋经济圈应着力打造以深圳为核心的大湾区建设。建设国家深海科考中心，探索设立国际海洋开发银行，成立海洋科学研究院，打造全球海洋高端智库，建设国际金枪鱼交易中心，组建海工龙头企业集团，壮大海洋新兴产业发展基金，加快建设海洋新城，探索设立深圳海事法院，规划建设深圳海洋博物馆和海洋科技馆，办好我国海洋经济博览会。

（二）合理规划海洋产业未来发展方向，实现海洋产业集群式发展

首先，我国应全面分析自身和 RCEP 各成员国内外部发展环境，综合考虑区域发展海洋经济与海洋产业的优势、劣势、机遇与挑战，充分借鉴美国、日本、新加坡等海洋经济发达地区的先进经验，明确海洋经济的产业体系、产业链环节等，并制定海洋产业目标考核体系。我国应对海洋经济细分产业进行重点深入研究，明确细分产业发展方向、产业链环节、技术研发方向及发展举措，充分调动各细分产业自身优势，拓展海洋产业价值链，加强海洋工程等领域的发展规模，实现产业多元化协同发展。在制定海洋产业发展路径时，我们应按时间划分为近期、中期、长期三个发展阶段推进工作，明确各阶段的发展目标、产业发展重心、政府的重点任务等，最终实现产业发展的总体目标。我国应注重传统海洋产业转型升级和向新兴海洋产业发展延伸的未来发展模式，力求完善海洋产业链环节形成集群效应，提升以物流、金

融为代表的海洋服务业、打造特色海洋文化品牌效应，实现海洋产业全球价值链的升级。打造海洋产业园区是实现海洋产业集群化发展的主要路径之一，我国应按照产业功能与产城融合的要求来合理布局各类海洋产业项目，实现近期与远期相结合，使得土地价值得到有效利用，政府在通过提供人才、技术、资金、组织管理等方面的配套服务来保障海洋产业发展的同时，还应围绕重点项目进行招商引资来实现规划的落地，真正做到"筑巢引凤"。

（三）优化制度和政策体系，加大海洋产业向外发展的政策扶持力度

统筹研究制定完善财税、金融、外汇、保险、人才等支持海洋产业向外发展的政策体系。实施政策一口发布、一口解读，避免政策不兑现纠纷。简化相关政策申报流程，让海洋产业受益无忧。如在税收方面，加大对海洋产业的税收优惠力度，准许海洋产业在其应纳税所得额减除一定比例的对外投资风险准备金额度，或者是按照其对外投资的一定比例扣除其应纳税额；改进促进海洋产业海外投资的金融扶持措施，扩充和完善金融工具的服务功能。增强进出口银行和出口信用保险公司的出口促进作用，逐步扩大贷款额度和保险门类，降低贷款和保险的准入门槛，优化海洋企业信用评估机制，对发展态势良好的海洋企业适度放宽担保贸易门槛；探索推进人民币交易新路径，多手段帮助海洋企业解决跨国支付难、外贸出口账期过长等问题。支持海洋企业通过线上线下展会、抱团出海等方式抢占海外市场，鼓励企业试水国际市场。针对不同行业实施差别政策，对海洋战略性新兴产业和海洋高技术产业的相关企业进行重点扶持等。引导企业家树立全球大营销思维，正确运用免税中转等一系列优惠政策，通过设立办事处、建设物流仓等多种形式加强投资合作，打破欧美贸易壁垒，进而辐射RCEP区域，实现国际大循环。对接海外商会、驻外中资机构，挖掘卸任外交官、商务参赞、海外留学人才、华侨等，完善相关人才政策，引导高素质人才向民企流动，发挥职业教育优势为海洋产业向外发展培育专项人才。以产业需求为牵引，适时组建全国海外发展人才联盟，为企业招聘专业化海洋国际人才，形成支持海洋产业向外发展的强大合力。

（四）拓宽海洋产业融资渠道，完善海洋产业风险管理体系

针对部分海洋产业融资难、向外发展融资更难的问题，建议积极创新融资方式，实施多元化融资策略。一是根据海洋产业的自身特征，尽可能帮助其利用我国进出口银行、地方商业银行等金融机构的专项资金，以缓解资金瓶颈问题。建议有关部门协调国内银行，在国际贸易融资服务的基础上，设计针对海洋产业对外投资的特色金融服务产品，政府可以通过担保和贴息解除银行的后顾之忧。二是推动完善设立境外投资产业基金与"海上丝绸之路"建设经贸合作专项基金，帮助海洋企业利用好国家丝路基金，发挥各种基金的助力作用。三是引导和支持海洋企业与金融机构、中介组织等共同发起成立海洋企业投资公司，打造具有战略平台性质的金融控股集团，组织海洋企业形成联合体共同发展。此外，推进海洋科技服务型企业利用知识产权质押贷款、关联企业联合发债等措施，多渠道解决海洋产业对外发展的融资瓶颈。

海洋企业对外发展最大的顾虑来自风险管理问题，面对日益复杂的国际环境，完善相关风险管理体系势在必行。建议借助相关海洋类高校成立研究院，组织国际商务行业专家和高校教师形成咨询团队做好以下工作：一是成立重点区域投资环境综合评价小组，通过调研海洋产业目标投资地区，针对专门地区进行投资环境要素分析和综合评价，定期为海洋企业提供投资环境评价报告和风险提示，供对外发展的企业参考。二是重要行业分析与指导小组，通过对我国优势产业和海外主要投资区域产业政策进行梳理，做好产业海外经贸合作目的地选择研究，形成行业投资分析报告，帮助我国优势产业企业找准海外经贸合作目的地，避免投资的盲目性。三是组织专家咨询团队，对重点海洋企业进行"一对一"指导帮扶，为企业海外业务拓展提供必要的智力支持。同时，建议充分利用国家部委、驻外使领馆、贸促单位、学研机构等已有研究成果，组织专人搜集整理，提供给有需要的企业参考，以"智"克"险"，完善海洋产业风险防范和安全保障体系。

（五）构建完善的"引育用留"人才制度体系，加快打造国际化、专业化的高端海洋人才队伍

国际化复合型人才是深化海洋产业向外发展的重要推动力。我国应积极优化人才引进机制，在人才引进支持政策方面重视海洋高端人才，鼓励企业引进海外高层次海洋人才和海外高层次归国海洋人才。我国应根据海洋产业自身特点和海洋企业发展状况，培育一批具有国际化视野的本土海洋人才队伍，并进一步改变国际化人才引进、培训和保障制度。政府在加大对国际化海洋人才教育支出财政补贴的同时，应积极引导和鼓励民间资本进入，联合培养知识储备丰富的国际化高端人才队伍。政府应注重海洋人才优势的识别和开发，每个人均拥有自己擅长的方面，人才更是如此。人才优势的识别和开发最终是为了最大化地发挥人才的使用价值，实现人才资源的合理配置与利用。因此，政府应根据海洋企业人才需求，为企业进行人才配置提供帮助，形成相辅相成的国际化高端海洋人才队伍，充分发挥人才优势的聚集效应。

执笔人：汪克亮（中国海洋大学）

3
粤港澳大湾区智慧港口建设路径分析

摘要： 随着全球经济的快速发展和全球化趋势的持续推进，港口作为国际贸易的重要节点，其作业效率和运营能力直接影响到全球供应链的流畅性。近年来，受到通货膨胀、贸易保护主义、地缘政治冲突和极端气候事件的影响，全球供应链和海上运输受到严重干扰，导致港口拥堵严重。为应对这些挑战，全球各港口正在积极推进数字化转型，利用人工智能、物联网、5G 通信等技术提高运营效率。特别是在中国，得益于强有力的政策支持和制造业优势，智慧港口建设迅速发展，并在多个领域取得了世界领先的成果。粤港澳大湾区作为我国开放程度最高、经济活力最强的区域之一，拥有世界最繁忙的港口群。但由于"一个国家、两种制度、三个关税区、三种货币"的特殊格局，粤港澳大湾区智慧港口建设还面临一系列挑战。本报告总结了智慧港口的国际进展，梳理了中国智慧港口建设的政策与实践，剖析了粤港澳大湾区智慧港口建设存在的问题，提出了构建粤港澳大湾区智慧港口协同发展机制、优化政策支持体系、强化共建共享、完善人才培养体系等发展路径，以期促进大湾区智慧港口建设，助力粤港澳大湾区港航产业国际竞争力，更好地服务于海洋经济高质量发展与中国式现代化建设。

关键词： 智慧港口；粤港澳大湾区；发展现状；存在问题；路径建议

港口是全球海上物流的重要组成部分，港口物流已经成为我国海洋交通运输业发展重点之一。智慧港口作为第五代港口，通过将港口物流链上的利益相关者互联起来，实现港口码头设备和操作的自动化，从而提高信息交流的流动性，更有效地生产、管理和共享相关信息。

交通运输部水运科学研究院提出，智慧港口是利用新一代信息技术，将港口相关业务和管理创新深度融合，使港口更加集约、高效、便捷、安全、绿色、创新的港口发展模式，可实现港口可持续发展。加快推动智慧港口建设逐渐成为世界潮流。与传统港口相比，智慧港口具有高效性、安全性、灵活性等优势，是海洋交通运输业高质量发展的必由之路。根据市场研究和咨询公司Fact.MR发布的《智慧港口市场》报告，2022年智慧港口市场估值达到25亿美元，其中，亚太地区市场份额约为37%，过程自动化细分市场份额约为34%。预计2033年全球智慧港口市场价值将达到160亿美元。

近年来，我国智慧港口建设取得长足进步，已经成为中国港航物流业国际领先的标杆。特别是在2021年和2022年全球供应链面临巨大不确定性的情况下，海外港口持续拥堵，严重影响了装卸效率和船期稳定性，中国港口依托智慧化发展，实现了稳定运营，打赢了疫情防控和生产作业的双重硬仗，引领了全球智慧港口建设的发展进程。作为我国开放程度最高、经济活力最强的区域之一，粤港澳大湾区（以下简称"大湾区"）拥有广州港、东莞港、深圳港、香港港、珠海港等五大沿海港口，港口群规模稳居全球首位。随着RCEP的推进，越来越多的国际航线将粤港澳大湾区与全球联系起来。在数字经济与智慧港口快速推进下，粤港澳大湾区智慧港口建设不仅成为我国智慧港口发展道路上的重要环节，也是关乎全球经济发展脉搏的关键所在。

一、智慧港口建设的国际进展

（一）全球港口运行基本情况

2022年，随着国内外经济持续回暖，全球海运贸易持续缓步复苏。根据

克拉克森海运情报数据，2022 年全球实现海运贸易量 120 亿吨，与 2021 年
基本持平。与海运贸易发展趋势相一致，全球港口生产也呈现出温和的复苏
态势。上海国际航运研究中心和克拉克森海运数据显示，2022 年全球港口
船舶停靠量显著上升（图 4-3-1），全球前 50 名港口吞吐量总体增长 1.3%，
全球前 100 名集装箱港口集装箱吞吐量增长 1.1%，全球港口吞吐量前 10 位中，
中国港口占据 8 个席位（图 4-3-2）。

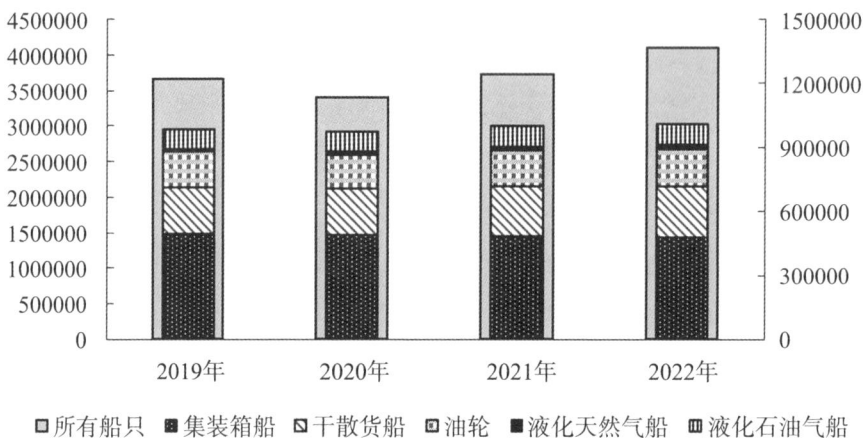

□ 所有船只　■ 集装箱船　▨ 干散货船　▥ 油轮　■ 液化天然气船　▥ 液化石油气船

图 4-3-1　全球港口船舶停靠次数

（数据来源：克拉克森海运情报网）

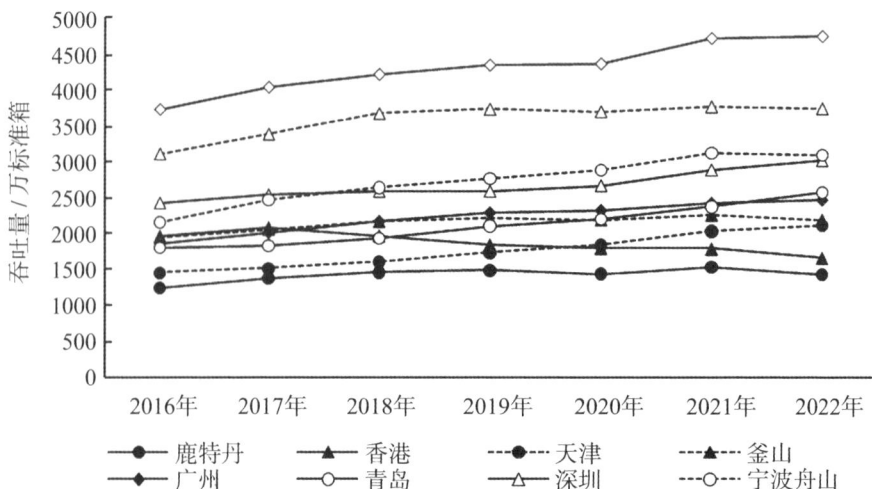

●— 鹿特丹　▲— 香港　●--- 天津　▲--- 釜山
◆— 广州　○— 青岛　△— 深圳　○--- 宁波舟山

图 4-3-2　全球前 10 位集装箱港口吞吐量

（数据来源：克拉克森海运情报网）

全球港口运营环境依然复杂。受通货膨胀、贸易保护主义、地缘冲突等不确定性因素以及洪水、热浪、飓风等极端灾害事件影响，供应链和海上运输受到严重干扰，全球多处港口停产停工，港口拥堵状况更加严重。2022年，全球集装箱港口平均拥堵达880万标准箱，港口拥堵导致全球集装箱船队运力的35%滞留在港口（图4-3-3），平均滞留时间长达14.4小时，远高于疫情前平均等待时间（图4-3-4）。在需求上升、港口拥堵、不确定性加剧等多重因素共同作用下，全球港口整体作业效率亟待改善。

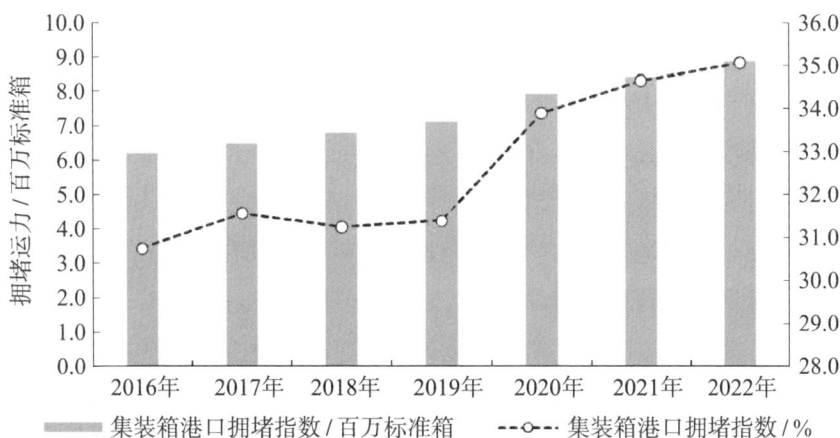

图 4-3-3　全球集装箱船港口拥堵指数
（数据来源：克拉克森海运情报网）

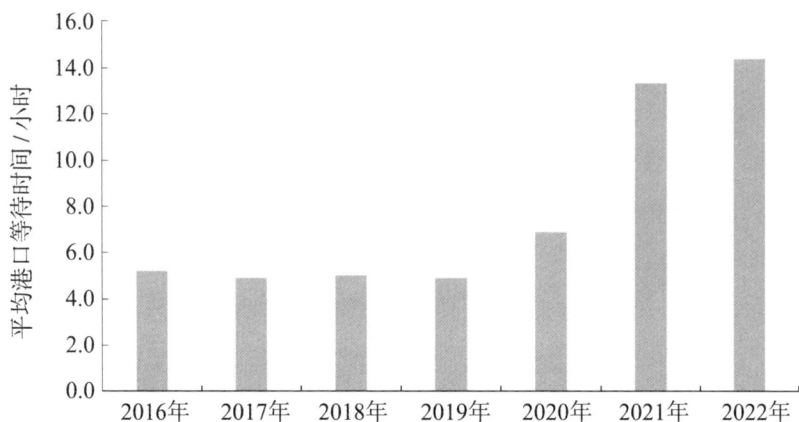

图 4-3-4　全球集装箱船平均港口等待时间
（数据来源：克拉克森海运情报网）

（二）科技赋能港航产业数字化转型快速推进

新一轮数字科技革新和产业变革方兴未艾，全球各港口为提高运行效率，正在积极落实数字港航建设，港航产业数字化升级转型浪潮加速推进。人工智能、物联网、5G通信、区块链、大数据、云计算、数字孪生、虚拟现实、增强现实、仿真计算等数字技术要素在自动化码头、数据平台建设中取得突破（表4-3-1）。自2020年起，新加坡成立PSA Living Lab基金，积极探索数据分析、AI等自动化、智能化技术在港口的应用。2021年，比利时安特卫普港推出的认证提货（CPu）集装箱放行数字化管理系统开始实施；全球航运商业网络（GSBN）正式宣布成立，实现利用区块链技术促进航运业内的信息交换和数字化转型；2022年，GSBN联盟产品拓展至欧洲，并成功在荷兰鹿特丹完成无纸化放货试点。与此同时，中国集装箱码头半自动化、全自动化升级改造加速推进。广州港南沙港四期全自动化码头投入运行后，集装箱年通过能力达到2400万标准箱，位居全球单一港区前列。2023年7月，中国广州港自主研发的集装箱码头操作系统（GZTOS）正式上线，实现了广东省内跨多码头、多作业区、多铁路场站联动，进一步推进了广州港数字化建设进程，为大湾区智慧港口建设奠定了坚实基础。

表 4-3-1 全球主要自动化码头

所在地区	所在国家	所在港区	码头名称	建成年份	所属分类
欧洲	比利时	安特卫普港	安特卫普门码头	2010	半自动化
	德国	汉堡港	CTA码头	2002	全自动化
	荷兰	鹿特丹港	ECT码头	1993	全自动化
			RWG码头	1996	全自动化
			Euromax码头	2010	全自动化
			Maasvlaktell码头	2014	全自动化
	西班牙	阿尔赫西拉斯港	TTI码头	2013	半自动化

（续表）

所在地区	所在国家	所在港区	码头名称	建成年份	所属分类
欧洲		巴塞罗那港	BEST码头	2013	半自动化
	英国	伦敦港	Thamesport码头	1996	半自动化
			伦敦门户码头	2014	全自动化
亚洲	阿联酋	阿布扎比港	哈利法集装箱码头	2012	半自动化
	韩国	釜山港	韩进码头	2008	半自动化
			现代码头	2009	半自动化
			PNQ码头	2009	半自动化
			釜山新集装箱码头	2012	半自动化
	日本	日本川崎港	川崎自动化码头	1996	半自动化
		日本东京港	万海码头	2003	全自动化
		日本名古屋港	TCB码头	2005	全自动化
	新加坡	新加坡港	巴西班让码头	1998	半自动化
	印度尼西亚	泗水港	拉蒙湾码头	2016	半自动化
	中国	深圳港	妈湾港	2021	全自动化
		广州港	广州港南沙港区四期	2022	全自动化
		青岛港	青岛港码头	2017	全自动化
		厦门港	厦门远海码头	2014	全自动化
		日照港	日照港	2021	全自动化

（续表）

所在地区	所在国家	所在港区	码头名称	建成年份	所属分类
亚洲	中国	上海洋山港	上海洋山四期	2017	全自动化
		台湾高雄港	高明码头	2013	半自动化
		台湾台北港	长荣码头	2006	半自动化
			台北货柜码头	2009	半自动化
		天津港	天津港北疆湾区C段	2021	全自动化
		香港港	香港国际货柜码头	1999	半自动化
北美	美国	弗吉尼亚港	弗吉尼亚码头	2007	半自动化
		纽约港	CGCT码头	2014	半自动化
		长滩港	长滩中港码头	2016	全自动化
		洛杉矶港	Trapac码头	2016	全自动化
澳洲	澳大利亚	布鲁斯班港	布里斯班码头	2013	半自动化
			SICTL码头	2014	全自动化
			Patrick码头	2014	全自动化

资料来源：根据前瞻产业研究院相关数据整理。

（三）全球主要港口积极探索智慧港口发展方向

2022 年，北外滩国际航运论坛重点强调了绿色、低碳、智能是全球航运业未来发展的必然方向。近年来，顺应港航发展新趋势，鹿特丹港、汉堡港、新加坡港、上海港等全球主要港口纷纷制定和实施智慧港口建设战略和计划，积极打造智慧、绿色、高效港口（表 4-3-2）。与此同时，韩国釜山港务局于 2021 年启动绿色智慧海港计划。新加坡发布全球出台 2030 年港口发展政策，明确指出智慧港口为首要发展导向。日本的长期港口政策"PORT 2030"中，明确指出要利用人工智慧和物联网来构建智慧港口。美国交通部宣布通过海事局港口基础设施发展计划，为 22 个州和 1 个领地的 41 个港口项目提供 7 亿美元资金，致力于港口数字化创建与改善。中国先后发布《交通强国建设纲要》《"十四五"新型基础设施建设规划》，沿海地区纷纷制订智慧港口建设行动方案，全面探索智慧港口发展方向。

2021 年，亚太港口服务组织（APSN）主办以"发展智慧港口，促进供应链互通互联"的亚太智慧港口发展论坛，指出各方应积极开展智慧港航发展交流合作，共同探索基于数字技术的新能源、智能化、数字化、轻量化港航设施设备。2023 年，新加坡推出全球首个智慧港口计划，系统整合智慧集装箱系统、无人驾驶、自动堆场起重机等技术和相关资讯平台，以促进港口业务更加高效、快速和智慧化。同年，新加坡海事及港务局（MPA）、洛杉矶港（POLA）和长滩港（POLB）签署谅解备忘录（MOU），在新加坡和圣佩德罗湾港口综合体之间建立绿色和数字航运走廊，支持海运业的脱碳并通过数字化提高效率。

表 4-3-2 世界十大智能港口建设计划

港口	概况	计划与举措
鹿特丹港	• 欧洲最大港口	• 应用数字孪生技术实现港口数字复现，对港口设备和操作实时监控
	• 到 2030 年为海上船舶推出岸基电力	• 应用物联网传感器测量水运动、浊度、压力，确保船舶排放的污水经过处理后达到排放标准
		• 向可再生能源和绿色能源转移，实现港口电气化发展
	• 世界上最安全的港口之一，拥有不会向空气中释放汽油蒸汽的行动脱气站	• 数字化运营，可服务自主船舶
		• 社区与港口相结合，提供工作机会

（续表）

港口	概况	计划与举措
汉堡港	• 德国最大港口	• 实施物联网项目跟踪污染，专注于降低噪声污染
	• 欧洲第二大港口	• 实施自主研发的SmartPORT理念和项目
	• 通用港口，可满足所有类型航运	• 安全、实时导航和绿色岸电等智能运营方案已投入使用
	• 为社区提供 30 万个工作岗位	
	• 中国贸易的主要港口	• 在港区布局天气传感器，应用IT系统和通用监视器，以供利益相关者随时查看运作情况
安特卫普港	• 北欧货运量最大的港口	• 围绕可持续性理念规划智慧港口建设
	• 比利时最大的经济引擎	• 建立一个数字港口系统的综合网格
	• 致力于建设欧洲最可持续的港口	• 将员工视为战略中心，创造就业机会将社区与港口联动，港口与社会和环境和谐相处
		• 围绕联合国 2030 年可持续发展目标制订 2030 循环经济计划
新加坡港	• 顶级海洋之都	• 实施面向智慧港口战略项目，计划于 2030 年建成全自动化港口，2040 年建成全球最大的全自动化港口
	• 世界第二繁忙的港口（按吨位）	
	• 转运全球一半原油供给	
	• 世界最繁忙的转运港	• 应用智能控制系统和可持续技术，无人驾驶车辆和自动堆场起重机，提升港口安全和效率
	• 海上丝绸之路的一个节点	
	• 世界最大公有港口	• 实现港口水域数字系统管理；整合港口生活作业空间，提升港口区域观赏价值
	• 连接 123 个国家 600 多个港口	
	• 提供 20 万个工作岗位	• 创造更多就业机会，培养专业技术人才

（续表）

港口	概况	计划与举措
上海港	• 世界最繁忙和最大的集装箱港口 • 特大城市的大型港口 • 由深海港和河港、多种连接端口租船	• 洋山港已实现起重机、卡车、车辆自动化，是世界上最大的自动化集装箱码头 • 使用 5G网络，被认为是技术最先进的港口之一，致力于打造绿色和高科技码头
勒阿佛尔港	• 法国领先的对外贸易港口 • 法国最大港口综合体 • 货物到达法国巴黎和诺曼底的主要通道 • 法国第一个集装箱港口 • 北欧最大港口之一（按吨位）	• 使用智慧数据和工具实现智慧港口运营，致力于基于信息技术和数字技术打造一个智能、互联、高新更能、可持续、协作和创新的港口 • 以信息技术和数字技术赋能智慧港口运营 • 以减少交通流量，打造不拥堵港口为目标 • 致力于通过创新开发城市和工业港口区域一体化的智慧港口城市模式
洛杉矶港	• 北美最大集装箱港口 • 关注维护和改善可持续供应链 • 使用货物操作仪表，实现实时查看操作状态、港口和锚泊船舶，实时货物追踪	• 2020 年，洛杉矶港和IBM在港口建立网络弹性中心的协议达成，将有助于降低货物和信息共享的网络安全问题，使货物流动更加高效和安全 • 与GE达成智慧港口项目，致力于创建一个数字平台，改善港口透明度与运作效率 • 改扩建深航道，以适应所有船舶类型
哥本哈根马尔默港	• 丹麦最大港口 • 波罗的海最大港口之一 • 建设基础设施以服务所有船舶类型 • 兼顾与周边社区的和谐发展	• 所有船舶到达和离开均可在港口网站实时查看 • 使用无人机进行码头检查 • 专注于减少噪音污染、排放、能耗，强调港口和城市的和谐发展 • 改造港区为市民和游客的住宅、商业和休闲区 • 以建成可持续港口，为联合国 2030 年可持续发展目标做出贡献为目标

（续表）

港口	概况	计划与举措
瓦伦西亚港	• 欧洲第五大繁忙的港口 • 西班牙运输量最大的港口 • 提供 1.5 万个工作岗位	• 实施基于区块链技术的智慧港口计划，提供透明物流链服务，提高效率、减少资源浪费 • 以联合国 2030 可持续发展目标为行动原则 • 专注于水污染、噪音污染治理，以及可再生能源的使用
巴塞罗那港	• 欧洲第九大集装箱港口 • 制订 2021—2025 年发展规划 • 设想到 2040 年成为智慧物流枢纽	• 制订 2021—2025 年发展规划，并计划于 2040 年成为智慧物流枢纽 • 应用信息技术，整合技术系统，提供透明的物流服务 • 以智慧港航服务腹地，改善港口与城市关系

资料来源：SINAY海事数据，https://sinay.ai/en/top-10-smart-ports-around-the-world/。

（四）中国引领全球智慧港口建设发展新格局

在全球智慧港口建设浪潮中，中国智慧港口建设虽然起步较晚，但得益于制造业优势与有力的政策指引，我国港口数字化和智能化建设快速成长，引领了全球智慧港口建设进程。2010 年以来，我国智慧港口专利申请数量持续上升，2021 年首次超过美国（图 4-3-5）。截至 2022 年 9 月，中国华为技术有限公司申请智慧港口行业专利数达 326 项，占据全球智慧港口行业专利申请企业榜首（图 4-3-6）。2020 年，山东港口与华为等企业合作成功打造全球首个全顺岸开放式自动化集装箱码头；同时，国能黄骅港务公司建成全球首个拥有智能化装船技术的煤炭散货港口。2021 年，天津建成全球首个"智慧零碳"码头并投入使用，实现了包括自主研发、真正基于AI的

"智能水平运输管理系统";车路协同超 L4 级无人驾驶在港口规模化商用落地;真正意义上"5G+北斗"融合创新的全天候、全工况、全场景泛在智能;绿电自发自用、自给自足,码头运营全过程零碳排放等多个全球首创。同年,深圳蛇口妈湾港开港,实现全球首创全域、全时、全工况、多要素的传统集装箱码头升级整体方案。同年,全球首个真正意义上的专业化干散货全自动码头落地山东港口烟台港。2022 年,中国港口协会发布了《智慧港口等级评价指南集装箱码头》(T/CPHA 9—2022)。基于此评价指南,厦门海润码头、青岛新前海湾集装箱码头于 2023 年分别获评四星级、五星级智慧港口。

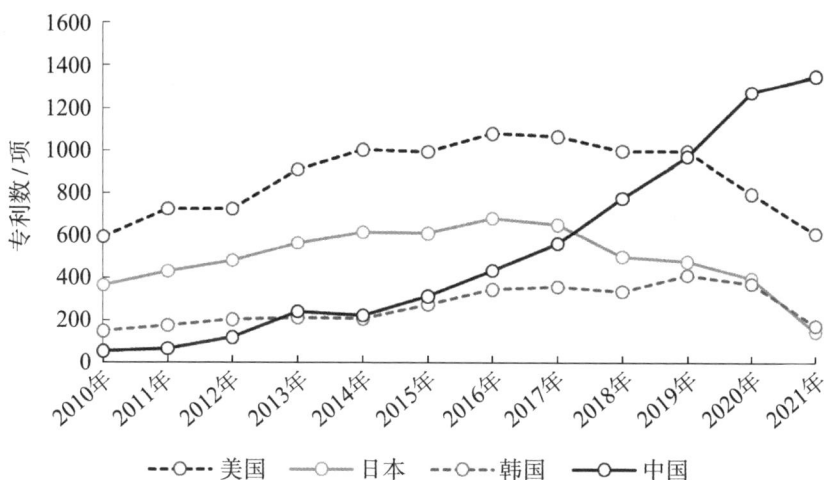

图 4-3-5　全球智慧港口专利申请数量

(数据来源:前瞻产业研究院)

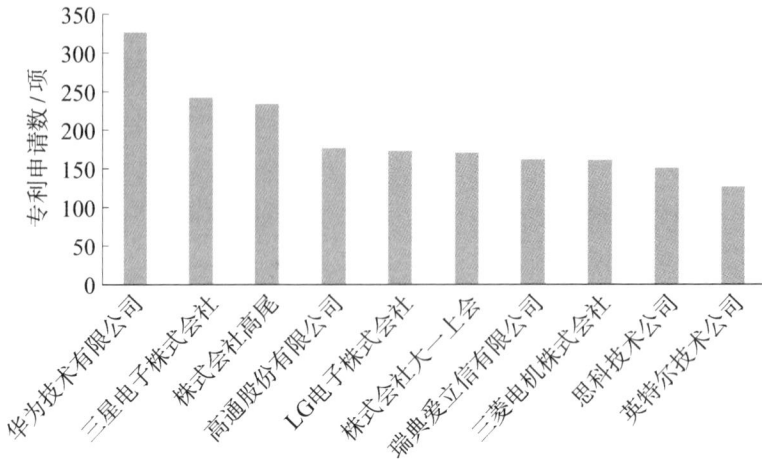

图 4-3-6　2022 年全球智慧港口行业专利申请企业专利申请数量
（数据来源：前瞻产业研究院）

二、中国智慧港口建设的政策和实践

近年来，我国立足融入全球价值链和供应链，制定相关政策，引导建设智慧港口，取得了一系列积极进展，形成了可复制、可推广的实践经验，释放出全球示范效应。

（一）中国智慧港口建设的支持政策

加强顶层设计。2016 年 4 月，交通运输部发布《交通运输信息化"十三五"发展规划》，明确提出了引导推动智慧港口建设的发展方向。同年 7 月，交通运输部发布的《综合运输服务"十三五"发展规划》进一步明确了推动智慧港口示范应用，实现港口服务全流程自动化、智能化，提高港口物流效率和智能化水平的重点任务。2017 年 1 月，交通运输部发布《关于开展智慧港口示范工程的通知》，对我国智慧港口建设的总体要求、工作任务、工作分工、申报和实施、保障措施做出了详细安排。2021 年 9 月，交通运输部发布《交通运输领域新型基础设施建设行动方案（2021—2025 年）》，明确了我国智慧港口建设的未来发展路径。与此同时，交通运输部、国家发展和改革委员会、工业和信息化部等部门相继发布政策文件，将智慧港口建设任务和规划全面融入我国经济发展建设中（表 4-3-3）。

表 4-3-3　国家级层面政策

发布时间	政策名称	发布部门	重点内容
2016 年 4 月	《交通运输信息化"十三五"发展规划》	交通运输部	引导推动智慧港口建设；推进智慧港口示范应用，实现港口服务全流程自动化、智能化，提高港口物流效率和智能化水平
2016 年 7 月	《综合运输服务"十三五"发展规划》	交通运输部	推进智慧港口示范应用，实现港口服务全流程自动化、智能化，提高港口物流效率和智能化水平
2017 年 1 月	《关于开展智慧港口示范工程的通知》	交通运输部	依托信息化，重点在港口智慧物流、危险货物安全管理等方面，选取一批港口开展智慧港口示范工程建设
2017 年 5 月	《深入推进水运供给侧结构性改革行动方案（2017—2020 年）》	交通运输部	开展智慧港口示范工程建设，推进港口物流信息平台、长江航运物流公共信息平台等信息化建设
2018 年 12 月	《国家物流枢纽布局和建设规划》	国家发展改革委、交通运输部	对接国内国际航线和港口集疏运网络，实现水陆联运、水水中转有机衔接
2019 年 7 月	《数字交通发展规划纲要》	交通运输部	布局重要节点的全方位交通感知网络，推动载运工具、作业装备智能化
2019 年 11 月	《关于建设世界一流港口的指导意见》	交通运输部、国家发展改革委、财政部、自然资源部、生态环境部、应急部、海关总署、市场监管总局和国家铁路集团	提出了建设智能化港口系统、加快智慧物流建设等重点任务，到 2025 年，部分沿海集装箱枢纽港初步形成全面感知、泛在互联、港车协同的智能化系统。到 2035 年，集装箱枢纽港基本建成智能化系统
2020 年 5 月	《关于进一步降低物流成本的实施意见》	国家发展改革委、交通运输部	推进新兴技术和智能化设备应用，提高仓储、运输、分拨配送等物流环节的自动化、智慧化水平

（续表）

发布时间	政策名称	发布部门	重点内容
2020 年 8 月	《关于加快天津北方国际航运枢纽建设的意见》	国家发展改革委、交通运输部	以智慧化、绿色化引领发展方向，创新多式联运体系，改善营商服务环境，努力打造布局合理、系统完善、服务高效、港城融合发展的世界一流的智慧港口、绿色港口
2021 年 1 月	《关于服务构建新发展格局的指导意见》	交通运输部	推进交通基础设施数字化建设和改造，积极发展智慧港口等工程，完善标准规范和配套政策
2021 年 2 月	《国家综合立体交通网规划纲要》	中共中央、国务院	提升智慧发展水平。加快提升交通运输科技创新能力，推进交通基础设施数字化、网联化。鼓励物港口等场景广泛应用物联网、自动化等技术，推广应用自动化立体仓库、引导运输车、智能输送分拣和装卸设备
2021 年 9 月	《交通运输领域新型基础设施建设行动方案（2021—2025 年）》	交通运输部	推进厦门港、宁波舟山港、大连港等既有集装箱码头的智能级，建设天津港、苏州港、北部湾港等新一代自动化码头，加快港站智能调度、设备远程操控等应用，实现平面运输拖车无人化。建设港口智慧物流服务平台，加强港口危险品智能监测预警。推进武汉港阳逻铁水联运码头建设，应用智能闸口、智能理货、智能堆场、智能调度系统，探索内河传统集装箱码头自动化改造经验
2021 年 10 月	《数字交通"十四五"发展规划》	交通运输部	推进新型自动化集装箱码头建设和大宗干散货码头无人化系统建设，加快港站智能调度、设备远程操控等综合应用。建设港口智慧物流服务平台，推动物流作业在线协同。加强港口危险品智能监测预警

（续表）

发布时间	政策名称	发布部门	重点内容
2022 年 1 月	《推进多式联运发展优化调整运输结构工作方案（2021—2025 年）》	国务院办公厅	加快港口物流枢纽建设，完善港口多式联运、便捷通关等服务功能，加快推动铁路直通主要港口的规模化港区，支持港口城市结合城区老码头改造，发展生活物资水陆联运。鼓励港口企业与铁路、航运等企业加强合作，统筹布局集装箱还箱点，支持重点港口、集疏港铁路和公路等建设项目用海及岸线需求
2022 年 1 月	《水运"十四五"发展规划》	交通运输部	继续加快智慧港口和数字航道建设，聚焦智能生产运营，提升港口码头智能化水平，加强智慧港口等领域标准建设
2022 年 2 月	《关于大力推进海运业高质量发展的指导意见》	交通运输部、发展改革委、工业和信息化部、财政部、商务部、海关总署、税务总局	构建产学研用协同创新平台，建立健全智能航运法规标准体系，加快构建智能航运服务和安全监管、航海保障的示范环境，形成智能航运发展的基础环境，突破一批制约智能航运发展的关键技术
2022 年 3 月	《"十四五"现代综合交通运输体系发展规划》	国家发展改革委	推进大连港、天津港、青岛港、上海港、宁波舟山港、厦门港、深圳港、广州港等港口既有集装箱码头智能化改造。建设天津北疆C段、深圳海星、广州南沙四期、钦州等新一代自动化码头。在"洋山港区—东海大桥—临港物流园区"开展集疏运自动驾驶试点
2022 年 8 月	《关于加快场景创新以人工智能高水平应用促进经济高质量发展的指导意见》	科技部、教育部、工业和信息化部、交通运输部、农业农村部、国家卫生健康委	围绕高端高效智能经济培育打造重大场景，在交通治理领域探索智慧港口、智慧航道等场景，围绕国家重大活动和重大工程打造重大场景，提升重大工程建设效率

资料来源：根据相关政策文件整理得出。

指引港口智能化升级。2017 年，为指导我国港口智能化改造升级，交通运输部按照《关于开展智慧港口示范工程的通知》相关要求，确定了 10 个省（区、市）的智慧港口工程项目（表 4-3-4），形成了探路先行、示范领航的智慧港口建设模式。2022 年 3 月，国家发展和改革委员会发布《"十四五"现代综合交通运输体系发展规划》，强调推进大连港、天津港、青岛港、上海港、宁波舟山港、厦门港、深圳港、广州港等港口既有集装箱码头智能化改造；建设天津北疆C段、深圳海星、广州南沙四期、钦州等新一代自动化码头。在"洋山港区—东海大桥—临港物流园区"开展集疏运自动驾驶试点。与此同时，我国各沿海地区根据自身情况，相继制定了相应的智慧港口政策，并将智慧港口建设规划纳入地方经济发展规划与海洋经济发展规划。例如，2021 年浙江省发布《关于加快推进离岸国际贸易发展的实施意见》，强调健全智慧港口和仓储物流基础设施；山东《关于印发数字威海建设行动计划（2022—2024 年）的通知》要求加快智慧港口建设，推进威海港 5G 网络建设和应用，建设自动化码头和集装箱自动化堆场，探索智能导引、精确停车、集装箱自动装卸等无人化作业。2022 年江苏省发布《关于加快推进数字经济发展的实施意见》，推动运河宿迁港智慧港口、宿连智慧航道等建设工程落地；广东省印发《广州市数字经济促进条例》，强调市人民政府及有关部门应当推动建设智能空港、智能港口、数字航道、智能轨道、智能车站等智能交通基础设施。我国智慧港口建设顶层设计有序下沉，实现了对智慧港口建设的精细化指引。

表 4-3-4 智慧港口示范工程名单

所在地区	具体项目	实施单位
辽宁省	大连港"壹港通"智慧物流跨界服务大平台示范工程	大连港集团有限公司
河北省	京津冀协同下的"一键通"大宗干散货智慧物流示范工程	河北港口集团有限公司
	港口企业危险货物智能化安全管理示范工程	唐山港集团股份有限公司

（续表）

所在地区	具体项目	实施单位
天津市	京津冀港口智慧物流协同平台示范工程	天津港（集团）有限公司
山东省	港口物流电商云服务平台示范工程	青岛港国际股份有限公司
江苏省	海江河全覆盖的港口安全监管信息平台示范工程	江苏省交通运输厅港口局
	江海联运一体化全程物流供应链港口智慧物流示范工程	南京港（集团）有限公司
上海市	基于港口网络的江海联运智慧物流示范工程	上海国际港务（集团）股份有限公司
浙江省	港口企业危险货物标准化程序化智能化管理示范工程	宁波舟山港股份有限公司
福建省	厦门国际航运中心港口智慧物流平台示范工程	厦门港务控股集团有限公司
	省级港口危险货物安全监管综合服务平台示范工程	福建省港航管理局
广东省	互联网+港口物流智能服务示范工程	广州港集团有限公司
安徽省	面向内河中小港口多式联运智慧物流平台示范工程	安徽皖江物流（集团）股份有限公司

资料来源：中华人民共和国交通运输部，https://xxgk.mot.gov.cn/2020/jigou/syj/202006/t20200623_3313889.html。

（二）智慧港口建设的中国实践

自我国提出智慧港口建设目标以来，各大港口都积极贯彻落实相关行动。天津港、深圳妈湾港、上海洋山港、烟台港、青岛港等率先启动智慧港口建设，积极探索利用信息化技术，在运输、装卸、仓储等重要作业环节进行设施设备和管理规划的智慧化升级，现已取得显著建设成效，引领了全球智慧港口建设的发展进程（表4-3-5）。

表 4-3-5 中国主要智慧港口建设情况

港口	技术特色	建设历程	建设成效
天津港	全球首个"智慧零碳"码头,全球首个基于平行岸线边装卸工艺的智能水平运输系统,行业首台L4级智能化水平运输设备	2021 年 10 月 17 日,天津港北疆港区C段智能化集装箱码头正式投产运营。2022 年 10 月 13 日完成 100 万标准箱作业的全球自动化集装箱码头用时最短纪录	单桥作业效率提升40%以上,外集卡平均滞场时间压缩至 8.6 分钟;设备平均综合单耗下降30%以上
深圳妈湾港	集成招商芯、招商ePort、人工智能、5G 应用、北斗系统、自动化、智慧口岸、区块链、绿色低碳共九大智慧元素。目前全国最大的"5G+自动驾驶应用示范"港区。拥有全国单一码头最大规模无人集卡车队、全球首个具备实际作业能力的5G智慧港口水平运输场景	2014 年智能远控调度管理系统在妈湾上线。2020 年提出自动化和智能化智慧码头完整解决方案。2021 年 11 月 14 日,深圳蛇口妈湾港正式开港	测算表明,升级完成后,妈湾智慧港现场作业人员减少80%,综合作业效率提升 30%,安全隐患减少 50%
上海洋山港	全国首个实现"5G+智能驾驶"的智慧港口	2014 年 12 月开工建设。2017 年 12 月开港试生产,是全球最大的单体全自动化码头,也是全球综合自动化程度最高的码头。2021 年突破 570 万标准箱,已基本实现码头设计年通过能力	码头生产效率是传统码头的 213%,自动化码头的装卸效率提高了近 30%,人力成本节约了接近 70%,双箱单关作业时间较单箱作业节省 41%,昼夜吞吐量最高达 25488标准箱
烟台港	全球首创卸船机自动化控制系统、装车机自动化控制系统、四种物料自动混配工艺、清舱设备远程控制系统、真正意义上的自动化装船控制系统	2021 年 12 月 22 日,山东港口烟台港"全系统、全流程、全自动"全球首创干散货专业化码头控制技术正式发布,标志着全球首个真正意义上的专业化干散货全自动码头落地山东港口烟台港	码头综合作业效率提升 8%,船舶平均在港停时压缩6%,港区操作司机缩减 30%以上

（续表）

港口	技术特色	建设历程	建设成效
青岛港	全球首个"氢+5G"智慧生态港，是全球燃料电池首次在港口"轨道吊"实现应用	2013年10月立项。2017年5月11日，青岛港全自动化集装箱码头一期工程投入商业运营。2019年11月284日全自动化码头（二期）投产运营	一期工程的作业效率提升30%，人工减少80%，自动化程度超过鹿特丹港等世界级港口。集装箱设备自动化率达到41%，集装箱集疏运实现智能化调度，车辆空驶率降低15%，2023年1月1日，船时效率达到226自然箱/小时

资料来源：根据公开报道资料整理得出。

　　前沿信息技术广泛应用。各大港口积极探索5G、人工智能、云计算、大数据技术等信息技术的创新和应用，以技术为引领开展智慧港口建设。天津港引入"5G+智慧港口"技术，建成全球首个"智慧零碳"码头，其实时数据传输能力实现了实时了解和控制港口所有作业操作，大大提供了港口作业效率。单桥作业效率提升40%以上，外集卡平均滞场时间压缩至8.6分钟；设备平均综合单耗下降30%以上。2021年，天津港北疆港区C段智能化集装箱码头正式运营。2022年10月13日完成100万标准箱作业的全球自动化集装箱码头用时最短纪录。深圳妈湾港集成了招商芯、招商ePort、人工智能、5G、区块链、北斗系统等多种先进技术，实现了行业领先的自动驾驶和智能运输。其中，妈湾港自主研发的招商芯操作系统，打破了此前国外软件码头生产管理系统一支独大的局面，实现我国港口系统突破，在国内外码头成功推广应用。目前，妈湾港有38台5G+自动驾驶集卡，全部采用单车无人自动驾驶操作，是全国最大的"5G+自动驾驶应用示范"港区，同时拥有全国单一码头最大规模无人集卡车队、全球首个具备实际作业能力的5G智慧港口水平运输场景。这些前沿信息技术的创新和应用不仅提高了港口的作业效率，其更为精确及时的大数据支持显著提高了港口信息传输处理速度和质量，为港口作业质量提供了保障。

智慧化港口综合运营管理和规划。港口业务智慧化转型快速推进，智能化港口业务模式不断创新。2019 年，青岛港与多家技术公司合作，建成全球首个"氢+5G"智慧生态港，实现了全球燃料电池首次在港口"轨道吊"应用，自动化程度超过鹿特丹港等世界级港口。2023 年 1 月 1 日，船时效率达到 226 自然箱/小时。2021 年，山东港口烟台港正式发布"全系统、全流程、全自动"全球首创干散货专业化码头控制技术，成为全球首个真正意义上的专业化干散货全自动码头，成功实现了 5 项前沿技术的全球首创应用。与此同时，香港港正在积极探索建立一个数字化港口社区系统，以促进码头运营商等利益相关者的信息互联互通，巩固香港的国际航运中心地位。

三、粤港澳大湾区智慧港口建设存在的问题

（一）湾区内各港口自成体系，港口群协同效应尚待挖掘

粤港澳大湾区拥有广州港、东莞港、深圳港、香港港、珠海港等五大沿海港口，港口群规模稳居全球首位。然而，由于大湾区独有的"一个国家、两种制度、三个关税区、三种货币"格局，大湾区内港口所有权存在较大差异，如和记黄埔港由私营企业和黄集团控股，而深圳蛇口集装箱码头、赤湾集装箱码头则由国有企业招商局港口控股运营。不同性质的港口运营商因其利益目标不一致，难以在智慧港口建设方面达成一致性目标与合作，导致各港口的智慧港口建设行动自成体系，港口群协同效应尚未得到充分发挥。目前，部分港口如深圳港和广州港已着手智慧港口的建设，其中深圳妈湾智慧港和广州南沙港的总投资分别约为 43.7 亿元和 70 亿元。两者均以自主研发为主，各自推进，未能达成有效协同合作。一方面，大湾区内各港口地理位置、经济发展水平、贸易模式、运输方式等因素的差异，导致它们在智慧港

口建设的需求和目标上存在差异。例如，深圳妈湾智慧港致力于从传统码头升级到"5G+港口"，香港智慧码头则致力于建立一个数字化港口社区系统，促进码头营运商及其他利益相关者间的信息互联互通，进一步提升港口效率。另一方面，智慧港口建设涉及多个技术领域和系统，供应商为了抢占市场而产生的恶性无序竞争，将使得智慧港口设备和标准的口径不一致，可能造成各港口因设备和标准对接困难而无法合作。这导致了大湾区内智慧港口建设存在重复和浪费，港口之间在智慧建设上的功能分工和职能划分尚不明确，阻碍了大湾区内信息共享和协同作业，导致港口协同效应无法发挥，整体竞争力难以进一步提升。

（二）政策激励难以落地，实质性金融支持有待强化

粤港澳大湾区智慧港口建设是我国近年来交通运输现代化的重要一环。自"九五"规划提出集中建设大型港口以来，我国连续多个五年规划均对大湾区建设进行了强调和明确。"十四五"规划提出了加快建设世界级港口群的远景目标，为我国智慧港口建设的发展方向给予了明确的政策指引。2020年8月6日《关于推动交通运输领域新型基础设施建设的指导意见》出台后，深圳、广州等相继出台相关政策激励措施（表4-3-6），进一步为智慧港口发展的技术和平台建设指明了方向。尽管政府在政策层面对智慧港口的支持力度不断加大，但在实际执行中往往难以落地。一方面，目前智慧港口建设的相关支持政策多在理念层面上明确了智慧港口的发展方向和发展目标，但具体的执行方案和金融支持措施相对匮乏，导致智慧港口建设缺乏切实的要素支持，特别是实质性金融支持不足，成为大湾区智慧后港口建设的一大阻碍。另一方面，智慧港口建设是一项需要多部门协同合作的系统性工程。大湾区内深圳、广州、香港等地区相继颁布实施多项智慧港口建设引导政策，但能够兼顾服务地区之间、部门之间协同发展的具体政策和措施不足，使得地区之间、各部门之间在智慧港口建设方面的合作不够紧密，进一步加剧了大湾区港口群协同效应，约束了大湾区智慧港口建设进程。

表 4-3-6   粤港澳大湾区智慧港口建设相关政策激励措施

时间	政策名称	主体	政策要点
2020 年 6 月 28 日	《关于珠江水运助力粤港澳大湾区建设的实施意见》	交通运输部办公厅、广东省人民政府办公厅、广西壮族自治区人民政府办公厅、贵州省人民政府办公厅、云南省人民政府办公厅	推进粤港澳智慧港口、智慧航道、智能船舶和智慧海事建设
2022 年 1 月 31 日	《深圳市综合交通"十四五"规划》	深圳市人民政府	建设港口公共数据平台。依托城市大数据中心建设深圳港主题数据库。按照统筹协调、数据驱动、安全可控、多方参与的原则，推动深圳港公共数据平台建设，实现港口公共信息互联共享，提升智慧港口运营水平
2023 年 4 月 20 日	《广州市港务局关于进一步促进广州智慧港口建设发展的意见》	广州市港务局	推进港口管理体系现代化、推动港口运营体系智慧化、推动港口信息技术泛在化、推动港口服务体系智慧化

资料来源：根据相关政策文件整理得出。

（三）数据信息交互效率不高，信息安全隐患问题严峻

筑牢一个高效、安全、可靠的数字化底座是智慧港口竞争和发展的重要砝码。大湾区智慧港口建设推进过程中，面临着严峻的数据信息交互效率和安全隐患问题。一方面，我国许多港口已在推动电子化流程，如上海港、天津港和青岛港已实现主要业务单证电子化运转，但在跨业务、跨组织的全面数据信息交互共享上，效率仍然不高，各部门之间的协同合作仍存在困难。尤其是在全程物流信息共享和业务协同方面，随着供应链、物流链的不断延长，港口数字化转型涉及的业务单位及监管单位众多，港口业务的智慧化推进过程复杂、信息共享困难，端到端的全程可视化信息服务仍有大量改进和发展空间。另一方面，智慧港口建设对人工智能、物联网、云计算等信息技

术的高度依赖，带来了更高的信息安全风险。例如，赫鲁港的网络攻击事件暴露了港口信息系统所存在的严重安全风险。未来的港口信息安全管理需要构建更加可靠、标准化的数据安全保护手段，增强安全标准体系和技术体系，以确保信息流转的安全和可靠，进一步提升大湾区整个港口供应链的效率和协同性。

（四）高技术应用面临挑战，专业化技术人才需求迫切

数字化、智能化转型是智慧港口建设的核心，其对人工智能、物联网、云计算等高技术高度依赖，需要大量专业化技术人才。在高技术应用方面，大湾区智慧港口转型虽然得到 5G、物联网、大数据、人工智能等新一代信息技术的支持，但目前仍面临如厘米级精准停位、大型设备识别与交互、金属对无线信号传输干扰等技术难题。随着信息技术的快速迭代，硬件技术革新可能会造成大量港航设备淘汰，如 5G 到 6G 的过渡、人工智能设备的更迭。如何有效地利用现有设备对接应用更新的高技术、管理被淘汰设备，最大限度地减少浪费，成为大湾区智慧港口迭代发展的必要环节。与此同时，人才与技术的错配问题日益突出。随着智慧港口建设的推进，大湾区内各港口的人力资源需求也在随着数字化和智能化业务模式的演变而发生改变，出现普通工人过剩、专业化人才不足的局面，港口内部人才结构走向失衡。未来是否能应对可能的危机和挑战成为大湾区智慧港口建设中不容忽视的挑战。专业化技术人才储备和青年技术人才培养成为亟待解决。

四、粤港澳大湾区智慧港口建设的路径建议

（一）凝聚多方共识，构建大湾区智慧港口协同发展机制

凝聚大湾区多方共识，统筹推进大湾区港航资源整合，构建大湾区智慧港口协同发展机制，深挖大湾区智慧港口群协同效应。一是从中央层面出台

大湾区智慧港口发展专项规划，明确大湾区智慧港口协同建设的顶层设计，为大湾区内各港口的协同发展提供明确指引。二是以服务海洋强国、交通强国、航运强国为导向，以提升大湾区综合竞争力为目标，结合大湾区和广东省的发展规划，更新大湾区沿海港口布局规划，并明确大湾区内各港口功能定位。基于此出台大湾区内港航资源整合方案，引导港口企业通过市场化运作推进大湾区资源整合。三是动员港口协会等行业组织力量，建立大湾区智慧港口联盟，通过联席会议制议事模式突破大湾区内不同所有权港口间的合作壁垒，尽可能化解大湾区"一个国家、两种制度、三个关税区、三种货币"独特格局所造成的不便，促进大湾区内各港口智慧港口建设合作不断深入，协同推进大湾区智慧港口协同发展。

（二）着眼落地落实，优化大湾区智慧港口发展政策支持体系

锚定大湾区智慧港口建设底图，多方探索，多管齐下，进一步优化完善大湾区智慧港口建设的相关政策，形成一套周全、能够落地落实落细的政策支持体系。一是支持引导大湾区各政府部门、港口协会联合开展智慧港口技术标准和规范的研究、制定和推广，统一智慧港口建设标准，便利大湾区内各智慧港口设备对接和业务融合。充分发挥政府协调职能，促进大湾区内各地区、各部门行动，包括加强与海关、检验检疫、海事管理等部门的合作，加快推动"贸易单一窗口"落实，以智慧化促进港口贸易便利化发展。二是根据大湾区内智慧港口建设需求引导要素流向，特别是注重引导资金、技术向大湾区内各港口的定向倾斜，深入推进大湾区智慧港口示范项目试点，如通过5G应用、码头智能化、智慧物流等新技术项目的切入点争取国家相关专项资金支持。三是强化宣传解读，逐项制定落实措施，编印解读手册，第一时间向社会公开，便于大湾区各港口申报使用，放大政策支持效应；强化精准服务，充分利用港口协会等行业组织力量，用好线上线下参与渠道，积极下沉到大湾区内各港口企业、项目一线进行引导，充分确保对大湾区智慧港口建设的政策支持实效。

（三）强化共建共享，打造有机融合的大湾区智慧港口群

凝聚大湾区港口合作发展意识，强化各港口智慧化升级联合创新与应用，携手打造有机融合的大湾区智慧港口群。一是建立统一的港航数据标准，打破数据信息互联共享壁垒，便利港航大数据在大湾区内不同地区之间的互联互通。二是建立大湾区智慧港口合作创新平台，港澳科研机构和人员共享重大科研设施和前沿信息，进一步简化相关设备、物资等科研要素的跨境通关手续，便利科研要素的便捷流动。三是引导大湾区内各港口城市合作建立港航信息联盟，搭建一个大湾区智慧港口公共信息平台，依托平台整合以港口为核心的港航物流供应链、港口投资建设、港口经济发展等多维度数据信息资源，联合打造大湾区智慧港航大数据中心和数据信息共享枢纽，促进港航数据信息的协同共享。着力推动资金、人才、信息、物资等各类科技创新要素跨境便捷流动和高效衔接，助力智慧港口高技术应用难题的联合攻关，为大湾区智慧港口群建设夯实基座。

（四）完善专业人才引进和培养体系，培养复合型高端航运人才

人才是推动智慧港口发展的内生力量，也是连接港口与外部世界的桥梁。港口应积极引进熟悉这些先进技术并具备港口业务处理能力的技术人才，以提高港口的效率和现代化水平。在管理层面，大湾区各港口需要积极引进具备国际视野、熟悉跨区域跨文化背景的管理型人才。这类人才将有助于港口与全球不同地区的合作与交流，进一步提升港口的全球竞争力。在决策层面，大湾区智慧港口建设需要引入具备行业前瞻性预判能力、广博国际化视野的顶尖人才，协助港口规划长期战略，引领港口的国际化和智慧化发展方向。人才培养方面，大湾区港口应加强与区域内和周边科研院校合作，优化人才培养模式。通过推动学科交叉融合创新，开展校企合作，搭建模拟仿真教学系统等方式，为港口培养具备双专业能力的人才。同时，智慧港口的外部生态也不可忽视。企事业单位、高校、科研院所、科技公司等应共同

参与，联合培养高端航运人才，并向科技创新持续投资，形成一个支撑智慧港口发展的强大生态，为建设高质量智慧港口提供优质、高效、绿色的解决方案。

执笔人：薛岳梅（中国海洋大学）

刘明政（香港理工大学）

黎基雄（香港理工大学）

黄咏恩（香港理工大学）

荣增瑞（中国海洋大学）

4
海洋新兴产业集聚效应评估分析

摘要： 产业集聚在提升海洋产业竞争力，促进海洋经济高质量发展中发挥着重要的作用。本文基于区位熵定量评估沿海地区海洋新兴产业、海洋药物和生物制品业、海洋电力业、海水淡化与综合利用业产业集聚状况。研究发现沿海各地区产业集聚度呈现明显差异性，海洋新兴产业集聚度较好的主要是浙江、山东、辽宁三省；海洋药物和生物制品业集聚度较好的主要是浙江、山东、福建三省；海洋电力业集聚度较好的是山东、辽宁、江苏、福建；海水淡化与综合利用业集聚度较好的是辽宁、天津、浙江、广东、海南和山东。

关键词： 产业集聚；区位熵；海洋新兴产业；沿海地区

一、引言

在经济全球化和区域经济一体化不断深入的情况下，产业集聚现象开始出现，其在经济发展中的作用日益显现，引起了学者们的广泛关注。产业集聚作为一种重要的产业空间组织形式和突出的经济现象，是一种提升全要素生产率的有效路径，同时也能够有效地提高产业竞争力，对世界各国的经济发展起着重要的作用。集聚的中心往往代表着创新和增长的中心，在生产要素及资源不断汇集的过程中逐渐对经济产生重要的影响。目前，全球不同国家形成了许多有代表性的产业集聚区，如美国硅谷工业区、新加坡裕廊工业区、日本的丰田城。这些产业集聚园区的蓬勃发展与经济增长紧密联系在一起，对于提高一个国家的综合实力和人民生活水平的重要性也是不言而喻的。但逆全球化趋势加剧，影响到全球产业链的重构。一方面科技革命、产业革命加速发展，全球产业链将在中长期呈现知识化、数字化和资本化趋势。另一方面，全球分工协作冲击下，未来全球产业分工将从产品内分工为主转向集群分工为主，全球供应链经济效应的下降将逐渐被区域供应链取代，即产业集群的区域属性也将进一步增强。

随着我国经济发展步入"由高速增长转向高质量发展"的新阶段，海洋经济的增长速度开始呈现出放缓趋势，同时海洋经济发展不平衡、不协调、不可持续的矛盾日益突出，我国的海洋经济发展已经进入"由规模速度型向质量效益型转变"的关键时期。海洋产业是海洋经济发展的依托，海洋产业的快速持续发展直接关系地区、国家海洋经济发展战略的实现。实现海洋产业的有效集聚是实现海洋产业健康发展、海洋经济高质量发展的重要途径。海洋产业集聚作为海洋产业发展的重要表现形式，通过企业聚合、内生性创新、溢出效应等作用最大限度地发挥产业关联和协作效应，形成了产业集聚规模优势、扩张优势和成本优势等竞争优势，不仅是产业内资源的集聚，同时还能带动其他产业的发展，进而带动其所在区域经济呈现良性循环、可持续、高质量发展。相应地，这些产业和资源的进一步集聚也会增强海洋产业的总体竞争力，从而促进海洋经济的发展。在逆全球化倾向有所抬头的背景下，为应对全球化和供应链的调整，亟须对海洋产业链布局、海洋产业集聚发展展开深入的理论与实践研究。

海洋新兴产业作为海洋经济发展的重要组成部分，已逐步成为我国海洋产业发展的新经济增长点。海洋新兴产业集聚对于提高海洋产业要素配置效率，推进海洋经济高质量发展具有重要的意义。本研究以我国 11 个沿海地区为研究对象，采用区位熵指数法对 2018—2022 年海洋新兴产业、海洋药物和生物制品业、海洋电力业、海水利用业产业集聚度进行定量测算，用以探讨我国海洋新兴产业集聚特征，为推进我国海洋药物和生物制品业、海洋电力业和海水利用业发展主要聚集区更高质量发展提供基础支撑。

二、研究方法

区位熵指数方法具有原始数据资料获取较为便利、计算与操作较为简便、测度结果具有可靠性和直观性等优点，是目前普遍采用的测度产业集聚程度的方法。本研究按照可行性与合理性原则，结合数据的可获取性，选择使用区位熵指数法对 2018—2022 年 11 个沿海地区海洋新兴产业集聚程度进行测度。

三、海洋新兴产业集聚水平结果分析

1.海洋新兴产业集聚水平测度分析

整体上看，我国沿海地区海洋新兴产业集聚程度差异明显，除浙江、山东、辽宁外，大部分省份海洋新兴产业集聚度较低（表 4-4-1）。

根据沿海地区海洋新兴产业聚集水平的均值发现（表 4-4-1），浙江区位熵最高，达 2.50，海洋新兴产业聚集优势突出，地方专业化生产和规模优势明显；山东、辽宁两省区位熵为 1~2，海洋新兴产业聚集度较高，专业化生产能力较好；福建、广东、江苏、天津、海南区位熵为 0.5~1，海洋新兴产业集聚度一般，其中福建产业集聚度相对较好，区位熵接近 1；河北、广西、上海区位熵均小于 0.5，海洋新兴产业集聚度均较低，专业化程度较弱。

表 4-4-1 2018—2022 年沿海地区海洋新兴产业集聚水平状况

年份	辽宁	河北	天津	山东	江苏	地区上海	浙江	福建	广东	广西	海南
2018	1.06	0.41	0.81	1.84	0.51	0.13	2.71	0.83	0.66	0.21	0.63

（续表）

年份	辽宁	河北	天津	山东	江苏	地区 上海	浙江	福建	广东	广西	海南
2019	1.05	0.38	0.75	1.83	0.57	0.11	2.62	0.91	0.66	0.24	0.48
2020	1.21	0.39	0.41	1.75	0.61	0.09	2.47	0.97	0.73	0.28	0.56
2021	1.24	0.41	0.40	1.72	0.63	0.10	2.35	1.14	0.71	0.30	0.44
2022	1.26	0.39	0.39	1.70	0.65	0.10	2.34	1.02	0.74	0.34	0.44
均值	1.17	0.39	0.55	1.77	0.59	0.11	2.50	0.98	0.70	0.27	0.51

近五年我国各沿海地区海洋新兴产业集聚水平各具特点（图4-4-1）。其中，辽宁、江苏、福建、广东、广西海洋新兴产业集聚度逐年提高，本地专业化程度得到不断提升，产业集聚规模不断扩大。浙江、山东、天津的海洋新兴产业集聚度逐年有所下降，海南总体呈现波动向下态势，河北、上海两地海洋新兴产业集聚度略有波动总体平稳。

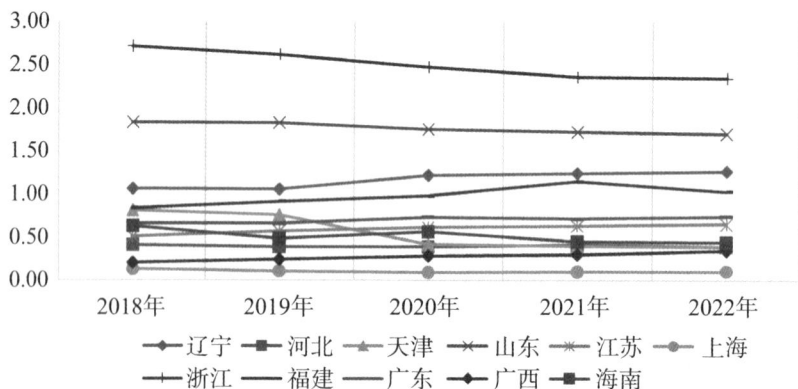

图4-4-1　2018—2022年沿海地区海洋新兴产业集聚水平变化趋势图

2.海洋药物和生物制品产业集聚水平测度分析

从2022年海洋药物和生物制品产业区位熵来看，浙江、山东、福建是我国海洋药物和生物制品产业主要集聚区域（表4-4-2）。

根据沿海地区海洋药物和生物制品产业聚集水平的均值发现（表4-4-2），浙江海洋药物和生物制品产业聚集度最高，区位熵达到3.86，规模优势明显；

山东、福建两省区位熵为 1~2，海洋药物和生物制品产业聚集度较好，专业化程度较高；江苏区位熵为 0.5~1，海洋药物和生物制品产业集聚度一般，专业化程度一般；广东、辽宁、广西、河北、海南、上海、天津的区位熵均小于 0.5，海洋药物和生物制品产业集聚度均较低，专业化和规模化水平较低。

表 4-4-2　2018—2022 年沿海地区海洋药物和生物制品产业集聚水平状况

年份	辽宁	河北	天津	山东	江苏	地区 上海	浙江	福建	广东	广西	海南
2018	0.14	0.15	0.00	1.85	0.49	0.07	4.08	0.69	0.40	0.10	0.17
2019	0.22	0.11	0.01	1.78	0.51	0.07	3.96	0.90	0.40	0.17	0.16
2020	0.15	0.12	0.01	1.71	0.55	0.04	3.85	1.01	0.43	0.19	0.09
2021	0.17	0.12	0.01	1.69	0.51	0.04	3.72	1.32	0.41	0.17	0.05
2022	0.20	0.13	0.01	1.69	0.53	0.03	3.72	1.11	0.45	0.19	0.06
均值	0.18	0.13	0.01	1.74	0.52	0.05	3.86	1.01	0.42	0.16	0.11

近五年我国海洋药物和生物制品业主要集聚分布在浙江、山东、福建三省，其他个别省份整体呈现向好发展态势（图 4-4-2）。2018—2022 年，浙江、山东两省海洋药物和生物制品产业集聚水平呈现微幅下降的态势，福建、江苏、广东海洋药物和生物制品产业集聚度则逐年有所提高，本地专业化程度不断提升，产业集聚规模不断扩大。

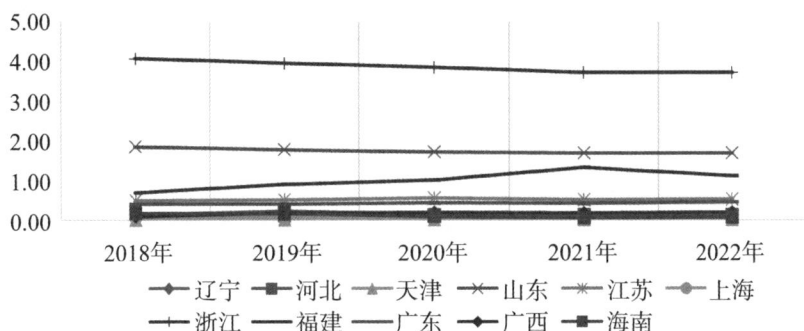

图 4-4-2　2018—2022 年沿海地区海洋药物和生物制品产业集聚水平变化趋势图

3. 海洋电力产业集聚水平测度分析

从 2022 年海洋电力产业区位熵来看,山东、辽宁、江苏、福建是我国海洋电力产业发展主要集聚区域(表 4-4-3)。

根据沿海地区海洋电力产业聚集水平的均值发现(表 4-4-3),山东、辽宁两省区位熵均高于 2,该两省海洋电力产业聚集度高,地方专业化生产优势明显;江苏、福建两省区位熵为 1~2,海洋电力产业聚集水平较好,规模化生产能力较强;海南、广东、天津、河北区位熵为 0.5~1,海洋电力产业集聚水平一般;上海、浙江、广西区位熵均小于 0.5,海洋电力产业集聚度均较低,专业化程度偏弱。

表 4-4-3 2018—2022 年沿海地区海洋电力产业集聚水平状况

年份	辽宁	河北	天津	山东	江苏	地区上海	浙江	福建	广东	广西	海南
2018	2.13	0.53	0.61	2.98	0.97	0.30	0.26	1.04	0.48	0.13	1.06
2019	2.19	0.56	0.59	2.82	1.09	0.27	0.25	1.04	0.49	0.20	0.94
2020	2.24	0.54	0.61	2.73	1.12	0.25	0.24	1.06	0.51	0.28	0.86
2021	2.22	0.47	0.54	2.36	1.19	0.28	0.29	1.06	0.67	0.42	0.66
2022	2.10	0.40	0.48	2.18	1.16	0.30	0.35	1.03	0.81	0.53	0.55
均值	2.18	0.50	0.57	2.61	1.10	0.28	0.28	1.04	0.59	0.31	0.81

近五年沿海各省份海洋电力产业集聚情况特征各异(图 4-4-3)。山东、海南、河北三省海洋电力产业集聚度不断下降;广东、广西、江苏则逐年上升,本地专业化程度不断提高,规模优势明显提升;辽宁、福建两地海洋电力产业集聚度呈现出先升后降的态势,浙江、上海表现为先降后升的特点,天津呈现波动向下发展态势。

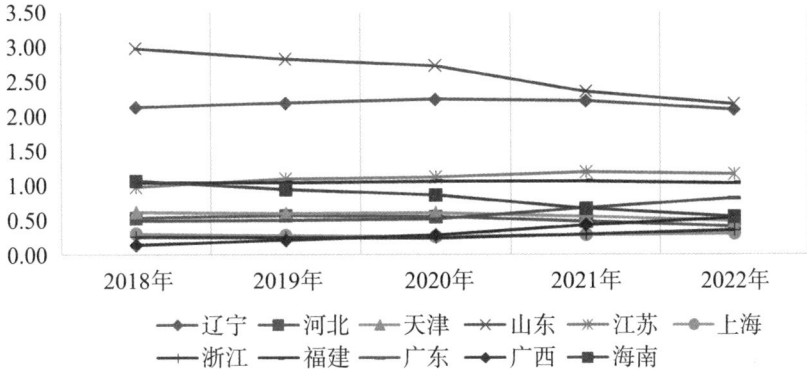

图 4-4-3　2018—2022 年沿海地区海洋电力产业集聚水平变化趋势图

4. 海水淡化与综合利用产业集聚水平测度分析

从 2022 年海水淡化与综合利用业区位熵来看，辽宁、天津、浙江、广东、海南和山东是我国海水淡化与综合利用业发展主要集聚区域（表 4-4-4）。

根据沿海地区海水淡化与综合利用产业聚集水平的均值发现（表4-4-4），辽宁、天津、浙江的区位熵高于 1.5，海水淡化与综合利用产业聚集优势明显；广东、海南、山东三省区位熵为 1~1.5，海水淡化与综合利用产业聚集度较高，本地专业化生产能力较好；河北、福建两省区位熵为 0.5~1，海水淡化与综合利用产业集聚度一般；广西、江苏、上海的海水淡化与综合利用产业集聚水平较低，尤其是上海市区位熵不足 0.1。

表 4-4-4　2018—2022 年沿海地区海水淡化与综合利用产业集聚水平状况

年份	辽宁	河北	天津	山东	江苏	地区上海	浙江	福建	广东	广西	海南
2018	2.16	0.85	2.70	0.88	0.17	0.14	1.78	0.97	1.35	0.50	1.27
2019	1.90	0.82	2.47	1.12	0.28	0.06	1.71	0.84	1.35	0.42	0.80
2020	2.48	0.78	1.06	1.04	0.32	0.05	1.57	0.84	1.49	0.47	1.24
2021	2.58	0.97	1.11	1.14	0.31	0.05	1.48	0.83	1.43	0.43	1.09
2022	2.66	0.96	1.13	1.15	0.31	0.05	1.61	0.83	1.31	0.46	1.15
均值	2.36	0.88	1.69	1.07	0.28	0.07	1.63	0.86	1.38	0.46	1.11

　　近五年各沿海地区海水淡化和综合利用产业集聚情况特征存在差异（图4-4-4）。2018—2022年，辽宁、山东区位熵呈现波动向上发展态势，海水淡化与综合利用产业集聚度逐步提升，形成规模效应。天津、浙江、广东、海南产业集聚水平波动向下，集聚规模有所收缩。河北产业集聚度呈现先降后升的特征，福建、广西、上海产业集聚水平总体平稳，江苏表现为微幅向上发展态势。

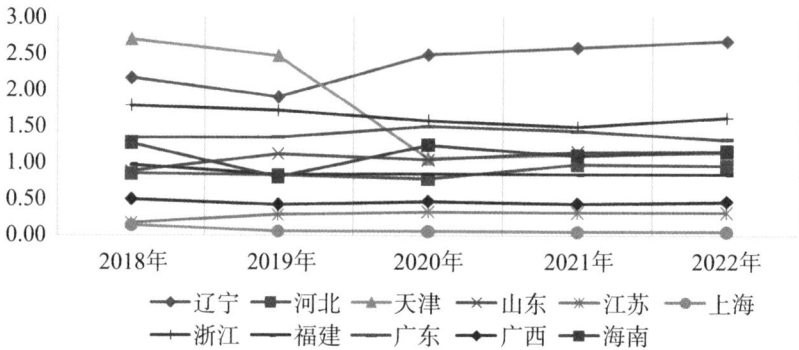

图 4-4-4　2018—2022 年沿海地区海水淡化与综合利用产业集聚水平变化趋势图

四、结论

　　本研究基于区位熵理论方法，对2018—2022年海洋新兴产业、海洋药物和制品业、海洋电力业和海水淡化与综合利用产业集聚水平进行测度评估，得出以下几点结论。

（一）沿海地区海洋新兴产业集聚水平

　　一是沿海地区的海洋新兴产业集聚在空间布局上呈现出明显的非均衡现象，浙江、山东、辽宁的海洋新兴产业集聚程度较高，专业化优势较为突出；河北、广西、上海的海洋新兴产业集聚程度较低，专业化程度较弱。二是2018—2022年沿海各地海洋新兴产业集聚程度特征各异。辽宁、江苏、福建、广东、广西五地海洋新兴产业集聚度逐年提高，产业集聚规模正在逐步扩大。

浙江、山东、天津三地海洋新兴产业集聚度逐年有所下降，本地专业化程度有所减弱。

（二）沿海地区海洋药物和生物制品产业集聚水平

一是浙江、山东、福建是我国海洋药物和生物制品产业主要集聚区域。二是2018—2022年福建、江苏、广东三省海洋药物和生物制品产业集聚度逐年有所提高，本地专业化程度不断提升，产业集聚规模不断扩大；浙江、山东两省海洋药物和生物制品产业集聚水平则呈现微幅下降的态势。

（三）沿海地区海洋电力产业集聚水平

一是山东、辽宁、江苏、福建是我国海洋电力产业发展主要集聚区域。二是2018—2022年广东、广西、江苏的海洋电力产业集聚度逐年上升，本地专业化程度不断提高，规模优势明显提升；辽宁、福建两地海洋电力产业集聚度呈现先升后降的特点；浙江、上海则表现为先降后升；山东、海南、河北三省产业集聚度呈现波动向下发展态势。

（四）沿海地区海水淡化与综合利用产业集聚水平

一是辽宁、天津、浙江、广东、海南和山东的海水淡化与综合利用产业聚集度均较高，本地专业化生产能力较好。二是2018—2022年辽宁、山东两省海水淡化与综合利用产业集聚度呈现波动向上发展态势，集聚规模逐步提升。天津、浙江、广东、海南的产业集聚水平波动向下，集聚规模有所收缩。

执笔人：胡洁（国家海洋信息中心）

王卓娅（国家海洋信息中心）

5
我国海洋种业的产业规模化发展问题研究

摘要： 海洋种业是现代渔业发展的"芯片"，是保障我国"蓝色粮仓"建设的关键，其产业化发展直接影响到国家粮食安全和人民生活水平。本报告从海洋种业规模、种质资源保护、育种技术研发、种苗优势企业培育等方面，梳理了我国海洋种业发展的基本现状。之后，从海洋种业的产业支持政策、商业化育种体系与资源要素配置等方面，挖掘我国海洋种业的产业规模化发展中存在问题。最后，从完善产业化政策体系、推动产业链内外合作、优化产业要素协调配置等领域，提出促进海洋种业的产业规模化发展对策建议。

关键词： 海洋种业；产业规模化；对策建议

习近平总书记在党的二十大报告中指出："全方位夯实粮食安全根基，全面落实粮食安全党政同责，牢牢守住十八亿亩耕地红线，逐步把永久基本农田全部建成高标准农田，深入实施种业振兴行动，强化农业科技和装备支撑，健全种粮农民收益保障机制和主产区利益补偿机制，确保中国人的饭碗牢牢端在自己手中。"与粮食作物一样，海水养殖同样需要良种，海洋种业是现代渔业发展的"芯片"，是"藏粮于海、藏粮于技"的关键。海洋种业产业化发展不仅是水产养殖业高质量发展路径之一，更是种业振兴行动的重大助力、国家粮食安全和人民生活水平的重要保障。海洋种业具有完整的产业链条和价值链条，不仅包括海洋种质资源的保护，新品种的选育引进、良种研发，苗种的生产加工，苗种的储运，营销与销售，信息服务等环节，还涉及苗种专用工具或机械、苗种专用饲料等与海洋苗种有关的配套工业等。近年来，我国高度重视海洋种业高质量发展，不断推进海洋种业的产业化，持续打造海洋牧场全产业链，强化海洋种业产业链上下游衔接。同时，海南三亚"南繁硅谷"、山东威海海洋种业"北繁基地"等平台搭建，为我国海洋种业的规模化、标准化建设打下良好基础。但是，我国海洋种业仍面临着"有种无业"的困境，规模化发展仍受到诸多因素的限制。基于此，本报告以海洋种业为研究对象，梳理我国海洋种业的发展现状，剖析其产业规模化发展中存在的问题，并给出我国海洋种业规模化发展的对策建议，推动我国海洋种业高质量发展，助力我国海洋渔业的现代化转型。

一、发展现状

在国家政策支撑下，近年来我国海洋种业在苗种拓展、种质资源保护、育种技术研发、优质种苗企业培育等方面都取得良好的发展。

（一）海洋种业水产新品种不断丰富

从产业规模来看，培育水产种业企业 1.9 万余家，年提供苗种 6 万亿尾（粒）以上，产值 743 亿元，初步形成了"保、育、繁、推、管"结合的现代水产种业体系。[①]从水产种业产品分类来看，2022 年，我国海水苗种包括海水鱼苗 1318273 万尾，虾类苗 18008 亿尾，贝类苗 54702 万亿粒，海带苗 444 亿株，紫菜苗 9 亿贝壳，海参 628 亿头。截至 2023 年 7 月，国家审定包括海水养殖新品种在内的水产新品种 297 个。其中，2022 年以来审定通过海水养殖新品种 20 种（表 4-5-1）。

---

① http://www.agri.cn/province/guangdong/dsxxlb/202212/t20221221_7922720.htm

表 4-5-1　农业农村部 2022—2023 年审定通过的海水养殖新品种

序号	公告时间/年	品种名称	育种单位
1	2022	大黄鱼"富发 1 号"	宁德市富发水产有限公司、宁德市水产技术推广站、厦门大学、集美大学
2	2022	凡纳滨对虾"海兴农 3 号"	湛江海兴农海洋生物科技有限公司、中国水产科学研究院黄海水产研究所、中山大学、广东海兴农集团有限公司
3	2022	拟穴青蟹"东方 1 号"	中国水产科学研究院东海水产研究所、宁波市海洋与渔业研究院
4	2022	栉孔扇贝"蓬莱红 3 号"	中国海洋大学、威海长青海洋科技股份有限公司
5	2022	海湾扇贝"海益丰 11"	中国海洋大学、烟台海益苗业有限公司
6	2022	刺参"鲁海 2 号"	山东省海洋科学研究院、山东黄河三角洲海洋科技有限公司、威海圣航水产科技有限公司
7	2022	刺参"华春 1 号"	鲁东大学、山东华春渔业有限公司、山东省海洋资源与环境研究院、烟台海育海洋科技有限公司
8	2022	中间球海胆"丰宝 1 号"	大连海宝渔业有限公司、大连海洋大学
9	2022	大菱鲆"多宝 2 号"	中国水产科学研究院黄海水产研究所、烟台开发区天源水产有限公司、威海市中孚水产养殖有限责任公司
10	2022	金鲳"晨海 1 号"	海南晨海水产有限公司、湖南师范大学、海南热带海洋学院、中国海洋大学三亚海洋研究院、海南大学
11	2022	凡纳滨对虾"渤海 1 号"	渤海水产育种（海南）有限公司、中国科学院海洋研究所、渤海水产股份有限公司
12	2022	凡纳滨对虾"海茂 1 号"	海茂种业科技集团有限公司、中国科学院南海海洋研究所、广东金海角水产种业科技有限公司、青岛卓越海洋集团有限公司
13	2022	长牡蛎"海大 4 号"	中国海洋大学

（续表）

序号	公告时间/年	品种名称	育种单位
14	2022	长牡蛎"前沿1号"	青岛前沿海洋种业有限公司、中国科学院海洋研究所、乳山市海洋经济发展中心
15	2023	中国对虾"黄海6号"	中国水产科学研究院黄海水产研究所、唐山市曹妃甸区会达水产养殖有限公司
16	2023	青蛤"江海大1号"	江苏海洋大学、连云港海浪水产养殖有限公司、连云港众创水产养殖有限公司
17	2023	栉孔扇贝"蓬莱红4号"	中国海洋大学
18	2023	海带"海农1号"	中国海洋大学、荣成海兴水产有限公司、福建省鑫海水产苗种有限公司、威海长青海洋科技股份有限公司、厦门大学
19	2023	金虎杂交斑	中国水产科学研究院黄海水产研究所、莱州明波水产有限公司、海南晨海水产有限公司、中山大学、漳州市奕鑫水产有限公司
20	2023	黄姑鱼"全雌1号"	浙江省海洋水产研究所、浙江海洋大学、浙江省舟山市水产研究所

资料来源：农业农村部。

（二）海洋种业资源保障扎实推进

自从我国成立了全国水产原种和良种审定委员会以来，国家水产原良种的保护、开发和利用得到加强。截至2023年7月，我国已建有1个国家级海水水产种质资源库以及535个国家级水产种质资源保护区。中国水产科学研究院黄海水产研究所"国家海洋水产种质资源库"已于2021年10月投入使用，是目前国际上投资规模最大、种类最丰富、设施最先进的海洋渔业种质资源库。基于"五库二中心"的建设内容（表4-5-2），国家海洋渔业生物种质资源库可以基本保存世界上所有的海洋渔业资源，是我国海洋苗种资源长期战略保存的重要设施。此外，我国已建成遗传育种中心 31 个，国家级水产原良种场 95 家，省级水产原良种场 800 余家，种苗繁育基地近 2 万家，原良种体系初具规模，初步形成"保种、育种、测试、繁种、推广"结合的体系。

表 4-5-2　国家海洋渔业生物种质资源库"五库二中心"

种质资源库	名称
"五库"	海洋渔业生物基因资源库
	细胞资源库
	微生物资源库
	活体资源库
	群体资源库
"二中心"	海洋渔业生物种质资源数据处理中心
	大型仪器设备共享中心

资料来源：自然资源部。

（三）海洋种业技术研发不断突破

我国已在种质资源保存、育种、良种繁育等领域取得新进展，初步形成了包括选择育种、杂交育种、细胞工程与性别控制育种技术、基因工程育种、多性状复合育种、分子标记辅助育种等在内的现代育种技术体系。例如，中国水产科学研究院黄海水产研究所牵头完成的"对虾新种质创制与繁育关键技术"入选 2022 年中国农业农村重大新技术。该技术首次建立了对虾竞争性环境下社会交互行为的遗传评估新技术。中国科学院南海海洋研究所牵头完成的"海洋典型卵胎生鱼类资源保护与健康繁殖技术推广及应用"项目获得 2022 年度海洋科学技术奖一等奖。中国海洋大学的扇贝遗传与育种研究，培育 8 个扇贝国家审定新品种，推动了我国水产生物分子育种技术走上国际前沿。

（四）海洋种业优势企业培育工作持续推进

在中央《种业振兴行动方案》和全国水产种业振兴行动的政策指引下，

各地区加大了对海洋种业企业的培育指导，海洋种业规模不断扩大。2021年，农业农村部确定了广东海兴农集团有限公司等20家企业为中国水产种业育繁推一体化优势企业。2022年，农业农村部开展国家水产种业阵型企业遴选工作，引导资源、技术、人才等要素向重点优势企业聚集，遴选出的海洋种业企业中包括破难题阵型16家、补短板阵型29家、强优势阵型13家、专业化平台阵型26家（表4-5-3）。截至2023年7月，我国已注册水产种业企业2万余家，企业年产值658亿元，有效提供了200余种苗种，具备了一定品种自主创新能力和市场竞争力。

表4-5-3　国家海洋种业阵型企业数量及分布

阵型	物种	企业数量/家	主要地区
破难题阵型	花鲈	2	福建、山东
	卵形鲳鲹	1	海南
	银鲳	1	浙江
	河鲀	4	江苏、河北、辽宁
	凡尔滨对虾	6	山东、广东、海南
	青蟹	2	浙江、广西
补短板阵型	鲟鱼	3	北京、浙江、云南
	鲇鲴类	4	安徽、湖北、广西、四川
	大黄鱼	3	浙江、福建
	鲆鲽类	3	河北、山东
	石斑鱼	3	山东、海南
	对虾	3	河北、山东、海南
	梭子蟹	2	湖北、山东
	牡蛎扇贝	4	河北、辽宁、山东
	蛤蚶蛏	2	浙江、福建
	紫菜	2	江苏、福建
强优势阵型	大口黑鲈	4	安徽、广东
	鲍鱼	2	福建、山东
	海带、裙带菜	3	辽宁、福建、山东
	刺参	4	辽宁、山东

（续表）

阵型	物种	企业数量/家	主要地区
专业化平台 阵型	投资机构	2	北京、浙江
	技术支撑	24	北京、辽宁、黑龙江、上海、江苏、浙江、福建、山东、湖北、湖南、广东

资料来源：农业农村部。

（五）"海洋牧场"成为现代种业发展新高地

海洋牧场不仅能有效养护海洋生物资源、改善海域生态环境，还能推动养殖升级、捕捞转型、加工提升、三产融合，是海洋种业的直接载体和实际依托，被视为现代种业发展新高地。从我国首个海洋牧场建设的国家标准出台，到"十四五"规划和2035年远景目标纲要中明确提出"建设海洋牧场，发展可持续远洋渔业"，为海洋牧场发展提供了有力的支撑。2022年，农业农村部出台《关于加强水生生物资源养护的指导意见》，提出要推进国家级海洋牧场示范区创建，到2025年建设国家级海洋牧场示范区200个左右。截至2023年1月，全国已建成覆盖渤海、黄海、东海和南海的国家级海洋牧场示范区169个，对打造现代种业发展新高地起到了极大辐射带动作用。

（六）海洋种业向海洋生物医药业等产业的延伸

海洋育种和海洋医药有密切的产业互动性，海洋生物医药可以为海洋种质资源的培育提供饲料、药品，而海洋种业的研发在短期内能为海洋生物医药提供细分的研究方向和市场，长远来看则为海洋生物医药提供了更广阔的海洋生物资源。例如，深圳提出要以海洋生物科技创新优势，深耕水产育种技术，建立海洋生物资源库，对海洋生物的种质资源、创新药化合物及微生物菌株进行收集与保护，为我国海洋生物制品与海洋药物开发提供技术支撑。深圳华大海洋科技有限公司作为龙头企业，近年来逐渐从水产新品种育种开拓至海洋功能制品、海洋创新药研发领域。构建鱼类分子育种关键共性技术体系，不仅为我国水产育种抢占技术制高点，而且为研发海洋药物提供技术支持。除海洋生物医药外，海洋种业还与海工装备制造、海洋交通运输业等产业有着相互促进的作用。

二、存在的问题

海洋种业具有高风险、长周期、收益不稳定的特点。尽管我国海洋种业已取得巨大进步，但其产业规模化发展仍然面临诸多挑战，集中体现在产业支持政策有待完善、商业化育种体系发展不平衡、产业资源要素配置不畅等方面。

（一）产业规模化发展政策尚不完善，海洋种业支持政策有待补充

第一，水产新品种产权审定、保护办法有待完善。一方面，水产新品种的审定流程滞后，无法完全满足我国现代海洋种业快速发展的内在要求。水产新品种申请需要历经多部门和数道程序，须经全国水产原种和良种审定委员会按《水产原、良种审定办法》《水产原、良种审定标准》及其他标准进行审定。由于我国审定办法出台时间较早，在技术和管理层面的规定滞后于技术和时代发展变化，尤其是申请资格、品种试验和后期管理等方面规定不够全面，不能有效引导现代海洋种业突破性成果的出现。另一方面，海洋种业知识产权保护体系较为欠缺，对原始创新成果的保护不到位。我国于2021年修订了《中华人民共和国种子法》，该法律主要针对植物，扩大了植物新品种权的保护范围和保护环节。目前我国以海洋种业新产品种权为主的知识产权专门法律还较为欠缺，难以较好地支撑我国现代海洋种业创新成果保护。

第二，海洋种质资源的监管体制不完善。一方面，相较于农业种质资源监管，我国水产种质资源调查、收集和登记等活动仍未形成系统的标准化管理办法，海洋种业监管不到位。现阶段，我国海洋种业市场监管仍然存在专

业化监管人员的缺乏，以及质量检验技术和手段不足等问题；在海洋种业全过程可追溯、多部门联合执法等方面缺少顶层设计。流通环节的水产苗种生产经营、进出口审批、产地检疫等体制机制尚未完善，水产种苗无证生产、跨省跨区不经过检疫和评价任意流通等问题频发。另一方面，海洋种质资源监督体制的运行不畅，监督下沉机制仍未完善，执法水平还需提升。海洋种质资源监督机制需要由基层政府落地实施，但我国基层政府海洋种苗管理体系建设较为薄弱，缺乏县级种苗管理专门机构，部门合署办公情况常见。此外，缺少海洋种业执法流程标准化规定，存在执法人员权力边界不清、海洋种质资源监督效果不佳等问题。

（二）商业化育种体系发展不健全，面临"有种无业"困境

第一，商业化育种体系基础薄弱，体系建设较为滞后。一方面，由于我国海洋种业生产准入门槛较低以及市场监管力度不够，与国际海洋种业发展相比，我国部分区域海洋种业存在无序竞争现象。而且，我国海洋种业企业规模小、分布散、实力弱、效益低特征明显，缺乏领军型、旗舰型企业对商业化育种体系的支撑。另一方面，海洋种业"遗传育种中心—原良种场—苗种繁殖场"产业体系中，三个层次数量不匹配，全国国家级原良种场仅有90多家，无法形成规模市场以满足市场中苗种生产对优质亲本的需求，制约海洋种业商业化体系建设。

第二，商业化育种体系中创新主体活力不足，成果商业化转化程度偏低。一方面，企业创新投入有限，自主创新能力不足。我国海洋种业发展主要以国家科技计划投资为主，良种创新仍然主要依靠高校、科研单位，对海洋种业企业创新活动的支持不足。相比国外龙头企业在水产育种中的创新主体作用，我国海洋种业企业缺乏充足的资金、人才等优质资源开展自主创新活动，导致企业创新意愿不足。另一方面，我国海洋育种商业化过程中存在创新链与产业链脱节问题。育种科研院校与海洋种业企业联结不密切，尚未建立良性循环的海洋种业定制式品种转化模式；研发品种转化效率低、选育品种与市场对接不紧密等问题依然存在。此外，风险分担机制及海洋育种技术转化

服务平台的欠缺，使得海洋育种科研成果落地转化困难，进一步制约了海洋育种的商业化发展。

（三）产业资源要素配置不畅，资金技术制约问题仍存

第一，海洋种业企业融资约束多，多元化融资渠道尚未完善。海洋种业企业面临育种成本高、投入回收期较长、研发创新成本高且风险大等问题，需要通过多元化渠道获得资金支持。但现有的资金供给渠道仍以银行信贷为主，其次是基金和股权，而保险、债券、融资租赁、社会资本等渠道的资金来源占比较低，资金供需矛盾问题较为突出。此外，现有海洋种业企业多为体量小、创研期的中小企业，这些企业经营稳定性差、信息透明度低，合适的抵押物或信用有效证明较为缺乏，银行等金融机构的贷款要求又很高，使得海洋种业企业陷入融资难、融资贵的困境。

第二，自主育种技术存在瓶颈，海洋种业"卡脖子"风险仍存在。一方面，我国部分优良海洋种苗依旧依赖进口。我国虽然已成功选育中国对虾"黄海 1 号""黄海 3 号"等新品种，但已形成产业规模化的虾夷扇贝、海湾扇贝、大菱鲆和大西洋鲑等多种海产品的种源在不同程度上依赖进口，导致海洋水产品培育成本较高，并且对部分重大品种缺乏自主可控能力。另一方面，部分核心育种技术仍需突破。世界海洋水产种业已经进入以常规育种为基础，融合生物技术、信息技术及人工智能的智慧育种 4.0 时代，而我国高经济价值物种的人工繁殖技术、深远海养殖系统工程与智能化生产技术、水产养殖动物病害高效免疫与精准防控技术、智慧育种技术等在集成和运用上还存在诸多局限。

三、对策建议

当前，我国正全面部署实施种业振兴行动，以实现"种业科技自立自强和种源自主可控"。针对现阶段我国海洋种业产业规模化发展的突出问题，可从以下三个方面助力我国海洋种业的产业规模化发展，实现我国"种业振兴"。

（一）着眼产业规模化发展市场需求，完善支持产业发展的政策体系

海洋种业的产业规模化发展应着眼于市场需求，构建集发展规划、辖区投融资管理以及人才培育等于一体的多元协同政策支持体系，实现对海洋种业的产业规模化发展正向引导。

第一，制订差异化、科学化的产业发展规划。一方面，发挥产业联动效应。发挥海南、广州、山东等地海洋种业"育繁推"一体化优势企业的领头羊作用，使产业上下游通过集聚效应实现生产联动。同时，在系统分析现有各地区海洋种业区位优势基础上，明确各产业园区的发展特色，实现异质化发展定位，确保产业集群效应、规模效应的正向溢出和扩散。另一方面，科学推进产业化进程。培育和壮大具有自主研发能力的创新型中小企业，持续推动国家海洋种业阵型企业"破难题、补短板、强优势"能力的提升，加大对优势产品和重要产品的投入，加快推进产品入市进程，提高产品核心竞争力和国际市场占有率。

第二，优化辖区产业发展投融资政策。一方面，用好纾困政策。针对海洋种苗技术研发、产品开发领域的贷款，对于因特殊海洋灾害原因暂时无法偿还的，以补贴、税收优惠等方式出台相应的贷款延期还本付息政策。另一方面，实现政府财政与金融机构的有力配合。鼓励国有控股金融机构参与海洋种业基础设施建设和产能合作，开发政府、社会资本、金融机构等多元主体参与的PPP模式，加快投贷联动模式在海洋种业领域的规范推广，引导建立海洋种业相关金融控股平台模式。

第三，优化改革"育引用评留"人才发展体制。一方面，强化多功能型人才引进政策的支持。以国际种业科学家联盟、国际种业科学家大会等国际水平的产业创新平台要素为依托，引入海洋种业领域技术技能型、复合技能型和知识技能型人才。提高对海洋种业人才的购房优惠、薪酬激励、医疗服务和子女就学等福利待遇，建立以事业、薪资、待遇为依托的人才防流失机制。另一方面，完善项目制培育评价模式。针对海洋种业的不同领域及不同环节，开发差异化人才培育及评价项目，构建海洋种业人才多样性、综合性

和交叉性分布格局。在海洋种业人才的培养、使用、激励、竞争等方面破除"四唯"现象，以人才自评、行业互评、市场参评相结合的模式评价人才，全方位、多学科助力海洋种业产业规模化发展。

（二）推动产业链内外协同合作，促进海洋种业的现代化转型

海洋种业的产业规模化发展要构建高效务实的区域合作框架，建立政府、企业等主体利益共享、风险共担的联动机制，形成区域内外、产业链内外的良好合作氛围，促进海洋种业的现代化转型。

第一，打通海洋种业上下游合作协调渠道。一方面，构建全产业链体系。以海洋生物和种业研发龙头企业为核心，积极推进产业链上下游企业以及高校、科研院所之间的联系与合作，聚焦产业链建设，推进企业"组团式"创新与发展。另一方面，调动多元主体参与积极性。拓展海洋种业的商业化途径，以科企联合、兼并收购等商业化形式为依托，调动多元主体参与海洋种业产业链建设的积极性，实现海洋种业的延链、补链、强链。通过完善市场主体引导机制，组建各类涉海行业协会、商会或产业联盟，形成政、企、民多方参与的综合协调机制，保障海洋种业参与渠道畅通。

第二，突出研发合作中企业的创新主体地位。一方面，发挥规模性种苗企业的领头羊作用。壮大规模性种苗企业规模，支持组建创新联合体，探索实施首席专家负责制。支持海洋种业领军企业通过产品定制化研发等方式，为关键核心技术提供早期应用场景和适用环境。另一方面，完善企业创新成果转化机制。以基于商业目的的水产苗种新产品研发为重点，将创新链与产业链进行融合对接，促进企业创新成果顺利转化。

第三，提高海洋种业与高新技术产业的有机融合。一方面，强化高新技术应用。加强与信息管理企业、互联网企业的合作，充分运用现代信息技术手段，将大数据、云计算、区块链、5G、人工智能等高新技术应用于海洋种业中，提升海洋种业产业规模化发展所需的科学管理能力。另一方面，提供一体化线上智能服务。将"互联网+服务"的方式延伸到海洋种业产业链整体布局中，构建海洋种业产业链一体化决策平台，提升区域统筹管理决策和

支撑能力，通过大数据、人工智能等科技手段为相关中小企业提供信息采集、信用评价、信息共享、销售物流等一体化线上智能服务。

（三）优化海洋种业的要素配置，提高产业资源配置效率

海洋种业的产业规模化建设需要技术、管理、资金等多元要素的协同发力，从而提高海洋种业的资源配置效率，形成海洋种业产业规模化发展的合力。

第一，强化海洋种业基础和应用技术研究。以提升海洋种业科技自立自强能力为核心，整合优化研发资源配置，加强重点领域原始性、引领性科技攻关，努力突破制约海洋种业发展的科技瓶颈。一方面，确认海洋种业重点研发领域。以深水、绿色、安全的海洋高新技术突破为主线，重点加强传统育种、细胞工程育种、分子辅助育种、全基因组选育、绿色苗种生产和环境保护等核心技术和关键共性技术研发，强化科技与经济对接，聚焦海洋产业绿色发展。另一方面，创设海洋种业联合研发平台。搭建保种和育种实验室以及遗传研究中心等联合研发平台，构建集项目、平台、人才、资金等全要素一体化配置的创新服务体系。同时加强国际科研合作，鼓励中国海洋大学、宁海海洋生物种业研究院、青岛前沿海洋种业、青岛瑞滋等高校、科研院所、企业在更大范围、更高层次上参与国际分工与合作。

第二，构建灵活高效的海洋种业企业投资管理机制。一方面，设计差异化海洋种业企业投资策略。海洋种业企业根据自身的不同发展战略及发展阶段，明确自身投资重心，差异化投资于产业链上下游活动，提升企业核心竞争力。成长型海洋种业企业应加大基础设施投入，新建、扩建、改造、提升种业基地。同时，以海洋种业产业链条或产业集群高价值专利组合为基础，支持构建知识产权底层资产。鼓励龙头企业参与中小海洋种业企业的持股或并购，提升自身的产业带动能力和市场竞争力，打造国际种业品牌。另一方面，发挥民营海洋种业企业力量。依托现有政府引导基金、蓝色基金，企业应主动邀约市场排名靠前或者具有众多优质资产的头部民营投资机构，利用其布局全球优质资产网络、潜在优质项目储备库的优势，探索海洋种业

的国有与民营机构合作模式，并进一步优化收益分配机制及投资进入退出机制。

第三，开发针对海洋种业企业融资需求的特色化金融产品。一方面，开发多种类特色化金融产品，包括以银行等金融机构为主体的金融产品创新，如推广以海域使用权、渔船、海产品仓单等资产为抵质押担保的贷款产品；以海洋种业企业的股权、专利权、商标专用权等为质押的融资产品；以海洋种业企业大型设施设备等开发融资租赁产品。除了传统融资渠道外，尝试引入社会资本力量，构筑"信贷+基金+保险+债券+租赁+股权+社会资本"的多层次金融资源配置体系。另一方面，重视保险的风险分担功能。鼓励保险机构开发海洋种业保险新产品，针对海洋种业的特殊性，在现有海洋灾害指数保险、海洋巨灾保险、海洋环境保险等产品基础上开发新产品，更好地保障海洋种业相关主体在应对特殊海洋灾害时的利益。同时，针对海洋种业新产品种权为主的知识产权，开发相关的知识产权保险产品，助力海洋种业企业风险抵御能力提升。

执笔人：丁黎黎（中国海洋大学）

杨颖（燕山大学）

郑慧（中国海洋大学）

6
深远海资源开发利用情况研究

摘要： 海洋是人类赖以生存的伙伴，随着近海资源开发的逐渐饱和，近些年人类勘探、开发海洋资源的活动逐步向深远海延伸。对于我国而言，加快深远海开发利用，是拓展海洋发展空间、实现海洋经济高质量发展、加快海洋强国建设的重要支撑。党的二十大报告将能源资源安全作为推进国家安全体系和能力现代化、坚决维护国家安全和社会稳定的重要内容。本报告重点针对深海油气资源勘探开发、深海金属矿产资源勘探开发、深远海风电产业发展、深远海渔业养殖开展研究分析，提出推进我国深海资源开发利用进程，维护国家安全的对策建议。

关键词： 深海油气资源；深海金属矿产资源；深远海风电、深远海养殖；发展现状；问题；对策建议

深远海中拥有丰富的资源，是地球上尚未被人类充分认识和利用的潜在战略资源基地。大国间围绕资源开展的"深海暗战"早已风起云涌。习近平总书记提出"深海进入""深海探测"和"深海开发"的中国深海战略三部曲。当前我国在深海油气资源、矿产资源、风能、渔业资源的勘探开发方面加速前行，部分领域不断取得突破，但深远海资源勘探开发利用存在诸多障碍和困难，成为海洋强国建设道路上的绊脚石，亟待破解。本报告重点围绕深海

油气资源勘探开发、深海金属矿产资源勘探开发、深远海风电产业发展、深远海渔业养殖四类产业活动开展研究分析。

一、发展现状

（一）深海油气资源勘探开发现状

1. 全球现状

全球深水油气资源丰富、探明率低，是勘探开发业务最具潜力的发展方向。根据国家油气战略研究中心和中国石油勘探开发研究院发布的《全球油气勘探开发形势及油公司动态（2022年）》报告，近10年，深水油气项目已成为全球油气增储上产的核心领域，新发现的101个大型油气田中，深水油气田数量占比67%、储量占比68%。截至2022年底，全球深水油气产量约为1100万桶油当量/日，占世界油气总产量的6%左右。预计到2030年，全球深水油气产量将较2022年增长600万桶油当量/日，达到1700万桶油当量/日，将占世界油气总产量的8%。预计2022—2030年，全球深水油气产量复合年均增长率将达到3.5%，成为增长最快的油气资源类型。

当前世界深水油气产量高度集中，约65%的油气资源由巴西国家石油公司和埃克森美孚、BP、壳牌、雪佛龙、埃尼、道达尔以及挪威国家石油公司国际石油巨头开发。全球产量规模最大的25个深水油气开发项目中有22个项目的作业者是上述8家公司。

2. 我国现状

我国是油气资源消耗大国，我国原油对外依存度在70%左右，天然气对外依存度为45%左右。较高的油气对外依存度，反映出我国能源供给存在严重不足。为保障国家能源供给，推进油气资源增储上产，深水油气资源的勘探开发，不只是国际石油巨头的着眼点，也成为我国的瞄准方向。我国政府长期以来高度重视海洋油气资源勘探及开采工作，支持并鼓励油气资源开发向深远海推进。近年来，在有关部门颁布的多项政策规划中都有所体现（表4-6-1）。

表 4-6-1　部分深远海油气开发相关政策

时间	部门	政策	主要内容
2018 年 7 月	自然资源部、中国工商银行	《自然资源部　中国工商银行关于促进海洋经济高质量发展的实施意见》	提出"支持深远海油气勘探开发、深远海资源开发工程装备制造等传统海洋产业改造升级"
2021 年 3 月	十三届全国人大四次会议	《中华人民共和国国民经济和社会发展第十四个五年规划和 2035 年远景目标纲要》	提出"加快深海、深层和非常规油气资源利用，推动油气增储上产"
2017 年 5 月	国家发改委、国家海洋局	《全国海洋经济发展"十三五"规划》	提出"积极加强国际合作，推动深远海油气合作开发"
2022 年 10 月	海南省自然资源和规划厅等	《海南省油气产业发展"十四五"规划》	提出"加快建设南海近海油气田，稳步推进深远海油气资源开发"

　　我国南海油气资源极其丰富，南海石油资源量约 248 亿吨，天然气资源量约 42 万亿立方米，约一半蕴藏在深海。近年来我国加大深水油气资源勘探开发装备与技术的攻关，相继攻克了常规深水、超深水及深水高温高压等世界级技术难题，创新了深水开发模式，形成了一系列具有自主知识产权的深水技术体系，具备了从常规深水到超深水、全海域、全方位的作业能力，形成了以"海洋石油 201""海洋石油 720""海洋石油 981"等为代表的深水油气勘探装备、配套技术和作业队伍。在这些技术装备和队伍建设的加持下，我国在南海深水区取得了多个中大型油气田的发现，深水油气资源开发逐步形成规模。2006 年，中国海油与合作伙伴发现我国首个深水大气田荔湾 3-1。2012 年 5 月，我国首口自营深水探井开钻，开启了我国石油工业挺进深水的新征程。荔湾 3-1 气田投产以来，南海东部海域的 4 个深水气田滚动开发，累计生产天然气超过 320 亿立方米。2020 年 9 月我国首个自营深水油田群流花 16-2 正式投产，并成为南海产量最大的油田群。我国深水油气产量从 1996 年的几乎为零，到 2022 年底，已达上千万吨，成为增加国家能源供给、保障国家能源安全的重要力量。

（二）深海金属矿产资源勘探开发现状

1. 全球现状

深海海底蕴藏着地球上远未认知和开发的矿产资源，已探明具有开发前景的深海金属矿产资源包括多金属结核、富钴结壳、多金属硫化物等，其中锰、镍、钴等金属的储量远高于陆地储量。丰富的深海金属矿产资源引来许多国家加紧对其进行探索与开采。

深海金属矿产资源开发研究始于 20 世纪 50 年代末，美国、欧洲、日本等国家和地区主要针对深海多金属结核研究各自的勘探与商业开采方案，同时兼顾富钴结壳、多金属硫化物的开采技术研究。20 世纪八九十年代，韩国、印度、中国也相继加入深海金属矿产资源开发队伍，探索系统方案和商业化开采方案。21 世纪以来，世界各国对深海金属矿产资源的兴趣与日俱增，竞争日趋激烈。根据荷兰资源专业中心数据，2010 年美国在深海采矿方面的创新力排在第一位，欧洲排名第二，中国居第三位，其后依次为日本、韩国。随着深海法律的不断健全以及技术装备的发展，沿海国家深海采矿技术方案也取得了新进展。2007 年加拿大鹦鹉螺矿业公司启动了全球首个多金属硫化物的商业勘探和开采计划。韩国分别于 2009 年、2012 年、2013 年开展了 3次海底采矿车试验。日本国家石油天然气和金属公司于 2020 年在日本专属经济区成功实施了世界首次富钴结壳采矿试验。比利时全球海洋矿产资源公司2021 年在太平洋 CC 区成功采集多金属结核并计划于 2028 年实现商业化开采。

尽管海底矿产资源储量巨大、品位高，但是由于地形复杂、压力极高以及复杂的海洋环境条件，开采难度极大。因此，目前深海金属矿产资源在世界范围内尚未形成商业化开采。

2. 我国现状

作为第一批深海金属矿产资源勘探的先驱者，我国先后与国际海底管理局（ISA）签订了多金属结核、富钴结壳和多金属硫化物共 5 份勘探合同，这使我国具备了全方位开发深海"区域"矿产资源的基础。2016 年我国正式颁布施行《中华人民共和国深海海底区域资源勘探开发法》，为我国深海金属矿产资源开发活动提供了法律依据。

我国从 20 世纪 70 年代起就开始对海底多金属结核资源进行勘查活动。伴随着以"蛟龙"号、"深海勇士"号、"奋斗者"号、"海斗"号等潜水器为代表的深海运载设备逐渐向谱系化发展，我国深海金属矿产资源探测进入万米时代。2016 年，"海洋六号"科考船在南海成功开展了富钴结壳采掘试验，这是我国首次开展深海富钴结壳采掘技术海试。2017 年我国南海神狐海域天然气水合物试采实现连续 187 个小时稳定产气，标志着我国天然气水合物实现了从探索性试采向试验性试采的重大跨越。

（三）深远海风电产业发展现状

1. 全球现状

欧洲风能协会的研究表明，全球 70% 的潜在海风资源位于水深大于 60米的海域，其中欧洲深水区可开发潜能接近 80000 太瓦时。从目前全球已经公布的和在做前期准备的海上风电项目来看，深远海的趋势较为明显。根据美国能源部发布的报告，未来的海上风电项目离岸距离集中在 40 千米以上，水深集中在 40 米以上。深远海海上风电开发主要有两种模式：一种是离岸距离较远但水深较浅因而适合采用固定式海上风电开发模式，另一种是离岸距离较远且水深较深的区域，可能更加适合漂浮式海上风电开发模式。

目前业界高度关注的是第二种模式，当前漂浮式风电开发尚处于商业化早期，仍以示范性项目为主，不同项目之间的成本差异较大。欧洲国家对海上漂浮式风机的研究起步较早，早在 2009 年挪威国家石油公司就启动了漂浮式项目，2017 年全球第一座商业化漂浮式风场 Hywind Scottland 在苏格兰投产。据统计，全球漂浮式项目累计装机仅 108 兆瓦，其中英国是世界上漂浮式海上风电项目装机容量最多的地区。

根据全球风能理事会预测，2026 年全球每年新增漂浮式海上风电装机容量将超过 1 吉瓦，2030 年累计装机容量可达 18.9 吉瓦，其中 2021—2026 年全球漂浮式海上风电装机容量的复合年均增长率可达 83%，2026—2030 年可达 53%。

2. 我国现状

当前，我国海上风电开发项目主要集中在近海区域。近年来，随着技术升级，海上风电开发项目正持续向深远海推进。据不完全统计，国内已并网海上风电项目平均离岸距离为 34.0 千米，未并网海上风电项目平均离岸距离为 36.3 千米，平均离岸距离上升 6.9%，这表明海上风电开发呈现向深远海发展的趋势。

我国有关部门和沿海各省已陆续出台深远海域海上风电发展规划和办法，积极推进深远海海上风电开发进程。目前，我国漂浮式风电开发已经取得重大进展，我国首个漂浮式海上风电平台——广东阳江"三峡引领号"成功并网，自主研发的深远海浮式风电装备"扶摇号"完成总装，"海油观澜号"浮式机组也已经并网，这些示范项目的成功经验对促进我国海上风电高端装备制造升级、挖潜深远海风能资源具有积极意义。同时，我国规划在"十四五"期间完成的深远海海上风电项目主要有三峡阳江、中广核阳江、绿发汕头等项目，离岸距离在 2.5 千米~5.0 千米不等，未来深远海风电项目具有较大发展潜力。

表 4-6-2　部分深远海风力开发相关政策

时间	相关部门/地方政府	政策	主要内容
2022 年 3 月	国家发展改革委、国家能源局	《"十四五"现代能源体系规划》	鼓励建设海上风电基地，推进海上风电向深水远岸区域布局
2022 年 3 月	国家能源局	《2022 年能源工作指导意见》	优化近海风电布局，开展深远海风电建设示范，稳妥推动海上风电基地建设
2022 年 4 月	国家能源局、科学技术部	《"十四五"能源领域科技创新规划》	集中攻关深远海域海上风电开发及超大型海上风机技术。开展 12~15 MW 级超大型海上风电机组工程示范；开展深水区域漂浮式风电机组工程示范。集中攻关大容量远海风电友好送出技术。开展深远海域海上风电基地柔性直流送出工程示范

（续表）

时间	相关部门/地方政府	政策	主要内容
2022年 5月	国家发展改革委、国家能源局	《关于促进新时代新能源高质量发展的实施方案》	优化调整近岸风电场布局，鼓励发展深远海风电项目；规范设置登陆电缆管廊，最大限度减少对岸线的占用和影响
2022年 6月	国家发展改革委、国家能源局、财政部、自然资源部、生态环境部、住房城乡建设部、农业农村部、中国气象局	《"十四五"可再生能源发展规划》	优化近海海上风电布局，开展深远海海上风电规划，推动近海规模化开发和深远海示范化开发，重点建设山东半岛、长三角、闽南、粤东、北部湾五大海上风电基地集群
2022年 8月	工业和信息化部、财政部、商务部、国务院国有资产监督管理委员会、国家市场监督管理总局	《加快电力装备绿色低碳创新发展行动计划》	重点发展8 MW以上陆上风电机组及13 MW以上海上风电机组，研发深远海漂浮式海上风电装备。突破超大型海上风电机组新型固定支撑结构、主轴承及变流器关键功率模块等。加强深远海域海上风电勘察设计及安装。推动12~15 MW级超大型海上风电装备应用，推进远海深水区域漂浮式风电装备基础一体化设计、建造施工与应用
2022年 4月	上海市人民政府	《上海市能源发展"十四五"规划》	"十四五"期间，探索实施深远海域和陆上分散式风电示范试点，力争新增规模1.8 GW
2022年 11月	上海市发展和改革委员会、上海市财政局	《上海市可再生能源和新能源发展专项资金扶持办法》	2022—2026年期间，对企业投资的深远海海上风电项目和场址中心离岸距离大于等于50千米的近海海上风电项目，根据项目建设规模给予投资奖励，奖励标准为500元/千瓦，分5年拨付，每年拨付20%

（续表）

时间	相关部门／地方政府	政策	主要内容
2021 年 12 月	天津市发展和改革委员会	《天津市可再生能源发展"十四五"规划》	"十四五"期间，加快推进远海 900 MW 海上风电项目前期工作
2023 年 1 月	江苏盐城市委、市政府	《盐城市加快建设绿色能源之城行动方案》	到 2025 年实现海上风电装机规模全球城市首位，力争年均新增近远海海上风电装机 3 GW，年均投资规模 350 亿元以上。到 2025 年底，全省风电装机达到 28 GW 以上
2021 年 5 月	浙江省发展和改革委员会	《浙江省可再生能源发展"十四五"规划》	到 2025 年，力争全省风电装机容量达到 6.3 GW，其中海上风电 5 GW，打造近海及深远海海上风电应用基地+海洋能+陆上基地发展新模式
2022 年 5 月	福建省人民政府办公厅	《福建省"十四五"能源发展专项规划》	"十四五"期间，稳妥推进深远海风电项目，增加并网装机 4.1 GW，新增开发省管海域海上风电规模 10.3 GW，力争推动深远海风电开工 4.8 GW

　　未来随着大型机组、柔直输电等降本手段以及先进的造船技术的不断应用，漂浮式海上风电成本将进一步下降，从而实现真正的商业化应用。按照当前的技术进步速度，在"十五五"期间实现漂浮式海上风电的平价完全可行。

（四）深远海渔业养殖发展现状

1. 全球现状

　　自 20 世纪 80 年代开始，部分渔业发达国家开始关注并尝试开展深远海养殖方面技术探索和应用。美国早在 1990 年开始探索深远海水产养殖，并认为其是具有潜力的渔业增长方式。2010 年，联合国粮食及农业组织（FAO）

调研出全球范围内适宜于深水网箱养殖的有效海域面积近 19 万平方千米，深远海养殖发展前景广阔。

经过几十年的发展，法国、俄罗斯、意大利、西班牙等 20 余个国家和地区通过试验研究、装备制造和风险投资等方式积极参与深远海养殖，新的装备设施和技术模式不断涌现，挪威、日本等国已经建立了较为完备的产业发展体系，深远海养殖日益成为国际社会关注的焦点。欧洲正在实施"深远海大型网箱养殖平台"项目，整合海水大型网箱技术、海上风力发电技术、远程控制与监测技术以及优质苗种培育技术、高效环保饲料与投喂技术、健康管理技术等配套技术，形成综合性深远海网箱养殖工程技术体系。挪威研制出大型深远海养殖装备"Ocean Farm 1"、大型养殖工船"JOSTEIN ALBERT"、"Hex Box养殖网箱"和"Havfarm养殖网箱"等。其中"Ocean Farm 1"是由挪威投建、中国承建的全球首座、规模最大的半潜式深海"渔场"，2017 年已交付使用，年可养殖 150 万条深海大西洋鲑。挪威已成为世界深水养殖单一物种（大西洋鲑）产量最大、全球贸易市场份额最高的国家。

2. 我国现状

早在 20 世纪 70 年代末期，我国雷霁霖院士便提出了建造海洋工船，建设"未来海洋农牧场"的想法，但受投资成本、技术发展水平等因素制约，我国深远海养殖发展缓慢。近年来，随着海洋新技术、新装备的不断涌现，以及现实社会发展的需要，深远海养殖逐渐成为发展热点。

自 2014 年筹建国内首个深远海大型养殖平台开始，我国先后建成交付了首台具有完全知识产权的万吨级深远海养殖系统装备"德海 1 号"、亚洲最大深海智能网箱"经海"系列、全球首个单柱式半潜深海渔场"海峡 1 号"、全球首座全潜式深海养殖装备"深蓝 1 号"、全球首艘 10 万吨级智慧渔业大型养殖工船"国信 1 号"、全球首台半潜式波浪能养殖一体化平台"澎湖号"等一大批高端装备，深远海养殖规模不断扩大，发展潜力加速释放。2021 年，我国在黄海投放的"深蓝 1 号"首次实现大西洋鲑规模化养殖，成功收获 15 万尾成鱼，2022 年 6 月再次成功收获大西洋鲑15000 条，并开创了我国独特的深远海全潜式大西洋鲑养殖模式。亚洲最大深海智能网箱"经海 001 号"

在 2021 年提网收鱼收获近 4 万斤成品黑鲕鱼。"国信 1 号"自 2022 年 5 月 20 日交付运营以来已收捕高品质大黄鱼 1000 余吨,产值约 1 亿元。

为鼓励和支持深远海养殖发展,国家和福建、广东、山东、辽宁等沿海地方积极谋划出台相关政策规划,统筹布局,稳妥发展。2013 年国务院出台《关于促进海洋渔业持续健康发展的若干意见》,明确推广深水抗风浪网箱,积极拓展海洋离岸养殖。2019 年农业农村部等 10 部委联合印发《关于加快推进水产养殖业绿色发展的若干意见》,提出支持发展深远海绿色养殖,鼓励深远海大型智能化养殖渔场建设。进入"十四五"以来,《"十四五"全国渔业发展规划》《"十四五"全国农业农村科技发展规划》《"十四五"推进农业农村现代化规划》等规划先后出台,进一步明确推进深远海大型装备养殖试验,合理布局、稳妥发展深远海养殖,这也成为"十四五"时期我国海洋经济发展的重点方向。

二、存在问题

(一)我国深远海资源勘探开发技术与装备研发能力有待提升

我国深远海资源勘探开发技术装备自主设计研发能力还相对薄弱,无论是总体设计、系统开发、关键零部件制造,还是机械化、信息化、智能化水平,与发达国家相比仍存在差距。例如,深远海油气开发技术装备方面,我国深水和超深水钻井作业技术还不够成熟,深水钻完井、水下生产系统、深水流动安全等深水油气田开发技术相较国外落后 7 年左右。深海采矿技术装备方面,我国在水面支持、水下勘探、水下开采、矿物运输和环境监测保护系统等深海矿产开发核心系统方面缺乏成熟和安全的技术储备,关键元器件和核心系统设备依赖进口。深远海养殖装备方面,如挪威交由我国承接建造的全球最大深远海智能养殖平台"Ocean Farm 1"和世界顶级深远海养殖工船"Nordlaks Havfarm",其总体设计和全过程自动化作业装备研发全部由挪威承担。深远海风电开发装备方面,深远海风电开发所需要的大兆瓦风机轴承的制造仍受制于人，高端风电轴承生产长期被国外企业垄断。

（二）"经济性"始终影响深远海资源开发产业化进程

深远海资源富足，开发潜力大，但环境恶劣，距离陆地远、水深压力大、海况复杂，在深远海开展活动建设和运维管理难度大、成本高，成为资本不敢轻易触碰的原因。以深远海原油开发为例，在深海钻探一口油井的成本动辄要上亿美元，是陆地同等产能油井成本的 3～15 倍，一座深水石油平台的造价就超过 10 亿美元。一份统计资料显示，只有探明油田总储量超过 2 亿桶，深海石油勘探才能收回成本。因此，"经济性"作为企业考虑深远海项目布局的重要因素，低性价比成为深远海资源开发产业化进程的重要阻碍之一。

（三）深远海开发活动对海洋环境影响测量与评估不足

我国现有海洋环境监测业务体系在技术、人才队伍等方面难以支撑深远海开发活动对海洋环境的影响监测与评估。如针对深海采矿的环境评估，我国研究仍以采矿活动及其前后的环境调查监测为主，对采矿活动周围环境的物理化学过程、生物多样性影响等尚无明确认识，对深海采矿环境影响程度还无法进行定量评价。

（四）深远海资源开发顶层设计与政策扶持力度有限

迄今为止，我国除了出台了《中华人民共和国深海海底区域资源勘探开发法》，对其他类型资源的开发活动，缺少专门的顶层设计，仅在一些宏观规划或指导意见中提出了发展导向。深远海养殖、深远海海上风电开发存在政策真空区，缺少全面科学的战略规划和总体布局设计，相关配套扶持政策措施尚未建立。对于资金需求巨大的深远海资源开发活动，财政、金融等政策支持不足，导致深远海资源开发项目生产运营困难。

三、对策建议

（一）加强顶层设计与产业布局规划，强化政策扶持

深远海资源开发利用逐渐成为我国拓展蓝色空间，推进海洋经济高质量发展的新战场、新趋势。国家和沿海地方应从战略高度重视深远海资源开发，将其纳入国民经济发展的战略规划体系中。围绕不同类型的产业活动，出台一系列相关产业规划、扶持政策、管理办法和技术规范，加快深远海矿产资源商业化开发，推进深远海养殖、深远海风电开发规范有序发展。鼓励有条件的地方和企业开展制度、项目、技术、装备等方面的先行先试，并给予政策扶持。同时建立健全多元化投融资体系，深远海资源开发是高技术、高投入、高风险、高效益的产业，持续稳定的资金保障是产业发展的基石，可通过政府引导支持和设立国家与地方相结合的产业转向补贴资金，以国家财政资金为引导，通过企业介入和风险投资等途径整合优势资源，多渠道筹措资金，鼓励跨行业和跨区域参与深远海资源开发。积极引进外资和启动民营资本，在贷款、税收和保险等方面给予优惠，加大其投入力度，形成全社会资金支持深远海资源开发的态势。

（二）强化科技自主创新，推进深远海开发技术装备自立自强

以国家科技专项为牵引，增强深远海资源开发技术装备自主创新能力，构建国内深远海资源开发装备产业链。发挥我国新型举国体制优势，加强深远海科技力量整合和协同创新，完善科技引领、工程推进、前瞻布局、产学研融合等深远海科技创新链条。重点开展深远海工程核心装备、关键设备、关键产品的现场测试、第三方认证和检验，提高国产装备及产品的稳定性和可靠性。

（三）注重深远海海洋生态环境保护，强化开发活动全过程环境监测与影响评估

逐步建立健全深远海海洋生态环境保护制度和政策。完善壮大我国深远海海洋环境监测业务体系，加强技术装备保障能力和人才队伍建设。加强深远海资源开发区域的生态环境监测和动态管理，在勘探开发活动实施前对拟实施区域进行科学调查、合理规划和环境评价，在勘探开发活动实施和完成后对实施区域的海洋生物多样性、海底等情况进行定期监测和评估。同时针对深远海开发活动对海洋生态环境的影响，开展生态环境修复方法研究，提出有效的应对策略。

（四）统筹国际国内资源，加强深远海资源开发领域国际合作

深化与其他沿海国家在深远海资源开发方面的合作，探讨更佳的合作模式，联合进行技术攻关与开发，建议由有关部门牵头发起大型国际深远海资源环境友好型开发模式合作研究计划，将深远海科学基础研究的成果与深海资源开发结合起来。深度参与国际深远海资源开发、环境调查等共性技术研究和国际标准规范研制，提高我国的国际话语权。

执笔人：朱凌（国家海洋信息中心）
胡洁（国家海洋信息中心）
黄超（国家海洋信息中心）

7
南极渔业资源开发利用现状及启示

摘要：南极海域辽阔，渔业资源丰富，科学地开发利用与保护南极渔业资源至关重要。党的二十大报告中提出了"发展海洋经济、建设现代化产业体系、增强自主创新能力"等多项期许，而南极渔业资源开发利用需要具备较高的科技水平，有助于激发我国远洋渔业科技发展潜力，促进产业转型升级。本文从捕捞物种、捕捞能力、磷虾产业等方面对南极渔业资源开发利用情况进行分析研究，结合主要国家南极渔业资源开发利用情况，思考我国如何参与南极渔业资源开发利用，并给出相应的建议。

关键词：南极磷虾；渔业资源；渔业贸易；磷虾产业

南极海域生物资源丰富，有 7000 余种，南极磷虾是南极海域具有代表性的渔业资源之一，其蕴藏量丰富，在南极海洋生态系统中发挥着重要作用。1959 年《南极条约》出台，各国对南极及南大洋资源的关注度日益提高。为了更好地保护南极海洋生物资源，1980 年澳大利亚、新西兰、美国等国签署了《南极海洋生物资源养护公约》，并于两年后成立了南极海洋生物资源养护委员会（Commission for the Conservation of Antarctic Marine Living Resources，CCAMLR）。CCAMLR 作为《南极条约》框架下管理海洋生物资源的唯一多边机构，负责制定各类渔业资源养护措施，受理并发放南极渔船捕捞申请，发布统计数据和报告等。

中国自 2009 年起参与南极渔业资源开发利用，至今已有 10 余年的时间，由于起步时间远远晚于俄罗斯、日本、挪威等国家，核心技术与国际先进水平仍存在一定差距。南极渔业资源开发利用需要具备较高的科技水平，有助于激发我国远洋渔业科技发展潜力，促进产业转型升级。此外，南极磷虾营养物质丰富，合理开发利用南极渔业资源也为当前世界粮食安全与营养问题提供了多元化的解决方案。

一、南极渔业资源开发利用总体概况

按照联合国粮食及农业组织对渔区的划分，南极渔区包括大西洋—南极海区（48 渔区）、印度洋—南极海区（58 渔区）和太平洋—南极海区（88 渔区），这三个渔区海域面积约占全球海域总面积的 9.5%（表 4-7-1）。目前渔业活动主要集中在 48 渔区，南极渔区捕捞物种主要为南极磷虾（Antarctic krill）、小鳞犬牙南极鱼（Patagonian toothfish）、莫氏犬牙南极鱼（Antarctic toothfish）和裘氏鳄头冰鱼（Mackerel icefish）。磷虾是极具代表性的南极渔业资源，CCAMLR 规定目前只能在 48.1、48.2、48.3、48.4、58.4.1、58.4.2 子渔区进行磷虾捕捞作业，已探明 48 渔区南极磷虾储量约为 6260 万吨。

表 4-7-1　南大洋渔区面积及 2020 年捕捞情况

渔区	渔区构成	面积/万平方千米	占全球海域比重/%	捕捞量/吨	占总捕捞量的比重/%
48 渔区	48.1；48.2；48.3；48.4；48.5；48.6	1180	3.3	453272	96.83
58 渔区	58.4.1；58.4.2；58.4.3a；58.4.3b；58.4.4b；58.5.1；58.5.2；58.6；58.7	1270	3.5	10908	2.33
88 渔区	88.1；88.2；88.3	960	2.7	3935	0.84
	合计	3410	9.5	468115	100

资料来源：根据 FAO 全球渔区分布和 CCAMLR 网站信息整理。

　　根据 CCAMLR 统计数据，2020 年南极海域水产品的总捕捞量为 46.8 万吨，同比增速 15.2%。2011—2020 年南极海域水产品捕捞量呈现波动上升趋势，2013 年、2014 年南极海域水产品捕捞量同比增速最快，均超过 30%。2015 年、2017 年南极海域水产品捕捞量出现两次回落，2017—2020 年，南极海域水产品捕捞量持续上升（图 4-7-1）。结合捕捞品种与渔区分布来看，2020 年南极磷虾以 45.1 万吨的年捕捞量稳居第一，小鳞犬牙南极鱼、莫氏犬牙南极鱼的捕捞量分别为 1.2×10^4 吨和 4000 吨，上述总捕捞量约占南极海域总捕捞量的 99.8%。48 渔区的捕捞量占南极海域水产品捕捞总量的 96.8%，约为 45.3 万吨；58 渔区的捕捞量约为 1.1 万吨，小鳞犬牙南极鱼是该渔区的主要捕捞物种。

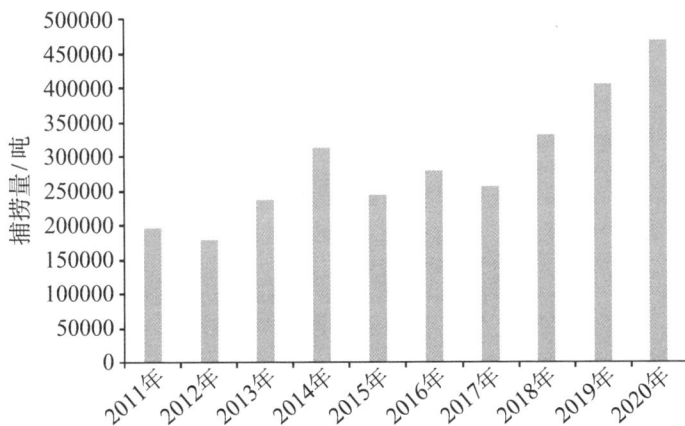

图 4-7-1　2011—2020 年南极海域水产品捕捞量
（资料来源：CCAMLR 统计公报，第 33 卷）

二、各国南极渔业资源开发利用情况比较分析

　　南极渔业资源开发利用活动可追溯至 20 世纪 70 年代，早期的开发国家主要为苏联和日本，随后韩国、乌克兰等国家纷纷加入南极磷虾商业捕捞队伍。中国于 2007 年正式成为 CCAMLR 成员国，积极投身南极生物资源保护

事业，2009 年起开始南极磷虾商业探捕。2020 年，来自全球 14 个国家的 48 艘渔船在南极海域开展渔业资源捕捞活动，总捕捞量超过 46 万吨。

（一）各国南极海域捕捞品种情况

各国在南极海域进行捕捞的品种可分为南极磷虾和南极鱼类（小鳞犬牙南极鱼、莫氏犬牙南极鱼、裘氏鳄头冰鱼等）两大类别，进行南极鱼类捕捞的国家数量明显多于南极磷虾捕捞的国家。日本、澳大利亚等 9 个国家在南极海域只进行南极鱼类的捕捞作业，智利、韩国、乌克兰在南极海域开展综合性捕捞，挪威、中国在南极海域只捕捞南极磷虾。尽管全球捕捞南极磷虾的国家只有 5 个，但南极磷虾捕捞量在南极海域总捕捞量中占据绝对优势（图 4-7-2）。

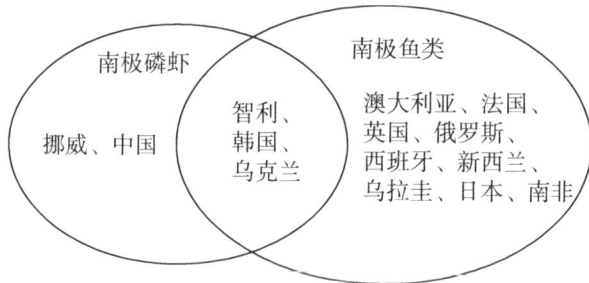

图 4-7-2　2020 年各国南极海域捕捞品种

在南极鱼类中，进行莫氏犬牙南极鱼捕捞的国家最多，有英国、乌克兰、智利等 12 个国家；其次为小鳞犬牙南极鱼，捕捞作业的有法国、澳大利亚、英国等 7 个国家，小鳞犬牙南极鱼的捕捞量最高。裘氏鳄头冰鱼主要分布于印度洋的凯尔盖朗群岛和赫德岛附近、大西洋多数岛屿附近水域，2020 年只有澳大利亚捕捞此种鱼。中国尚未进行南极鱼类的捕捞作业，主要受限于该项捕捞技术水平及捕捞设备还不完善，且南极犬牙鱼类的捕捞限额与南极磷虾相比较低。

（二）各国南极海域捕捞量分析

南极商业渔业阶段于 20 世纪 70 年代初期正式开启，1981 年南极磷虾总捕捞量达到 52.6 万吨的峰值，此时开发与利用南极渔业资源的国家是苏联与日本，智利、韩国于 20 世纪 80 年代加入南极磷虾开发行列。受捕捞技术的限制以及苏联解体的影响，20 世纪 90 年代南极磷虾的捕捞量开始出现大幅回落，1994 年磷虾捕捞量不足 10 万吨，这一阶段主要的捕捞国为日本、波兰和乌克兰。随着南极磷虾开发利用的技术进步与产业发展，21 世纪挪威逐渐成为继苏联和日本的后起之秀，日本则逐渐退出南极磷虾捕捞活动，如今中国逐步成长为南极磷虾开发利用的大国之一。

　　挪威在南极渔业资源开发领域独占鳌头，2020 年南极磷虾捕捞量达 245434 吨，超过当年南极海域总捕捞量的一半，作业区域主要集中在 48.1 ~ 48.4 子渔区内。其次为中国、韩国两个国家，但两者捕捞量之和仅占挪威的 66.5%；智利、乌克兰的南极磷虾捕捞量位列第四、第五名（表 4-7-2）。

表 4-7-2　2020 年各国南极海域捕捞量、捕捞种类表

序号	国家	捕捞量 / 吨	捕捞种类
1	挪威	245434	南极磷虾
2	中国	118359	南极磷虾
3	韩国	45780	南极磷虾、莫氏犬牙南极鱼
4	智利	22063	南极磷虾、小鳞犬牙南极鱼、莫氏犬牙南极鱼
5	乌克兰	21346	南极磷虾、莫氏犬牙南极鱼
6	法国	6605	小鳞犬牙南极鱼、莫氏犬牙南极鱼
7	澳大利亚	4226	小鳞犬牙南极鱼、莫氏犬牙南极鱼、裘氏鳄头冰鱼
8	英国	2051	小鳞犬牙南极鱼、莫氏犬牙南极鱼
9	新西兰	791	小鳞犬牙南极鱼、莫氏犬牙南极鱼
10	南非	388	小鳞犬牙南极鱼、莫氏犬牙南极鱼
11	日本	116	小鳞犬牙南极鱼、莫氏犬牙南极鱼

（续表）

序号	国家	捕捞量/吨	捕捞种类
12	俄罗斯	366	莫氏犬牙南极鱼
13	西班牙	339	莫氏犬牙南极鱼
14	乌拉圭	183	莫氏犬牙南极鱼
合计		468047	

资料来源：CCAMLR统计公报，第33卷。

中国于20世纪80年代开始南极磷虾产业布局，中国科考团队首次到达南极时就将磷虾列为重点考察对象之一。2007年10月2日，中国正式成为CCAMLR成员国，秉持负责任的态度开发和合理利用南极海洋生物资源；两年后开始南极磷虾商业探捕，首次磷虾捕捞量为1956吨。中国南极磷虾产业发展迅速，初期采用扩大南极磷虾探捕规模及范围、改进生产方式、提升国际履约能力等举措，于2012年取得实质性进展。10余年来，中国南极磷虾产业在磷虾资源研究、船载捕捞加工技术装备等领域不断积累与发展，2020年南极磷虾捕捞量达118359吨，实现了数量级的突破，从磷虾产量上看已跻身世界第二位。

韩国、日本的南极渔业捕捞活动均早于中国，且捕捞物种更丰富。20世纪90年代初，韩国开始参与南极磷虾的捕捞活动，2020年，韩国南极磷虾捕捞量约为4.4万吨、莫氏犬牙南极鱼1200吨。2020年，日本南极海域的捕捞量仅为116吨，捕捞物种为小鳞犬牙南极鱼、莫氏犬牙南极鱼。日本参与南极渔业捕捞活动已有40余年的历史，曾是世界一流的磷虾捕捞大国，于2001年创下南极磷虾最高捕捞纪录。但近年来由于日本远洋渔船老化、产能下降，在与新兴国家的竞争中逐渐趋于劣势。2013年，日本退出了南极磷虾的开发行列。

（三）各国南极海域作业渔船情况比较分析

2020年全球取得南极海域捕捞许可的作业渔船中，韩国渔船数量最多，为 8 艘；其次为乌克兰和澳大利亚；中国共有 4 艘渔船获得南极捕捞许可，日本有 2 艘（图 4-7-3）。各国每年申请在南极海域作业的渔船数量有所波动，但总体变化不大。2022 年韩国新增 "Blue Ocean" "Hong Jin No.701" 等 4 艘作业船只；日本则只保留 "Shinsei Maru No.8" 一艘作业渔船，这也是该年度中批准捕捞期限最长、捕捞区域最广的渔船。

表 4-7-3　2020 年南极海域获批入渔船只

国别	渔船数量 / 艘	国别	渔船数量 / 艘
俄罗斯	1	法国	3
西班牙	1	智利	3
乌拉圭	2	挪威	4
南非	2	中国	4
日本	2	乌克兰	6
英国	3	澳大利亚	6
新西兰	3	韩国	8

资料来源：根据 CCAMLR 船只授权清单（List of authorized vessels）整理。

受南极海域复杂的自然环境、南极磷虾离水易变质的生物特性影响，南极磷虾捕捞加工船只的技术水平是否高效，是合理开发利用南极渔业资源的关键因素之一。2005 年挪威正式开始南极磷虾商业探捕且发展迅速，与其丰富的远洋作业经验、南极磷虾捕捞加工船只效率高、补给船只先进环保密不可分。2020 年挪威在南极进行磷虾作业的 4 艘船只均属于 Aker Biomarine 公司，其中 "Saga Sea" "Antarctic Sea" 船只捕捞技术先进，2019 年建造完成的 "Antarctic Endurance" 船只更是具有全球先进的横杆真空连续泵吸技术和虾粉加工工艺；南极补给船 "Antarctic Provider" 于 2021 年投入使用，主要用于运输南极磷虾和运载船员，补给燃料及其他消耗品，节约成本，提升南极磷虾资源开发的灵活性。

2020 年，中国在南极海域作业的渔船为 "福荣海" "福远渔 9818" "龙发" "龙腾" 4 艘，均为二手拖网渔船。"福荣海" 是中国捕捞南极磷虾时间最久、捕捞量最大的渔船，由辽渔集团从日本引进并改造，于 2021 年 10 月 22 日光荣退役。"龙腾""龙发"均属于中水集团远洋股份有限公司。"龙腾"的作业年限仅次于"福荣海"。"龙发"则是俄罗斯建造的大型拖网渔船，于 2019 年完成修复性改造并再次赴南极作业。2022 年，中国首艘自主研制建造的南极磷虾专业捕捞加工船"深蓝"获批入渔，配备横杆连续泵吸技术、多种磷虾产品加工生产线，同时兼具部分科考功能。中国在南极磷虾捕捞加工船的设计、研发等领域不断提升，实现了从引进二手大型拖网渔船到自主研发专业捕捞装备和技术的转变，但与挪威相比差距仍然明显，智能化磷虾捕捞加工船是下一步重点研究与建造的方向。

（四）各国南极鱼类贸易情况统计分析

犬牙南极鱼类的捕捞量较小，因此贸易量也不大。为促进犬牙南极鱼类的捕捞及贸易活动的可持续发展，CCAMLR 实施了"渔获物文件计划"（Catch Documentation Scheme，CDS），在犬牙南极鱼类的整个贸易周期中，从上岸点开始监测贸易国家及数量。2020 年，南极犬牙鱼类总贸易量约为 2 万吨，主要贸易产品为小鳞犬牙南极鱼，出口犬牙南极鱼类的有阿根廷、澳大利亚、智利等 19 个国家，其中超过半数的国家参与南极渔业资源的开发活动，排名前 10 位的国家贡献了约 95.7% 的贸易量。

犬牙南极鱼类出口量排名前 3 位的国家为法国（3600 吨）、智利（3500 吨）、阿根廷（2800 吨）；法国、阿根廷和毛里求斯是小鳞犬牙南极鱼出口量排名前 3 位的国家，莫氏犬牙南极鱼出口量排名前 3 位的国家是智利、新西兰、英国。犬牙南极鱼类经济价值较高，捕获产品主要用于制作冷冻切块鱼肉、腌渍食品等，全球涉及犬牙南极鱼捕捞加工贸易的国家近 40 个。

表 4-7-4　2020 年南极海域犬牙南极鱼类贸易量排名前 10 位的国家

序号	国家	莫氏犬牙南极鱼/吨	小鳞犬牙南极鱼/吨	总计/吨
1	法国	10.5	3585.43	3595.93
2	智利	1360.61	2116.87	3477.48

（续表）

序号	国家	莫氏犬牙南极鱼/吨	小鳞犬牙南极鱼/吨	总计/吨
3	阿根廷	/	2823.16	2823.16
4	英国	482.99	1957.73	2440.72
5	毛里求斯	27.03	2313.95	2340.98
6	乌拉圭	52.54	1338.62	1391.16
7	韩国	205.86	656.85	862.71
8	澳大利亚	139.88	666.19	806.07
9	新西兰	670.56	99.69	770.25
10	南非	156.52	466.35	622.87
	总计	3106.49	16024.84	19131.33

资料来源：CCAMLR 统计公报，第 33 卷。

（五）南极磷虾产业链发展情况分析

南极磷虾产业属于典型的"资源在外型"产业，单纯依靠捕捞生产难以实现经济效益的提升。国际上的大型南极磷虾企业有挪威 Aker Biomarine 公司（简称"阿克公司"）、加拿大 Neptune Technology & Bioresource 公司（简称"海王星公司"）、智利 Tharos 公司等，营业范围包括捕捞与加工、技术服务及日常食品、饲料、保健品、磷虾油等产品的研发生产和销售，其中挪威、加拿大两家公司已在中国市场布局。

加拿大海王星公司与智利 Tharos 公司均侧重南极磷虾的高值化产品研发。2017 年，海王星公司宣布退出原料磷虾油的生产及经销活动，并将磷虾库存和知识产权、NKO 南极磷虾油品牌出售给挪威阿克公司，继续聚焦技术研发与磷虾油软胶囊产品生产。智利 Tharos 公司在磷虾行业有 30 余年的历史，其南极磷虾专利申请量在全球磷虾企业中排名第三位，是首个可以在作业船只上进行无溶剂磷虾油提取的公司，有效降低了生产成本。此外，Tharos 公司重视磷虾产业的可持续发展，通过计算磷虾油加工碳足迹、使用绿色溶剂等技术手段降低碳排放。

挪威阿克公司是目前全球南极磷虾产业链中最为完善的企业之一，在该国的南极磷虾开发与利用领域具有垄断地位，其业务活动包含上游船舶研发、磷虾探捕、终端产品研发等。2009 年阿克公司的"生态捕捞技术"专利大幅度提升了南极磷虾的捕捞率，先进的捕捞与加工技术奠定了发展基础，目前升级后的生态捕捞技术配备了哺乳动物排除装置，有效降低了副渔获物的风险。在产品研发与销售上，阿克公司是全球主要的南极磷虾相关产品供应商之一，终端产品有磷虾保健品、水产养殖和宠物饲料，占据较大的挪威市场份额；为进一步探索磷虾油、磷虾蛋白对人类健康的益处，2023 年阿克公司与格拉斯哥大学建立研究伙伴关系。在公司的经营理念上，阿克公司坚持南极渔业资源可持续发展理念，是全球首家经过海洋管理委员会（MSC）认证的磷虾渔业企业，其南极磷虾业连续 7 年被"可持续渔业伙伴关系（Sustainable Fisheries Partnership，SFP）"组织评为 A 级，并承诺在南极磷虾捕捞和加工渔船上使用绿色燃料。

我国南极磷虾企业有辽渔集团、中国水产有限公司、青岛远洋渔业有限公司等，主要经营范围分为船舶建造及捕捞加工、磷虾高值化产品研发两大类，涵盖磷虾全产业链的企业较少。辽渔集团是中国代表性的南极磷虾企业之一，曾参与组建中国第一支商业性开发南极磷虾船队，目前已初步搭建起南极磷虾全产业链发展模式，以提升企业自身的科研能力和科技成果转化效率。根据中国知网专利数据库数据，2011 年至今辽渔集团拥有 37 项南极磷虾相关发明专利，其中磷虾油提取、与加工品相关的有 20 余项，鲜有涉及南极磷虾捕捞技术和船载加工技术。2016 年，辽渔集团成立全资子公司"辽渔南极磷虾科技发展有限公司"，聚焦南极磷虾资源研究开发和高值化利用；2021年，与黄海造船有限公司共同建造"福兴海"号大型南极磷虾加工捕捞船，目前已进入实质性推进阶段。从销售角度看，辽渔集团的产品分为远洋产品和磷虾科技产品，采用线上线下相结合的营销方式，仅在辽宁省内知名度较高，市场份额有限。当前，辽渔集团的业务活动逐步发展为远洋捕捞、海洋生物产品研发、渔船装备与技术、运输与加工、产品销售等多个领域。

三、我国参与南极渔业资源开发利用的思考与建议

（一）我国南极渔业资源开发利用存在的主要问题

当前世界多国支持南极渔业资源可持续开发利用，并付诸实践。我国顺应国际发展趋势，有序参与南极渔业资源的开发利用和保护。2009 年以来，我国在南极磷虾捕捞数量、捕捞与加工船只、磷虾产业发展等方面取得了长足进步，但我国南极磷虾产业起步较晚，与挪威等优势国家相比仍有很大的提升空间。

一是磷虾捕捞与加工技术科研积累较少，基础研究薄弱。主要表现在磷虾捕捞加工船只设计、建造经验不足，船只专业程度有限，当前主要作业渔船仍是国外进口的高船龄二手渔船；渔船捕捞方式及船载加工技术有待改进，目前我国仍有作业渔船采用传统捕捞方法，捕捞加工船只的核心技术也尚未完全掌握，与国际上高效、环保、先进的捕捞技术仍存在一定差距。

二是磷虾产业链条不够完善。挪威在发展南极磷虾产业时，专注南极磷虾的捕捞加工、产品研发、市场开拓、科学研究和实用技术等多个环节，而我国南极磷虾企业分布较为分散，公司主营业务也略显单一，南极磷虾企业的全产业链发展模式仍处于初级阶段。在南极磷虾企业品牌构建上，我国虽已在磷虾精深产品加工领域取得部分专利，但市场销售份额较低，在国际市场上份额尤为有限。

三是南极渔业可持续发展理念仍需进一步加深。目前已出台《农业农村部关于促进"十四五"远洋渔业高质量发展的意见》《中国远洋渔业履约白皮书（2020）》等政策指导文件，但我国南极磷虾企业在南极渔业可持续开发与利用领域参与度不足，在南极渔业可持续发展及相关环保产品的宣传力度上有待提升，未来南极磷虾企业如何参与磷虾产业布局、如何落实渔业可持续发展理念，国家层面的宏观引导任重而道远。

（二）我国南极渔业资源开发利用的对策建议

结合主要国家南极渔业资源开发利用情况，对我国如何参与南极渔业资源开发利用提出如下思考与建议。

一是吸收借鉴国际优秀实践，坚持南极渔业资源可持续发展。部分国家已出台政策文件，引导南极资源开发利用活动向环保与可持续性方向发展。2015年《挪威在南极地区的利益和政策白皮书》中明确提出寻求南极环境保护和资源开发之间的平衡，2022年澳大利亚更新《澳大利亚南极战略及20年行动计划》，提出可持续管理南极磷虾的发展，具体措施包括对磷虾及其捕食者的科学研究、有针对性的科学调查南大洋生态系统、搭建科学实验室研究磷虾的生态恢复能力。建议我国进一步加强对南极渔业资源开发利用活动的指导和监管，坚持可持续发展理念，尊重生态平衡、经济规律和国家利益，稳妥有序推进南极渔业资源的开发利用。同时，加强对磷虾产业的国际发展趋势、优秀国际案例、发展模式的跟踪和分析，深入研究并逐步完善我国南极磷虾产业发展规划，合理调控南极磷虾捕捞渔船规模，发展南极磷虾绿色船舶，做好国内磷虾产业发展布局。

二是加强国内外合作，提升南极磷虾产业科技创新水平。挪威南极磷虾产业迅猛发展得益于其精湛的捕捞和加工技术、先进且环保的捕捞加工船只和补给船只，以及全产业链的发展模式。目前我国的南极作业渔船多为国外进口的大龄渔船升级改造而成，"深蓝"的建造说明我国在智能化磷虾捕捞加工船的方向上经不断探索，取得了一定的进步，但与国际先进水平仍存在明显差距。一方面应鼓励龙头企业牵头建设南极磷虾产业创新联盟等平台，集聚国内外船舶制造、捕捞装备、水产品精深加工、海洋制药等企业和高校、科研院所，加强国际合作，促进协同创新；另一方面应重点突破南极磷虾船舶装备技术、精深加工及高值化利用新工艺和新技术，协同高端海洋生物制品与生物医药研发攻关，推广"产学研用"合作模式，在做好磷虾企业品牌建设的同时，提升科研成果转化能力，缩短我国与先进国家在捕、存、开发等方面的差距。

　　三是打破学科壁垒，培养南极渔业复合型人才。当前，南极地区的科学研究一般为自然科学，而南极渔业资源的可持续发展需要多领域人才协同作用，打破各学科之间的壁垒、培养复合型专业人才势在必行。在海洋生态系统保护、磷虾船舶制造与研发、生态捕捞技术、低碳冷链物流、海洋生物制药、磷虾企业品牌建设等多个领域，对标国际发展趋势，不断提高渔业从业人员的科研水平和专业技能，打造专业化的研究与运营团队，促进南极磷虾全产业链模式发展。同时，培养具备多学科背景的外向型人才，关注相关国际规则的制定与修改及该领域技术创新情况，增加我国在国际南极渔业保护活动中的贡献度，为我国参与南极渔业资源开发利用提供智力支持。

执笔人：刘禹希（国家海洋信息中心）

林香红（国家海洋信息中心）

陈琛（中国政法大学）

注：本文已在《中国渔业经济》2023 年第 2 期发表。

8
中国海洋经济绿色发展研究

摘要： 随着经济全球化进程的加快和海洋强国战略的实施，海洋经济已成为国民经济发展的重要支撑。然而，海洋经济高速增长随之带来的海洋生态环境问题对海洋经济绿色发展提出了迫切要求。本报告从我国海洋经济绿色发展的现状出发，利用非参数方法评估海洋经济绿色发展水平，讨论技术效率、中性技术进步、投入偏向性技术进步和产出偏向性技术进步对海洋经济绿色发展的贡献，以求客观、全面地反映当下我国海洋经济绿色发展现状和面临的挑战，并提出相应的对策建议。研究结论为实现海洋经济和生态环境的双赢平衡、推动海洋强国战略的实施提供经验参考。

关键词： 技术效率；技术进步；偏向性技术进步；海洋经济绿色发展

21 世纪以来，随着海洋强国战略的实施，海洋经济得到了快速发展，已经逐步成为国民经济发展的重要支撑。然而，过去大量开发资源以提升海洋经济的粗放型发展模式导致海洋生态环境受损严重。海洋生态环境破坏与海洋经济增长失衡的加剧，阻碍了海洋经济健康增长，由此对海洋经济绿色发展提出了迫切要求。

海洋经济绿色发展是新时代背景下满足海洋经济可持续发展要求的新发展模式，目的是实现海洋经济和海洋生态环境的和谐统一，核心是在海洋开发中引入经济绿色发展理念，通过优化资源配置、提高资源利用效率等方法提升技术效率，通过技术创新等方法推动技术进步，将经济发展中的各项节能降耗技术和清洁技术应用于海洋经济，实现海洋经济持续增长与海洋生态环境保护之间的平衡。

因此，本报告基于对我国海洋经济绿色发展现状的探讨，对海洋经济绿色发展水平进行科学准确的测度和评价，以求客观、全面地反映当下我国海洋经济绿色发展状况。在此基础上，分析出海洋经济绿色发展的驱动因素，为绿色发展提出相关的对策建议，为实现海洋经济和生态环境的双赢平衡、推动海洋强国战略的实施提供经验参考。

一、我国海洋经济绿色发展的现状

（一）一系列促进海洋经济绿色发展的政策先后出台

我国先后颁布了一系列政策条例来推动海洋经济绿色发展。在相关政策的引导和推动下，我国海洋经济发展正逐渐由"数量型"向"质量型"转变，海洋开发方式由"资源消耗型"向"循环利用型"转变。

2007 年 10 月，党的十七大提出要建设生态文明、发展海洋产业。同年11 月，国务院批准发布《国家环境保护"十一五"规划》，要求"十一五"期间的海洋生态环境保护要以削弱陆源污染物排放为重点，以重点海域污染治理为突破口，加强海洋生态保护，提高海洋环境灾害应急能力，改善海洋生态系统服务功能。相关政策为今后海洋生态环境保护工作奠定了重要基础。

2012 年 11 月，党的十八大报告中提出了"提高海洋资源开发能力，发展海洋经济，保护生态环境，坚决维护国家海洋权益"的海洋强国战略方针。2013 年国家海洋局设立国家级海洋生态文明示范区，2014 年实施海洋生态红线制度，在重点生态功能区、生态环境敏感区或是脆弱区等区域划定生态红线。随着相关政策的有效推进，陆源污染、生态保护修复、环境风险防范等海洋生态环境治理工作力度持续加大。

2017 年 5 月，科技部联合国土资源部和国家海洋局发布了《"十三五"海洋领域科技创新专项计划》，对海洋科技创新技术在海洋绿色发展等领域的研发和应用做出了重要部署，为合理开发海洋、科学管理海洋提供有利的科技支撑。同年 10 月，党的十九大报告进一步提出要坚持陆海统筹，加快建设海洋强国。为深入贯彻落实党的十九大精神、推动海洋产业绿色发展，2018 年 2 月，国家海洋局发布了《全国海洋生态环境保护规划（2017—2010年）》，明确了主要工作思路：以解决群众反映强烈的突出环境问题、实现海洋生态环境质量的整体改善为根本，以实施以生态系统为基础的海洋综合管理为导向，实行最严格的生态环境保护制度，打好海洋污染治理攻坚战，早日实现"水清、岸绿、滩净、湾美、物丰"的美丽海洋目标。这体现了全方位、多角度、立体化推进海洋生态环境保护工作的布局。

2022 年 1 月，生态环境部会同相关单位编制了《"十四五"海洋生态环境保护规划》，立足新发展阶段，坚持减污降碳协同增效，以海洋生态环境持续改善为核心，统筹污染治理和生态保护，健全陆海统筹的生态环境治理制度体系，提升海洋生态环境治理能力，协同推进沿海地区经济高质量发展和生态环境高水平保护，不断满足人民日益增长的优美海洋生态环境需要。同年 10 月，党的二十大报告中仍然强调"发展海洋经济，保护海洋生态环境，加快建设海洋强国"。习近平总书记关于建设海洋强国的重要论述和党的二十大报告是指导新征程中实现海洋经济绿色发展的行动指南和根本遵循。

（二）海洋经济"绿色化"增长方式凸显

自"十二五"时期以来，国家生态文明建设为海洋经济结构调整指明了方向，"生态优先，绿色发展"成为海洋经济发展的重要原则。

一方面，海洋产业逐渐向绿色低碳化、集群化和特色化的方向发展。近年来，具有绿色发展特征和需求的海洋新兴产业，如海上风电产业、海洋生物医药、海水利用产业发展提速，海洋传统产业转型升级步伐加快，海洋经济"绿色化"增长方式逐步显现并潜力巨大。2018 年后受到国内外环境及新冠疫情的影响，海洋产业发展受到明显冲击，海洋经济总量有所下滑，但整体表现出了较强韧性。随着海洋强国战略的稳步实施和绿色发展的持续推进，2021年海洋经济总量再次回升，海洋新兴产业增势强劲。

另一方面，海洋资源利用更加高效。目前，我国大量海洋产业的发展主要依靠直接开发近海资源、空间资源、岸线资源和航道资源，其中航道资源既是战略资源又是稀缺资源。此外，海上风电产业、海水利用业、海洋生物医药业等新兴产业也存在着直接利用海洋资源的现象。在各类海洋产业用海规模迅速扩大的背景下，我国提出了"集约节约用海"这一海洋资源高效利用的手段。海洋资源的高效利用体现在海洋生产活动的各个环节，如开发审批、项目布局、开发过程监管、经营生产、消费和分配，进而提高海洋资源配置效率和利用效率，实现良性循环，推动了海洋经济绿色发展。

（三）海洋生态环境持续改善

在海洋污染治理和生态环境保护相关政策指导下，我国海洋生态环境保护与修复工作取得了明显成效。

从海水水质状况来看，管辖海域水质总体稳定。2017年后近岸海域海水主要污染物（无机氮和活性磷酸盐）的平均浓度和超标率明显下降；2022年夏季符合第一类海水水质标准的海域面积占管辖海域面积的97.4%，近岸海域水质总体保持改善趋势，优良（一、二类）水质面积比例为81.9%，同比上升0.6%，比2010年增加19.2%（图4-8-1），劣四类水质海域主要分布在辽东湾、渤海湾、莱州湾、长江口、杭州湾、珠江口等近岸海域。目前，全国入海河流水质状况为轻度污染，海洋倾倒区、海洋油气区环境质量基本符合海洋功能区环境要求，海洋渔业水质环境质量总体良好。

从海洋生态状况来看，海洋生态退化趋势得到遏制。2022年，开展的24个典型海洋生态系统健康状况监测中，并未存在不健康状态的海洋生态系统，其中珊瑚礁和红树林生态系统均处于健康状态，生态系统的质量和稳定性稳步提升；国家级自然保护区生态状况总体稳定。辽宁大连斑海豹国家级自然保护区、广东徐闻珊瑚礁国家级自然保护区、广西合浦儒艮国家级自然保护区和广西北仑河口国家级自然保护区生态环境状况等级为一

级，整体状况优良；海洋生物多样性得到有效保护；沿海地区湿地面积总
体稳定。

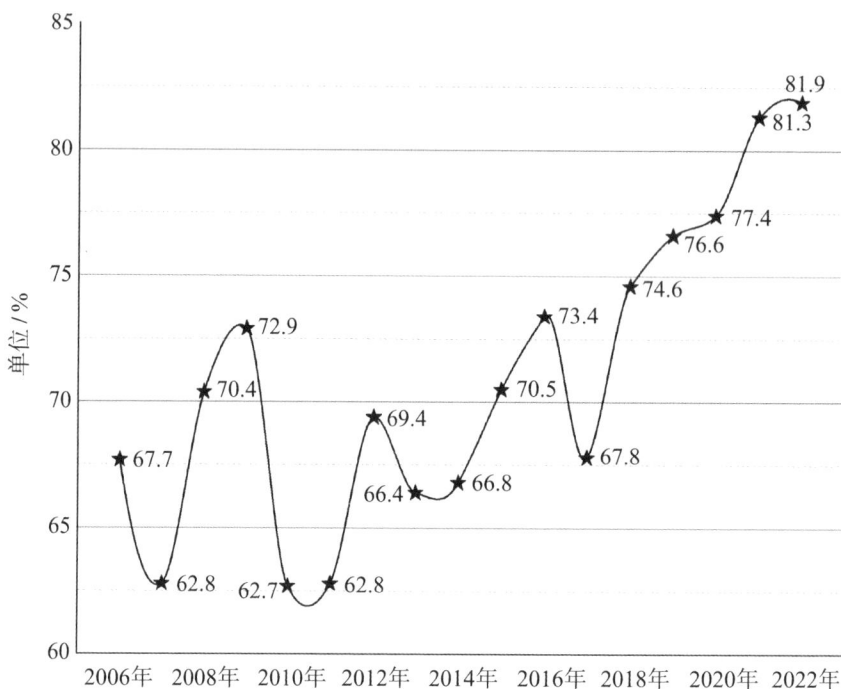

图 4-8-1　近岸海域优良（一、二类）水质面积占比
（数据来源：历年《中国近岸海域生态环境质量公报》《中国海洋生态环
境状况公报》）

二、我国海洋经济绿色发展状况评价

　　海洋经济生产系统是一个多投入、多产出的复杂系统，生产实践中的各
种投入和产出都会对海洋经济绿色发展水平产生影响。海洋经济绿色发展要
求充分激发生产要素潜能，最大限度地发挥各要素的协同作用，降低对海洋
生态环境带来的恶劣影响、提高对海洋资源的有效利用，实现粗放型发展向
集约型发展的转变、要素依赖型发展向技术推动型发展的转变。那么，海洋
经济绿色发展的评价应当与这一发展需求相结合，在综合考虑海洋经济增长、
海洋资源节约和海洋污染减排的基础上，注重技术进步、规模经济、组织管理

创新、制度因素等非要素投入因素对生产效率的综合提升作用。

海洋经济投入和产出的关系可以通过考虑海洋生态环境约束的生产函数得到体现，即在投入端纳入海洋资源、资本和劳动力要素，在产出端将海洋经济总产值和海洋生态环境污染分别作为期望产出和非期望产出。当提高海洋经济活动收益的同时，能够节约投入要素、减少污染排放，意味着海洋经济绿色发展水平得到提升。

综合上述考虑，本报告基于纳入非期望产出的生产函数，测算得到绿色全要素生产率来反映海洋经济绿色发展水平。绿色全要素生产率是指考虑了资源消耗和生态环境约束后，除各投入要素外所有因素的产出增长率。该指标充分反映了在资源环境约束下，海洋经济生产系统投入产出的总体转化效率，是绿色发展水平变化率的直观体现，能客观反映该系统的整体绿色发展状况。因此，提升绿色全要素生产率对海洋经济发展的贡献，是实现海洋经济从粗放型、资源要素依赖型发展向集约型、技术推动型发展方向转变的重要方式，也是研究海洋经济绿色发展问题的重要落脚点。

本报告利用非参数 DEA 模型进行测算，利用投入和产出指标综合评估我国海洋经济绿色发展水平及其驱动因素的贡献，相关指标构建见表 4-8-1。以 DEA 模型为代表的非参数方法不需要预设生产函数的具体形式，既减少了前定生产函数带来的测度偏差，又不需要收集海洋经济生产过程中所产生的污染物的价格等数据，使测算条件更容易满足，可操作性更强，得到的结论更客观可靠，是解决多投入多产出下效率测度问题的重要方法。为了将非期望产出合理地纳入分析框架，本报告利用基于混合距离函数的 EBM（Epsilon-Based Measure）模型进行效率测算。该模型既考虑了目标值与实际值的径向比例，也能反映各投入与产出之间非径向的松弛变动，能更加真实地反映评价单元的相对效率水平。研究对象划定为我国 11 个沿海省份（受限于数据可得性，不包含香港、澳门和台湾地区）。相关数据来自历年《中国海洋经济统计年鉴》《中国统计年鉴》《中国环境统计年鉴》以及各沿海地区统计年鉴。

表 4-8-1 指标选取及构建方法

类别	指标名称	指标构建	计算方法
投入指标	海洋资源	货物吞吐量/万吨 旅行社数量/家 海水养殖面积/公顷	熵值法
	资本	地区资本存量×（海洋经济生产总值/地区生产总值）/亿元	永续盘存法
	劳动力	涉海从业人员数/万人	无
产出指标	期望产出	海洋经济生产总值/亿元	以 2006 年为基期做不变价处理
	非期望产出	工业废水排放量×（海洋经济生产总值/地区生产总值）/万吨	无

  本报告测算得到 2007—2019 年我国沿海地区海洋经济绿色全要素生产率指数，其整体均值为 1.036，在大多数年份中的测算数值大于 1，表示海洋经济绿色发展水平整体稳定向好。为更好地反映我国海洋经济绿色发展水平的趋势特征，对绿色全要素生产率指数做累乘处理（图 4-8-2）。样本期内绿色发展水平先平稳波动后明显上升，阶段性特征明显：2006—2015年，绿色发展水平平稳波动；到 2015 年有所改善，并在 2017 年后实现大幅提升。

  2012 年以前，海洋经济绿色发展水平围绕 1.15 上下波动，绿色全要素生产率从 2009 年的 1.176 下降到 2012 年的 1.126。这说明该阶段以海洋经济总产值为导向的开发生产方式导致海洋资源消耗巨大，加之海洋经济绿色发展基础薄弱，技术水平滞后，在不断生产扩张的过程中，海洋技术和资源禀赋、生态环境保护需求的匹配程度较低，难以充分挖掘和合理利用海洋资源，造成了一定程度的海洋资源浪费和生态环境破坏。此外，该阶段海洋高新技术人才和资本不仅欠缺，而且分配不合理，降低了生产要素的利用效率，导致海洋经济绿色发展节奏缓慢。

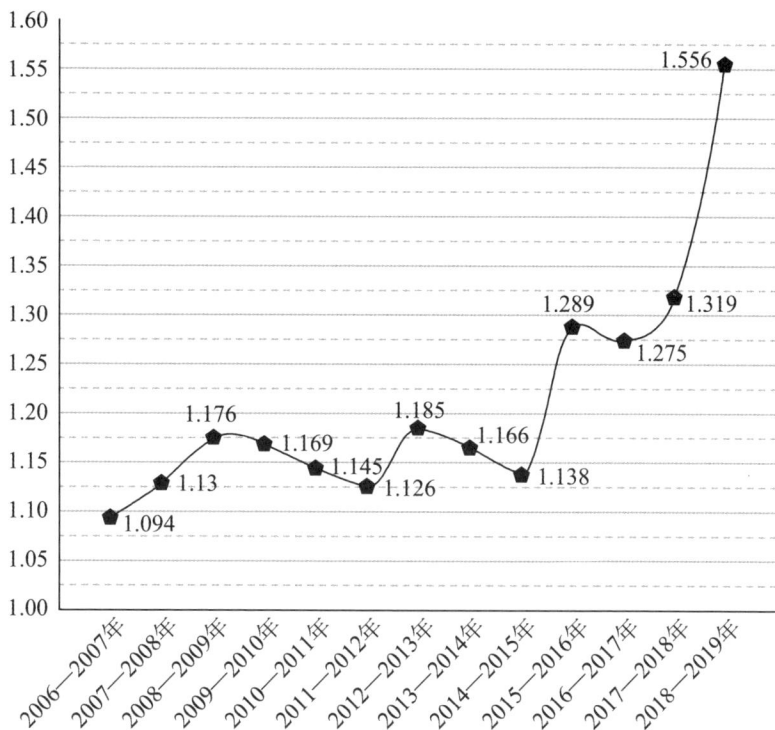

图 4-8-2　2007—2019 年海洋经济绿色全要素生产率变动趋势

在前期高投入、高污染、低产出发展方式的倒逼下，我国海洋经济绿色发展进入阶段性调整。2012 年，面对海洋资源和环境的双重压力，党的十八大做出了建设海洋强国的重大部署，明确强调了对海洋生态环境保护的要求，迫切需要相关海洋产业向减少环境损害的方向调整生产。同年，环境保护部联合国务院各部门和沿海地方政府完成了首个全国性海洋污染防治计划（《近岸海域污染防治计划（2012—2015 年）》），明确了近岸海域环境保护的目标、任务、重点区域和保障措施。相关政策加强了对海洋生态环境的保护，海洋经济的发展开始注重质量和效益的提升。但政策实施后的短时间内需要平衡资源环境利用与生态环境保护二者的关系，使海洋生态环境的改善效率出现短期调整。此外，为满足发展需要，我国投入了大量资金来进行节能降耗和清洁技术的研发，由于技术革新和研发的应用转化具有周期长、风险高的特点，难以在短期内看到实质性成效，导致海洋经济绿色发展状况出现短暂的波动。

2017 年以后，海洋经济绿色发展水平较前期明显提升，绿色全要素生产率在 2019 年达到样本期内的峰值水平（1.556），海洋资源利用效率和生态环境破坏程度得到一定的改善。随着经济实力的增强，国家对沿海地区的海洋相关研究机构投入大量国际一线水平的科研装备，这些措施有利推动了海洋技术水平的提高，加之前期环保投入和政策效果的效益开始显现，海洋经济绿色发展状况得到明显改善，说明节能降耗和清洁技术革新以及紧密出台的海洋生态环境保护政策均有效地纠正了海洋生产的负外部性，激励相关从业者进行绿色生产和技术创新，推动海洋产业结构向着绿色化、高级化、合理化调整，逐步形成了海洋生态环境和经济共同发展的多赢局面。这既体现了海洋生态环境保护的脆弱性和敏感性，也体现了海洋宏观政策使生态环境有所改善，对于稳定海洋经济发展具有显著的积极作用。

尽管如此，近年绿色全要素生产率仍然偏低，可能由于我国海洋经济的发展相较于发达国家起步较晚，对海洋生态环境保护的重视程度也相对滞后，绿色发展水平仍有提升空间。现阶段，我国海洋经济的绿色发展仍需要加大对技术创新的重视，需要进一步提升海洋资源利用效率，稳定并改善海洋生态环境状况。

三、我国海洋经济绿色发展水平的驱动因素分析

海洋经济绿色发展水平的驱动因素可以从技术效率和技术进步两个方面来考察，后者可进一步划分为中性技术进步和偏向性技术进步。

技术效率指的是经济生产系统中投入产出的转化效率，是在技术水平与投入要素一定的情况下，实际技术水平与最优技术水平间的差距，反映了生产过程中技术水平的有效性。技术效率的提升，意味着微观层面的涉海企业等经济主体的生产活动效率靠近最优效率水平，带来宏观层面的投入产出效率提升，从而实现绿色全要素生产率的增长。换言之，改善技术效率就是在当前技术水平和生产要素投入水平下，通过对生产要素的充分协调，借助完善的经济主体管理组织架构、科学的流程制度安排以及生产方式的优化，在产出一定的情况下达到投入最小化或在投入一定的情况下达到产出最大化，释放技术潜能、获

取最大经济收益。

技术进步则指的是技术所涵盖的知识累积和结构改进，反映了最优技术水平的变化。通过更好地开发利用相关资源，技术进步既能提升投入要素的产出效率，节约要素投入、降低生产成本，又能提升期望产出相对于非期望产出的转换比率，从而提升绿色全要素生产率。中性技术进步意味着最优技术水平向减少要素投入或增加产出的方向变化，它对于投入海洋领域的各要素的作用力是相同的，因此各要素效率得到同步提升，表现为生产要素结构恒定的海洋经济发展。而偏向性技术进步意味着按照要素偏向方向的不同，最优技术水平向减少要素投入或增加产出的方向变化的同时，向要素偏向的方向发生一定角度的偏斜。这是因为在多种内外因素的综合作用下，海洋领域的资源、资本和劳动力要素并不一定是同比例变动的，这种不同比例的变动改变了先前的要素相对稀缺程度。为了缓解稀缺要素对海洋经济绿色发展水平的制约，就需要借助技术手段来突破稀缺要素的限制，此时的海洋技术进步将不再按照同比例变动的方向继续提升，而会向稀缺要素偏斜，提升这类要素的边际产出水平。此时，促进海洋经济绿色发展的要素源泉也随之发生改变，表现为生产要素结构变化的海洋经济发展。

为反映我国海洋经济绿色发展各部分贡献来源的差异，本报告从结构组成的视角，在绿色全要素生产率指数的基础上分解得到技术效率指数、中性技术进步指数、投入偏向性技术进步指数和产出偏向性技术进步指数（图4-8-3）。其中，投入偏向性技术进步指数和产出偏向性技术进步指数分别

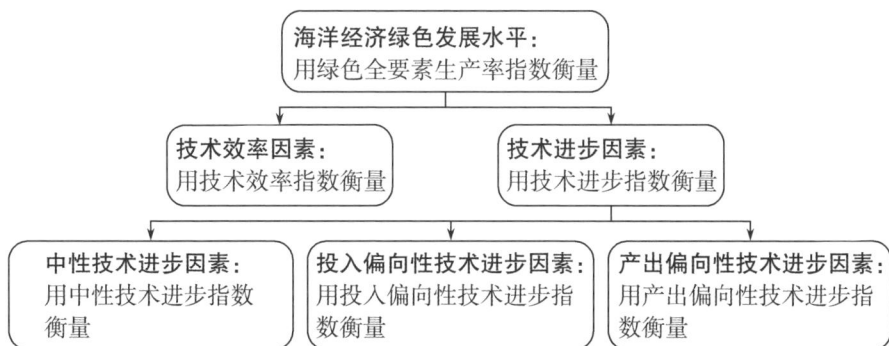

图 4-8-3　绿色发展水平的驱动因素分解

反映了偏向性技术进步对投入要素间边际替代率的影响以及对不同产出间转换比率的影响。

为了准确反映不同驱动因素对海洋经济绿色发展的贡献程度，本报告将各分解指数的对数值与绿色全要素生产率指数的对数值作比，得到技术效率、中性技术进步、投入偏向性技术进步和产出偏向性技术进步对海洋经济绿色发展的贡献率（表4-8-2）。

表4-8-2　我国海洋经济绿色发展的总体结构来源

年份	技术效率/%	产出偏向性技术进步/%	投入偏向性技术进步/%	中性技术进步/%
2006—2007	13.115	−27.458	−12.949	127.292
2007—2008	32.777	3.948	−28.153	91.428
2008—2009	94.904	−98.066	97.288	5.874
2009—2010	17.031	84.258	−27.887	26.599
2010—2011	95.155	−35.106	190.613	−150.662
2011—2012	158.243	33.463	−61.213	−30.493
2012—2013	−40.441	53.784	3.233	83.424
2013—2014	155.258	131.774	−93.132	−93.900
2014—2015	86.070	68.896	−151.797	96.831
2015—2016	71.598	−3.536	29.678	2.260
2016—2017	88.616	−15.213	−10.055	36.652
2017—2018	98.793	55.737	36.731	−91.261
2018—2019	90.992	60.755	4.659	−56.406
2006—2019	74.009	24.095	−1.768	3.664

（一）总体贡献分析

从总体结构来源上看，技术效率和技术进步对我国海洋经济绿色发展水平的贡献分别为74.009%和25.991%，技术效率的提升是目前我国海洋经济绿色发展的主要动力来源，但技术进步的改进并未发挥理想的效果。2006—2019 年的技术进步当中，产出偏向性技术进步、投入偏向性技术进步和中性技术进步对海洋经济绿色发展水平的贡献分别为 24.095%、-1.768% 和 3.664%，这说明中性技术进步所发挥的作用十分有限。相对地，技术进步在投入要素之间以及不同产出之间发生偏向对绿色发展的影响更突出，这其中主要依靠产出偏向性技术进步的带动，而投入偏向性技术进步整体上不利于绿色发展水平的提升。

（二）不同驱动因素的贡献分析

1. 技术效率

技术效率对海洋经济绿色发展的贡献大致经历了先上升后平稳波动的变化，样本期内对海洋经济绿色发展的贡献最大，仅 2013 年表现为负向贡献，其余年份中均对海洋经济绿色发展产生了显著的积极影响。

2012 年以前，海洋技术效率贡献波动上升，平均贡献率为 68.538%，是该阶段海洋经济绿色发展的主要贡献来源。可见，在优化资源配置利用效率的同时，完善经营与管理方式所带来的生产效率的改进，是海洋经济绿色发展水平提升的核心推动力。在海洋经济发展初期，技术效率贡献程度较低的原因在于，一方面，在当时已有技术水平的条件下，海洋技术发展的时滞性导致难以充分调动生产过程中投入要素的潜能，以过度消耗海洋资源和破坏海洋生态环境为代价的粗放式增长仍然延续，技术效率难以提升到能够有效促进海洋经济绿色发展的水平；另一方面，沿海各省份存在明显的区域发展不均衡状况，海洋经济发达地区吸引了大量资本、劳动力等资源流入，区域间的生产要素协调程度不佳，导致海洋技术效率对绿色发展的支持作用表现疲软。经过短期调整后，海洋技术效率贡献程度逐渐提升，这说明技术效率的增长存在明显的追赶效应，沿海地区通过引进专业人才、改进管理技术等优化资源配置，提高生产管理效率，实现对最优技术水平的追赶。

2012 年以后，海洋技术效率的贡献趋于稳定，波动幅度逐渐缩小，平均贡献率为 78.698%。这说明，一方面，近年来沿海各省份坚持贯彻落实党的十八大精神，将落实海洋强国战略与建设海洋强省目标有机结合，重点培养海洋绿色新兴产业，着力提升投入产出效率，为海洋经济绿色发展注入了新动能；另一方面，在海洋资源的开发利用以及海洋生态环境的保护过程中着力进行交通枢纽建设，打造优势产业集群，实现了高新环保技术产业的快速发展，不仅为人力和资本的积累提供便利，又由于较强的技术溢出效应和区域协同发展而有效提升了技术效率，从而有效推动了海洋经济绿色发展。

2. 产出偏向性技术进步

产出偏向性技术进步对海洋经济绿色发展的贡献大致呈现波动上升的变化，在大多数年份中表现为正向贡献，样本期内对海洋经济绿色发展的贡献程度居于第二位。这说明海洋技术进步在产出间存在明显的偏向性，在投入一定的情况下，最优技术水平在平等地增加各产出量的同时，也向改变某种产出的转换效率的方向发生了偏转。产出偏向性技术进步对整体技术进步水平存在显著的促进作用，对海洋经济绿色发展至关重要。

2012年以前，产出偏向性技术进步平均贡献率为-6.493%，整体上并未表现出对海洋经济绿色发展的积极作用。其中，2009年贡献程度跌至谷底，此时刚刚经历宏观经济危机的负面影响，面临着较大的市场压力，海洋经济效益一路走低。此外，由于发展初期海洋开发力度较小，海洋经济发展尚处于海洋生态环境承载力范围内，使技术进步偏向于控制海洋污染的动机不足。对比同期海洋经济绿色发展水平的变动趋势进一步证实，该阶段的发展方式较为粗放，且环境规制政策尚未发挥有效的约束作用，缺乏强有力的监管来约束各类污染行为，整体上更倾向于以牺牲环境为代价来追求海洋经济总产值的提升，因此该阶段产出偏向性技术进步与海洋经济绿色发展的要求不匹配。

2012年以后，产出偏向性技术进步的贡献在经历了前期两次"触底反弹"后快速上升，说明在意识到海洋经济粗放发展的弊端后，我国逐渐重视海洋生态环境保护工作的部署和落实，开始在发展海洋经济的同时注重海洋生态环境保护、加强海洋污染治理。例如，2014年后，海洋生态环境保护工作的重点在于近岸海域污染防治的执行及水环境监测；2015年，环境保护部起草完成了《近岸海域污染防治方案》，提出了促进沿海地区产业转型升级、逐步减少陆源污染排放、加强海洋污染源控制、保护海洋生态、防范近岸海域环境风险五项重点任务。尽管"十二五"后期产出偏向性技术进步的贡献程度因结构性调整出现了短暂下滑，但党的十九大报告中再次强调把解决海洋生态环境问题放在海洋经济发展的突出位置，提出深化海洋生态环境保护科技进步和提升创新应用能力的具体要求，诱发技术进步向提升海洋经济总产值、控制海洋生态环境污染方向改进的因素逐渐增多，因而2017年后产出偏向性技术进步的贡献再次直线提升，并在2018年后保持在相对稳定的水平。同期海洋经济绿色发展水平的提升在很大程度上就得益于该阶段产出偏向性技术进步的推动，此时政策的制定和实施使技术进步在产出间的偏向与海洋经济绿色发展的要求更加匹配。

3. 投入偏向性技术进步

投入偏向性技术进步对海洋经济绿色发展的贡献呈现出先下降后上升的变化趋势，说明海洋技术进步在投入要素间存在明显的偏向性，在产出固定的情况下，最优技术水平在向减少生产要素投入的方向发生变化的同时，也向改变某种投入的生产效率的方向发生了偏转，但这种变化在超过一半的年份中表现为负向贡献，导致对整体技术进步水平存在明显的消极影响，是现阶段海洋经济绿色发展面临的主要短板。

2015年以前，投入偏向性技术进步对海洋经济绿色发展的贡献大致表现为波动下降的变化，平均贡献率为-9.333%，可见投入偏向性技术进步对海洋经济绿色发展的阻碍主要表现在前中期发展阶段。该阶段由于海洋资源、劳动力等要素资源尚且丰裕，要素供给价格相对较低，在发展过程中对节约要素投入的重视程度较海洋经济增长不足，导致发展方式较为单一，主要依靠扩大生产过程中的要素投入来拉动海洋经济总产值的提升，因此诱发技术进步偏向的因素较少，且发展过程中存在一定的资源错配和浪费而导致生产效率出现损失，使投入偏向性技术进步对海洋经济绿色发展的贡献不断下降。

2015年以后，投入偏向性技术进步的贡献明显上升，于2016年后逐渐趋于平稳，平均贡献率为15.253%。此时随着海洋资源短缺状况日益严峻，造成投入要素相对价格的变动日益增大，由此带来投入偏向性技术进步以改善稀缺要素供给不足的状况，使其对海洋经济绿色发展水平的积极作用逐渐释放。这在一定程度上反映了对过去过度依赖增加投入来拉动产出的发展模式的转变，说明绿色发展思路逐渐着眼于生产系统的全局性和系统性，同期绿色全要素生产率的波动上升正印证了海洋经济逐渐实现了粗放式发展的优化转型。然而，即便近年来投入偏向性技术进步对海洋经济绿色发展的积极影响逐渐加深，但整体上仍然是目前我国海洋经济绿色发展面临的最大阻碍。

4. 中性技术进步

中性技术进步在大多数年份中对海洋经济绿色发展发挥了正向贡献，说明生产过程中的节能降耗技术和清洁技术革新使最优技术水平得到提升，对海洋经济绿色发展的影响不容忽视。但贡献程度整体上略有下降，目前仍处于低水平贡献区间，特别是2018年表现出明显下滑，这一状态有待改善。

2012年以前，中性技术进步对海洋经济绿色发展的平均贡献率为11.673%，整体呈波动下降趋势，从2007年位于样本期内最高贡献水平到2011年断崖式下跌至谷底，而同期海洋经济绿色全要素生产率也明显下滑。主要原因在于，尽管国家高度重视海洋节能降耗技术和清洁技术的研发及创新，但在前中期发展阶段暂未获得有效的成果转化。该时期的粗放发展导致沿海各省份海洋经济的投入产出比增大，使最优技术水平并没有向着提升海洋资源利用效率、增加经济总产值并改善生态环境的方向发生变化，不利于海洋经济绿色发展。

2012年以后，中性技术进步对海洋经济绿色发展的贡献趋于稳定，平均贡献率为-3.200%，在后期表现为负向贡献。其中，2013年和2015年贡献程度较高，而2013年及2016年也恰好是海洋经济绿色全要素生产率在该阶段的两个峰值水平，原因在于国家提高了对海洋技术进步的重视程度。2012年6月，财政部和国家海洋局联合发布了《关于促进区域海洋经济示范创新和发展的通知》，提出了以发展海洋战略性新兴产业为出发点的构想。同年，国家海洋局加快国家技术鉴定和海洋产业示范基地建设。国家海洋科技产业示范基地增加至4个，新增辽宁大连现代海洋产业示范基地、江苏大丰海洋生物产业园和福建招安金都海洋生物产业园，这些举措极大地促进了海洋高新环保技术产业的发展。然而，2018年以来中性技术进步的贡献再次下滑甚至转为负向贡献。一方面说明目前仍处于结构转型阵痛期，高污染、高能耗涉海企业在绿色转型过程中的研发能力亟待提升，绿色技术创新风险需要进一步分散；另一方面说明海洋技术创新研发行为存在短期的时滞性，创新成果转化和技术广泛应用有待进一步提升。技术进步的提升和积累效果从来不是一蹴而就的，海洋技术水平的提升和扩散既需要打破壁垒、保持不断攻坚克难，又需要有效的创新成果转化，这是现阶段提升技术进步水平来实现海洋经济绿色发展的重要方向。

四、我国海洋经济绿色发展面临的挑战

前文发现，目前我国海洋经济绿色发展持续推进、总体稳定向好，但仍有较大的提升空间。从总体贡献上看，目前绿色发展主要依靠技术效率的带动作用，而技术进步的作用未能充分发挥。此外，投入偏向性技术进步对于促进海洋资源等生产要素高效利用的作用没有得到充分挖掘。

一方面，海洋技术创新和自主研发能力相对薄弱。我国海洋最优技术水平相对于海洋经济发达国家具有一定的差距，技术进步对海洋经济绿色发展的带动作用较为乏力，亟须深化海洋高新技术在推动形成绿色化、智能化和效益化海洋产业方面发挥的作用。其一，我国海洋科技基础研究相对滞后，研发周期较长。近海及深远海认知能力与技术装备水平、海洋资源自主开发能力和生物资源品种积累等领域的海洋科技创新能力有待于提升。其二，海洋创新成果转化水平有待提升。目前我国海洋科技资源尚未完全实现优化配置，创新效率不高。而加快科技成果转化、提升技术水平的实际应用能力是加快推进海洋科技领域突破、提升区域创新活力的必经之路。其三，海洋资源监测、生态环境保护和污染治理领域的国际科技合作意识较弱，与国际先进技术接轨的意识和行动力需要提升，同时提高对国际海域关键问题的关注和研究，以此弥补自身不足，实现弯道超车。只有不断提升技术水平，才能推动海洋产业链衔接、构建现代化绿色海洋产业体系整体布局，将技术优势转化为海洋经济绿色发展的不竭动力。

另一方面，在海洋资源约束趋紧的现实下，投入偏向性技术进步的提升方向尚未与改善稀缺资源的开发方式、实现有限资源的高效利用等目标深入结合，降低了资源利用效率。如何实现资源利用的节本增效、提升稀缺资源的产出水平，是目前我国海洋经济绿色发展面临的重大难题。其一，区域间相对同质化的资源开发利用方式难以实现生产要素的合理配置，使技术进步偏向与资源利用结构的协调性较弱，不利于为海洋经济绿色发展创造良好的环境。目前海洋资源开发利用策略当中尚未强调沿海地区间资源比较优势的差异，这既难以最大限度地实现资源的科学开发和利用，又难以发挥区域统筹的作用，不利于资源的跨区域流动和综合利用，难以发挥资源优势互补的效果。其二，海洋资源、资本、劳动力等生产要素结构有待于优化重组与协调升级。现阶段，海洋资源利用效率以及资本和劳动力的边际产出水平仍然需要进一步提升，且资本与海洋高技能劳动力的匹配性需要加强。

五、提升我国海洋经济绿色发展水平的对策建议

（一）提升海洋技术创新能力，充分发挥技术进步的作用

技术进步离不开技术创新。由于海洋节能降耗技术和清洁技术等领域具有高投入和高技术性的特点，技术创新在提升相关海洋产业附加值及发展效率中占据重要地位，是提升最优技术水平、实现海洋经济绿色发展的核心内驱力。但受限于诸多客观因素，我国海洋技术创新能力仍有待进一步提升。

第一，加强海洋科技基础研究，逐步提升全方位的自主创新能力，大力提升海洋领域的最优技术水平。一是深化近海及深远海研究。应围绕国家战略需求，加强全海深潜水器研制及深海前沿关键技术、深海通用配套技术、深远海核动力平台关键技术等研究，开展 1000~7000 米级潜水器作业及应用能力示范，形成 3~5 个国际前沿优势技术方向、10 个以上核心装备系列产

品，以提升我国海洋经济在全球范围内的影响力和竞争力。二是加强海洋资源开发与利用研究。逐步形成 1500 米到 3000 米深海油气资源自主开发能力；研制精确勘探和钻采试验技术与装备，形成海底天然气水合物开采试验能力；完成 1000 米深海集矿、输送等技术海上试验；一体化布局海洋生物资源开发利用重点任务创新链，保障我国海洋食品安全，培育与壮大我国海洋生物产业；研发海水淡化资源开发利用关键技术和装备，构建海水淡化利用的技术标准体系；研发海洋能技术与装备，实现海洋能海岛应用示范。

第二，积极推进产学研结合，促进海洋创新成果转化，提高现有技术水平的实际应用能力。一是注重产学研结合开展的层次性。要形成海洋技术创新和海洋产业的互促发展，则必须以"产"为基础，满足不同层次的涉海企业对技术创新的现实需求；应制定针对性、系统性的产学研结合法律政策支持体系，在经济、人才、市场和对外等多个方面创造更有利于产学研结合的良好制度环境。二是充分发挥政府的引导作用。以海洋战略性新兴产业为重点，依靠市场机制，建设一批海洋产业技术创新战略联盟，从而实现优势互补，合作开展海洋产业关键共性技术的研发，发展和完善海洋产业技术创新链条，提升区域海洋产业的核心竞争力。三是加强基地平台建设。大力推进国家海洋高技术产业基地、科技兴海产业示范基地等建设，建立与之相配套的技术创新中心和研发基地；建设国家重大基础设施和海洋技术创新平台，优化海洋科技创新基地布局，构建各具特色的区域海洋科技创新体系。

第三，积极开展海洋国际科技合作。我国海洋经济技术的发展决不能闭门造车，在"21 世纪海上丝绸之路"沿线，通过国际科技合作计划等形式，不断实施双边及多边参与的区域间海洋科学研究计划，着力解决沿线国家间的跨区域海洋科学问题。一是充分发挥已经构建起来的海洋合作中心及观测平台的应用，加快构建与东盟、斯里兰卡、巴基斯坦、泰国、印尼等国的海洋科技合作平台，不断形成沿线区域的海洋科技合作网络体系。二是加强与沿线国家海洋管理部门和科研机构之间的交往，联合开展海洋多尺度过程、海气相互作用、海洋巨灾、海洋生态系统等方面的海洋观测，研制区域性的国际海洋监测技术、试验技术标准和规范,进一步加强在海洋科学研究、海洋观测、气候变化、海洋酸化对珊瑚礁群生态系统的影响、海岛保护与管理、海岸带侵蚀整治与修复、海啸早期预警技术等领域的合作。

(二)提升稀缺资源产出水平,扩大投入偏向性技术进步的贡献程度

高度的资源依赖属性使投入偏向性技术进步的改进对海洋经济绿色发展的影响意义深远。在投入端发力,提升投入要素的产出水平,是现阶段改善我国海洋经济绿色发展状况的重要突破口。因此,需要重新审视海洋经济生产要素组合与海洋技术进步偏向之间的匹配关系。这既需要加强区域适配化的开发利用方式来不断调节技术进步偏向与资源利用结构的协调性,又需要因地制宜地进行海洋资源、资本、劳动力之间结构的优化重组与协调升级。

第一,充分结合各地区自身比较优势和客观条件制定本地的资源开发利用战略,合理配置各项生产要素,突出发展重点。既要因地制宜地采取非平衡开发策略,实现资源差别化、适配化开发利用,又要加强沿海地区间的信息共享和知识交流,借助政策的引导加强区域统筹能力,深化资源开发的合作深度和广度,通过知识性溢出、产业关联性溢出、市场性溢出效应,消除区域内资源要素自由流动和跨区域资源利用的阻碍,增强地区间的海洋技术交流,促进各类资源的优势互补,实现区域海洋经济的协作共赢。

第二,实现海洋资源可持续开发利用,在海洋资源有限的情况下提高海洋资源利用效率。在海洋经济发展过程中,应严格遵循发展社会主义市场经济的要求,既需要采用现代科学技术,环保、高效地开发利用海洋资源,又需要创新海洋资源管理模式,实现综合化管理,从而以最少的资源消耗获取最大的海洋经济产出,并促进海洋可再生资源的增长、保持海洋资源基础,逐步实现低消耗、高收益的海洋经济发展。一是可以借鉴海洋经济发达国家的经验,通过开发可利用的生物、海水等新资源,逐步解决海洋资源利用效率低下而导致的资源紧缺问题,促进海洋资源的可持续开发利用。二是必须重视海洋资源的整体开发,从源头推进海洋开发利用的可持续化,提升海洋经济发展与海洋资源利用的协调性。三是优化投资结构和投资环境,充分利

用外资解决海洋资源耗竭的问题，从而提高有限资源的产出效率。四是推动形成合理的海洋资源管理模式，对海洋资源进行行政与功能上的管理创新。一方面需要借助政策法规来明确各级政府部门的海洋管理权限与责任，强化部门间协调与合作，另一方面需要强化海洋生态功能分区，实现海洋资源的分类管理，从而在一定程度上提升对海洋资源的开发与管理水平，推进海洋资源的高效开发利用。

第三，改善区域间资本劳动配置，提高资本和劳动力的边际产出水平。一是促进资本在我国沿海地区间的有效流动，引导资本流向技术密集型海洋产业或资本稀缺地区，提升资本技术效率。二是提升海洋高技能劳动力水平，通过要素市场化将资本与高技能劳动力相匹配，逐渐加深"资本–技能互补"的优势，共同提升资本和劳动技术效率。三是引导我国沿海地区形成资本偏向性技术进步和劳动偏向性技术进步互利共存的现象，从而大幅提升资本和劳动的技术效率，促进海洋经济实现绿色可持续发展。

执笔人：纪建悦（中国海洋大学）
周婧琳（中国海洋大学）

参考文献

［1］Australian Antarctic Strategy & 20 Year Action Plan［R/OL］. Australian Antarctic Program［2022-07-11］. https://www.antarctica.gov.au/about-us/antarctic-strategy-and-action-plan/.

［2］Briec W, Peypoch N. Biased technical change and parallel neutrality［J］. Journal of Economics, 2007, 92（3）: 281-292.

［3］Castellano R, Fiore U, Musella G, et al. Do digital and communication technologies improve smart ports? A fuzzy DEA approach［J］. IEEE Transactions on Industrial Informatics, 2019, 15（10）: 5674-5681.

［4］CCAMLR. Catch Documentation Scheme（CDS）［EB/OL］.（2017-08-29）［2023-03-05］. https://www.ccamlr.org/en/compliance/catch-documentation-scheme-cds.

［5］CCAMLR. Fishery notifications［EB/OL］.（2018-05-09）［2022-04-06］. https://www.ccamlr.org/en/compliance/notifications.

［6］CCAMLR. List of authorised vessels［EB/OL］.（2022-04-06）. https://www.ccamlr.org/en/compliance/licensed-vessels.

［7］CCAMLR. Volume 24: CCAMLR.2012. Statistical Bulletin, Vol. 24（2002-2011）. CCAMLR, Hobart, Australia［EB/OL］.（2014-04-15）［2022-12-04］. https://www.ccamlr.org/en/document/publications/volume-24-ccamlr-

2011-statistical-bulletin-vol-24-2002%E2%80%932011-ccamlr-hobart.

[8] Chorley R J, Haggett P. Trend-surface mapping in geographical research[J]. Transactions of the Institute of British Geographers, 1965 (37): 47-67.

[9] Chung Y H, Fare R, Grosskopf S. Productivity and undesirable outputs: A directional distance function approach [J]. Journal of Environmental Management, 1997, 51: 229-240.

[10] Cisneros-Montemayor A M, Moreno-Báez M, Reygondeau G, et al. Enabling conditions for an equitable and sustainable blue economy [J]. Nature, 2021, 591 (7850): 396-401.

[11] DongweiLu, etc, An Ultrahigh-Flux Nanoporous Graphene Membrane for Sustainable Seawater Desalination using Low-Grade Heat [J]. Advanced Materials, 2022, 34: 2109718.

[12] FAO. Fishing Areas list [EB/OL]. (2022-03-10). Fishing Areas list, http://www.fao.org/fishery/docs/STAT/by_FishArea/Fishing_Areas_list.pdf.

[13] Färe R, Grifell-Tatjé E, Grosskopf S, et al. Biased technical change and the Malmquist productivity index [J]. Scandinavian Journal of Economics, 1997, 99 (1): 119-127.

[14] Färe R, Grosskopf S, Pasurka Jr C A. Environmental production functions and environmental directional distance functions [J]. Energy, 2007, 32 (7): 1055-1066.

[15] Gao J, Sun Y, Rameezdeen R, et al. Understanding data governance requirements in IoT adoption for smart ports-a gap analysis [J/OL]. Maritime Policy & Management, 2022: 1-14.

[16] Hampf B, Kruger J J. Estimating the bias in technical change: A nonparametric approach [J]. Economics Letters, 2017, 157 (C): 88-91.

[17] Heikkilä M, Saarni J, Saurama A. Innovation in smart ports: Future directions of digitalization in container ports [J]. Journal of Marine Science and Engineering, 2022, 10 (12): 1925.

［18］Hsu C T, Chou M T, Ding J F. Key factors for the success of smart ports during the post-pandemic era［J］. Ocean &Coastal Management, 2023, 233: 106455.

［19］Kang W L, Zou Y K, Wang L, Liu X. Measurements and factors of biased technological progress in China's marine economy［J］. Polish Journal of Environmental Studies, 2020, 29（6）: 4109-4122.

［20］Krill Oil Carbon Footprint［EB/OL］.（2021-08-03）［2023-03-28］. http://www.tharos.biz/krill-oil-carbon-footprint/.

［21］Li K X, Li M, Zhu Y, et al. Smart port: A bibliometric review and future research directions［J］. Transportation Research Part E: Logistics and Transportation Review, 2023, 174: 103098.

［22］Mart í nez-V á zquez R M, Mil á n-Garc í a J, de Pablo Valenciano J. Challenges of the Blue Economy: evidence and research trends［J］. Environmental Sciences Europe, 2021, 33（1）: 1-17.

［23］Molavi A, Lim G J, Race B. A framework for building a smart port and smart port index［J］. International journal of sustainable transportation, 2020, 14（9）: 686-700.

［24］Patricio M, Arana, Renzo Rolleri, á lvaro De Caso. Chilean Antarctic krill fishery（2011—2016）［J］. Latin american journal of aquatic research. 2020, 48（2）: 179-196.

［25］The Antarctic Krill Fishery is rated as one of the world's most sustainable fisheries［EB/OL］.（2022-01-26）［2022-04-06］. https://www. akerbiomarine.com/news.

［26］The Antarctic krill fishery is the cleanest fishery in the world, according to new research［EB/OL］.（2021-12-14）［2023-03-05］. https://www. akerbiomarine.com/news/the-antarctic-krill-fishery-is-the-cleanest-fishery-in-the-world-according-to-new-research.

［27］Tone K, Tsutsui M. An epsilon-based measure of efficiency in DEA: A third pole of technical efficiency［J］. European Journal of Operational Research, 2010（3）: 1554-1563.

［28］Yang Y, Zhong M, Yao H, et al. Internet of things for smart ports: Technologies and challenges［J］. IEEE Instrumentation & Measurement Magazine, 2018, 21（1）: 34-43.

［29］白晓. 聚力打造互促互融新平台，青岛"蓝色药库"发展实现新突破［N］. 大众日报，2023-06-12.

［30］包雄关. 智慧港口的内涵及系统结构［J］. 中国航海，2013，36（2）: 120-123.

［31］毕长新，史春林. 习近平总书记关于海洋经济绿色发展重要论述研究［J］. 江苏大学学报（社会科学版），2021，23（4）: 11-21.

［32］卞小燕. "千亿蓝海"动能澎湃 "绿色能源之城"崛起，盐城坚定不移向"绿"而行［N］. 新华日报，2023-07-04.

［33］CACE可再生能源专委会. 海上风电回顾与展望2023［R］. 2023全球海上风电大会专刊，2023.

［34］曹杰，王大成，戴冉，等. 基于改进物元法的智慧港口发展水平评价模型［J］. 重庆交通大学学报（自然科学版），2021，40（6）: 59-65.

［35］曹菁菁，雷阿会，刘清，等. 虚实融合驱动智慧港口发展研究［J］. 中国工程科学，2023，25（3）: 239-250.

［36］曹伟华. 大有可为! 海洋生物医药产业发展要素与趋势分析［EB/OL］.（2022-06-30）. "火石创造"微信公众号，https://www.hsmap.com/detail/1/956.

［37］陈观凤，彭可欣，陈勇康. 院士领衔! 众多学术大咖湛江"论剑"，让水产种业装上更多"中国芯"［J］. 当代水产，2023，48（5）: 31-33.

［38］陈松林，徐文腾，卢昇，等. 水产育种生物技术发展战略研究［J］. 中国工程科学，2023，25（4）: 214-226.

［39］程炜杰. RCEP框架下区域海洋经济合作机遇、挑战与路径［J］. 对外经贸失误，2021（6）: 36-39.

［40］崔聪慧，李宁，樊双涛，等.粤港澳大湾区海洋经济高质量发展水平
　　　评估及其提升策略［J］.时代经贸，2022，19（10）：141-146.

［41］崔利锋，王鲁民，岳冬冬.深远海设施养殖技术模式［M］.北京：中国
　　　农业出版社，2021.

［42］大连市人民政府.2023年辽宁移动数字化大会智慧海洋行业论坛在连
　　　举办［EB/OL］.（2023-07-03）.大连市人民政府官网，https://www.
　　　dl.gov.cn/art/2023/7/3/art_1185_2083758.html.

［43］大连市人民政府.关于对《大连市湿地保护条例（草案）》公开征求
　　　意见的公告［EB/OL］.（2023-07-28）.大连市人民政府官网，https://
　　　www.dl.gov.cn/art/2023/7/28/art_966_2092684.html.

［44］大连市人民政府.旅顺口区成功举办东北地区首例地理标志证明商标
　　　"旅顺海带"综合授信签约［EB/OL］.（2023-06-30）.大连市人民政
　　　府官网，https://www.dl.gov.cn/art/2023/6/30/art_7545_2083628.html.

［45］大连市人民政府.全市清理整治海域面积1.7万公顷［EB/OL］.（2023-
　　　07-19）.大连市人民政府官网，https://www.dl.gov.cn/art/2023/7/19/
　　　art_1185_2091090.html.

［46］戴斌.终结与重构——2022年旅游经济回顾与2023年展望［EB/OL］.
　　　（2023-01-01）.中国旅游研究院官网，http://www.ctaweb.org.cn/cta/zt
　　　yj/202301/246f2e9af16546dfb31e165b1253ef82.shtml.

［47］单豪杰.中国资本存量K的再估算：1952—2006年［J］.数量经济技术
　　　经济研究，2008（10）：17-31.

［48］邓玉勇，秦俊平.基于超效率DEA和DEA-Malmquist指数模型的智慧港
　　　口效率评价［J］.上海海事大学学报，2022，43（4）：83-90.

［49］丁蔚文.强海洋！江苏海洋经济突破9000亿元［N］.半岛壹点报，
　　　2022-06-16.

［50］董佩军，葛高蓉.向海图强卷千澜——舟山深入实施"八八战略"纪
　　　实［N］.舟山日报，2023-07-24.

［51］福建省发展和改革委员会.关于做好促进新时代新能源高质量发展

有关工作的函［EB/OL］.（2022-12-28）.福建省发展和改革委员会官网，http://fgw.fujian.gov.cn/zfxxgkzl/zfxxgkml/yzdgkdqtxx/202212/t20221228_6084512.htm.

［52］福建省海洋与渔业局.福建省"十四五"渔业发展专项规划［EB/OL］.（2022-09-06）.福建省海洋与渔业局官网，http://hyyyj.fujian.gov.cn/xxgk/ghjh/202209/t20220906_5988143.htm.

［53］福建省通信管理局.福建省做大做强做优数字经济行动计划（2022—2025年）［EB/OL］.（2022-04-13）.福建省通信管理局官网，https://fjca.miit.gov.cn/xwdt/bsyw/art/2022/art_78dc3eda794a442db303a0df372404cb.html.

［54］共研网.2023年中国水产动保产品及苗种市场规模、需求量、竞争格局及行业细分市场现状分析［EB/OL］.（2023-08-17）.共研网，https://www.gonyn.com/industry/1539007.html.

［55］广东省人民政府.广东省人民政府办公厅关于加快推进现代渔业高质量发展的意见［EB/OL］.（2022-05-26）.广东省人民政府门户网站，http://www.gd.gov.cn/zwgk/wjk/qbwj/yfb/content/post_3938173.html.

［56］广西壮族自治区大数据发展局.广西数字经济发展规划（2018—2025年）（2021修订版）［EB/OL］.（2021-12-19）.广西壮族自治区大数据发展局官网，http://dsjfzj.gxzf.gov.cn/jczt/rdzt/szjj/zcwj/t13277698.shtml.

［57］广西壮族自治区大数据发展局.广西数字经济发展三年行动计划（2021—2023年）［EB/OL］.（2021-12-19）.广西壮族自治区大数据发展局官网，http://dsjfzj.gxzf.gov.cn/zfxxgkzl/fdzdgknr_zfxxgkzl/zcwj_zfxxgkzl/gsgf_zfxxgkzl/t11875750.shtml.

［58］广西壮族自治区人民政府.广西大力发展向海经济建设海洋强区三年行动计划（2023—2025年）［EB/OL］.（2023-04-19）.广西壮族自治区人民政府门户网站，http://www.gxzf.gov.cn/zfwj/zxwj/t16345746.shtml.

［59］广西壮族自治区人民政府.广西能源发展"十四五"规划［EB/OL］.（2022-08-19）.广西壮族自治区人民政府门户网站，http://www.gxzf.

gov.cn/zwgk/fzgh/zxgh/t13026864.shtml.

［60］郭媛媛，张佳楠.浙江推进海洋强省建设纪实［N］.中国自然资源报，
2023-02-13.

［61］国家发展改革委，国家能源局，财政部，等."十四五"可再生能源
发展规划［EB/OL］.（2022-06-01）. https://www.ndrc.gov.cn/xwdt/
tzgg/202206/t20220601_1326720.html?code=&state=123.

［62］国家发展改革委，国家能源局."十四五"现代能源体系规划
［EB/OL］.（2022-01-29）.中国政府网, https://www.gov.cn/zhengce/
zhengceku/2022-03-23/content_5680759.htm.

［63］国家发展和改革委员会.全球最大级别集装箱船在大连成功下水［EB/
OL］.（2023-04-26）.国家发展和改革委员会官网, https://www.ndrc.
gov.cn/fggz/dqjj/sdbk/202304/t20230426_1354576.html.

［64］国家海洋信息中心.2022年中国海洋经济统计公报［EB/OL］.
（2023-04-14）.中国海洋信息网, https://www.nmdis.org.cn/hygb/
zghyjjtjgb/2022hyjjtjgb/.

［65］国家能源局，科技部."十四五"能源领域科技创新规划［EB/OL］.
（2021-11-29）. https://www.gov.cn/zhengce/zhengceku/2022-04-03/
content_5683361.htm.

［66］海南省工业和信息化厅.海南省风电装备产业发展规划（2022—2025
年）［EB/OL］.（2023-03-21）.海南省工业和信息化厅官网, http://
iitb.hainan.gov.cn/iitb/0800/202303/f95e14e247c042a48a93cd87dd34ae63.
shtml.

［67］海南省交通运输厅.海南省游艇产业发展规划纲要（2021-2025）
［EB/OL］.（2022-07-04）.海南省交通运输厅官网, http://jt.hainan.
gov.cn/xxgk/0200/0202/202207/t20220704_3223381.html.

［68］海南省人民政府.加快渔业转型升级　促进海南渔业高质量发展若干
措施［EB/OL］.（2023-03-08）.海南省人民政府门户网站, https://
www.hainan.gov.cn/hainan/flfgxzgfxwj/202303/68505aa5839a4772adff1c85e3

8ce4d2.shtml.

［69］海南省人民政府.加快渔业转型升级　促进海南渔业高质量发展三年行动方案（2023—2025年）［EB/OL］.（2023-03-09）.海南省人民政府门户网站，https://www.hainan.gov.cn/hainan/szfbgtwj/202303/2785c4b7d32b4696b37f112db1bd4489.shtml.

［70］海南自由贸易港法规政策文件库.海南游艇产业改革发展创新试验区建设实施方案［EB/OL］.（2022-06-28）.海南自由贸易港法规政策文件库官网，https://www.hnftp.gov.cn/wjk/policy_detail.html?id=1570364928879067138.

［71］何广顺，丁黎黎，宋维玲.海洋经济分析评估理论、方法与实践［M］.北京：海洋出版社，2014.

［72］河北省人民政府.河北：2027年基本建成陆海联动、产城融合临港产业强省［EB/OL］.（2023-04-10）.河北省人民政府官网，http://info.hebei.gov.cn//hbszfxxgk/6806024/6807473/6918743/6921361/7065732/index.html.

［73］河北省人民政府.河北港口集团开通首条东南亚集装箱国际航线［EB/OL］.（2023-04-08）.河北省人民政府官网，http://www.hebei.gov.cn/hebei/14462058/14471802/14471750/15448110/index.html.

［74］河北省人民政府.京畿大省"向海图强"打造"蓝色"新引擎［EB/OL］.（2023-06-09）［2023-09-12］.河北省人民政府官网，http://www.hebei.gov.cn/hebei/14462058/14471802/14471750/15457221/index.html.

［75］河北省人民政府.秦皇岛—华南集装箱直航航线开航［EB/OL］.（2022-10-02）.河北省人民政府官网，http://www.hebei.gov.cn/hebei/14462058/14471802/14471750/15424613/index.html.

［76］河北省生态环境厅.河北省生态环境厅2022年政府信息公开工作年度报告［EB/OL］.（2023-01-11）.河北省生态环境厅官网，https://hbepb.hebei.gov.cn/zycms/preview/hbhjt/zwgk/zfxxgknb/101665709142598.html.

［77］侯明扬.国际石油公司加快深水油气开发［N］.中国石油报，2023－
04－18.

［78］黄寿赓，安臻,刘涛.海洋食品预制菜多地同台竞速，日照缘何能够先
"上菜"？［N］.齐鲁晚报，2023－03－01.

［79］黄燕玲，黄家振.智慧港口释放澎湃新动力［N］.舟山日报，2023－
08－04.

［80］贾大山，徐迪，蔡鹏.2022年沿海港口发展回顾与2023年展望［J］.中
国港口，2023（1）：1－12.

［81］江恩民.浙江省政协常委林东：加快推进浙江海洋强省建设［EB/
OL］.（2022－01－11）.中国新闻网，http://www.zj.chinanews.com.cn/
jzkzj/2022－01－17/detail－ihausqcy0636121.shtml.

［82］江苏省人民政府.江苏省政府2023年政府工作报告［EB/OL］.（2023－
01－02）.江苏省人民政府官网，http://www.jiangsu.gov.cn/col/col88024/
index.html.

［83］江苏省自然资源厅.2022年江苏省海洋经济统计公报［EB/OL］.（2023－
05－16）.江苏省自然资源厅官网，http://zrzy.jiangsu.gov.cn/
gggs/2023/05/1610353021487.html.

［84］江苏省自然资源厅.江苏海洋经济实现高质量发展［EB/OL］.（2023－
04－04）.江苏省自然资源厅官网，http://zrzy.jiangsu.gov.cn/xwzx/ztjc/
d541gsjdqr/xwbd/2023/04/04105725614989.html.

［85］交通运输部.2022年水路运输市场发展情况和2023年市场展望［EB/
OL］.（2023－03－21）.中华人民共和国交通运输部官网，https://xxgk.
mot.gov.cn/2020/jigou/syj/202303/t20230321_3778865.html.

［86］金伟晨，张晶，谢予.2022年世界造船业回顾与展望［J］.世界海运，
2023，46（2）：1－6.

［87］蓝湾科技两条100吨级生产线献礼，领航海洋生物多糖产业［EB/OL］.
（2022－05－10）."蓝湾健康驿站"微信公众号，https://mp.weixin.
qq.com/s/8wFzjctZDlDmVobUdzDDNg.

［88］黎梓祺，肖侠，陈清华.增长极理论视角下江苏海洋经济高质量发展路径研究［J］.大陆桥视野，2023（2）：56-58.

［89］李斌，祁源，李倩.财政分权、FDI与绿色全要素生产率——基于面板数据动态GMM方法的实证检验［J］.国际贸易问题，2016（7）：119-129.

［90］李晨阳.阿尔茨海默病的"中国处方"［J］.科学新闻，2020（5）：60-61.

［91］李光辉，丁国杰，唐小于.临港新片区三周年｜以上海为龙头打造长三角动力干线［N］.澎湃新闻，2022-08-20.

［92］李家彪，王叶剑，刘磊.深海矿产资源开发技术发展现状与展望［J］.前瞻科技.2022，1（2）：92-102.

［93］李绪钊.海洋科技创新对海洋经济绿色全要素生产率的影响研究——基于中国11个沿海省市的面板数据［D］.广州：广东省社会科学院，2022.

［94］李勋祥."蓝色药库"开发计划再现重大进展！青岛研发海洋一类新药BG136进入临床研究［N］.青岛日报，2022-10-20.

［95］李勋祥.从基因到群体"成体系"保存，我国最大规模海洋渔业生物种质资源库建成［J］.水产科技情报，2020，47（6）：350-351.

［96］梁华，杜静波，王大成.《智慧港口等级评价指南集装箱码头》（T/CPHA 9—2022）团体标准解读［J］.港口科技，2022（3）：2-5+15.

［97］廖文焱，赖旭华.厦门将建设海洋生物基因库力争建成国家级海洋生物遗传资源创新平台［N］.潇湘晨报，2022-03-21.

［98］刘满平.俄乌冲突将给国际能源市场带来五大影响［N］.中国能源报，2022-03-05

［99］刘勤，黄洪亮，李励年，等.南极磷虾商业化开发的战略性思考［J］.极地研究，2015，27（1）：31-37.

［100］刘珊，刘亮.数据里看见发展 我国已初步建立水产种业体系［N］.央视网，2023-07-11.

［101］刘杨，万红，孙英利.天津加快建设世界一流智慧绿色枢纽港口［N］.中国交通报，2023-06-26.

［102］刘洋.普京时期俄罗斯海洋战略的内涵、实践及特征［J］.俄罗斯东欧中亚研究，2022：22-28.

［103］麦康森，徐皓，薛长湖，等.开拓我国深远海养殖新空间的战略研究［J］.中国工程科学，2016，18（3）：90-95.

［104］孟斌，张欣，匡海波，等.基于政府调控的绿色智慧港口转型演化及扩散研究［J］.中国管理科学，2022，30（8）：21-35.

［105］南京市规划和自然资源局.南京市"十四五"海洋经济发展规划［EB/OL］.（2023-10-08）.南京市规划和自然资源局官网，http://ghj.nanjing.gov.cn/ghbz/zxgh/202210/t20221008_3716276.html.

［106］南通市人民政府办公室.南通市"十四五"海洋经济发展规划［EB/OL］.（2022-03-03）.南通市人民政府官网，https://www.nantong.gov.cn/ntsrmzf/sswzxgh/content/a68751a3-17c8-4cea-a7a1-f0839cdf0c77.html.

［107］农业农村部.关于促进"十四五"远洋渔业高质量发展的意见［EB/OL］.（2022-02-04）［2022-07-19］.http://www.moa.gov.cn/govpublic/YYJ/202202/t20220215_6388748.htm.

［108］农业农村部.农业农村部办公厅关于扶持国家种业阵型企业发展的通知［EB/OL］.（2022-07-21）.中华人民共和国农业农村部官网，http://www.moa.gov.cn/govpublic/nybzzj1/202208/t20220810_6406693.htm.

［109］农业农村部.中华人民共和国农业农村部公告第644号［EB/OL］.（2023-01-19）.中华人民共和国农业农村部官网，http://www.moa.gov.cn/govpublic/YYJ/202302/t20230202_6419712.htm.

［110］青岛海洋生物医药研究院."强强联合面向海洋"青岛海洋生物医药研究院与三奇发展集团签订战略合作协议［EB/OL］.（2022-01-22）.青岛海洋生物医药研究院官网，http://www.qdmbri.com/institute.

［111］青岛海洋生物医药研究院.青岛海济生物医药有限公司"蓝色药库"

开发计划成功实现首轮融资［EB/OL］.（2022-01-24）.青岛海洋生物医药研究院官网，http://www.qdmbri.com/institute.

［112］全球化智库CCG. CCG报告全文乌克兰危机对全球供应链和中国经济的影响［EB/OL］.（2022-03-18）.澎湃新闻. https://m.thepaper.cn/newsDetail_forward_17178955.

［113］冉永平，丁怡婷，海上风电走向深远海——"观澜"并网输送绿电［N］.人民日报. 2023-05-23.

［114］山东省财政厅.省财政完善绿色财政金融支持体系助力高质量发展［EB/OL］.（2023-02-07）.山东省财政厅官网，http://czt.shandong.gov.cn/art/2023/2/7/art_21859_10311128.html.

［115］山东省海洋局.《2022年山东省海洋经济统计公报》正式发布［EB/OL］.（2023-06-21）.山东省海洋局官网，http://hyj.shandong.gov.cn/xwzx/sjdt/202306/t20230621_4355052.html.

［116］山东省海洋局. 5014.4亿！看青岛如何激活高质量发展"蓝色增长"［EB/OL］.（2023-06-16）.山东省海洋局官网，http://hyj.shandong.gov.cn/xwzx/xtdt/202306/t20230616_4351688.html.

［117］山东省海洋局. 山东：全省集中连片的互花米草得到有效除治［EB/OL］.（2023-05-22）.山东省海洋局官网，http://hyj.shandong.gov.cn/xwzx/mtjj/202305/t20230522_4327433.html.

［118］山东省海洋局. 山东省浒苔前置打捞取得明显成效［EB/OL］.（2023-07-13）.山东省海洋局官网，http://hyj.shandong.gov.cn/xwzx/ttxw/202307/t20230713_4375619.html.

［119］山东省海洋局. 山东探索海域使用权"进场交易"［EB/OL］.（2023-01-17）.山东省海洋局官网，http://hyj.shandong.gov.cn/xwzx/mtjj/202301/t20230117_4224459.html.

［120］山东省海洋局. 重大进展！中国海洋大学等联合研发的免疫抗肿瘤海洋一类新药"BG136"获得临床试验批准！［EB/OL］.（2023-01-04）.山东省海洋局官网，http://hyj.shandong.gov.cn/xwzx/mtjj/202301/

t20230104_4207438.html.

［121］山东省环境厅. 山东省生物多样性保护条例_环保要闻［EB/OL］.
（2023-07-29）. 山东省环境厅官网，http://sthj.shandong.gov.cn/dtxx/
hbyw/202307/t20230729_4386259.html.

［122］山东省人民政府. 关于印发山东省建设绿色低碳高质量发展先行区2023
年重点工作任务的通知［EB/OL］.（2023-01-19）. 山东省人民政府
官网，http://www.shandong.gov.cn/art/2023/2/3/art_107851_123663.html.

［123］山东省人民政府. 省委、省政府印发《海洋强省建设行动计划》［EB/
OL］.（2022-03-03）. 山东省人民政府官网，http://www.shandong.gov.
cn/art/2022/3/3/art_107851_117797.html.

［124］上海市海洋局. 上海市2022年海洋管理工作总结［EB/OL］.（2023-
03-08）. 上海市海洋局官网，https://swj.sh.gov.cn/zcwj/20230302/dce4b
04499354e228356686b12f52992.html.

［125］上海市海洋局. 上海市2023年海洋管理工作要点［EB/OL］.（2023-
03-16）. 上海市海洋局官网，https://swj.sh.gov.cn/zcwj/20230302/dce4b
04499354e228356686b12f52992.html.

［126］上海市海洋局. 上海市海洋经济统计公报（2022）［EB/OL］.（2023-
06-03）. 上海市海洋局官网，https://swj.sh.gov.cn/gsgg/20230619/1e889
bfb4a29460eae8da6507e700267.html.

［127］上海市海洋局. 上海市海域使用管理公报（2022）［EB/OL］.（2023-
06-19）. 上海市海洋局官网，https://swj.sh.gov.cn/gsgg/20230619/b540c
e1d1a8e4d8aab9094dd73880e95.html.

［128］上海市海洋局. 上海市水务局关于印发《上海市水务海洋高质量发展科
技创新三年行动计划（2023—2025年）》的通知［EB/OL］.（2023-
04-23）. 上海市海洋局官网，https://swj.sh.gov.cn/ghjh/20230423/6cb8b
08b9e8444669c4f6b796fe3810f.html.

［129］上海市人民政府. 关于《关于加快推进南北转型发展的实施意见》的
政策解读［EB/OL］.（2023-03-16）. 上海市人民政府官网，https://

www.shanghai.gov.cn/202213zcjd/20220715/dc8b53029ffa467cb5b896ad2ccc25db.html.

［130］上海市人民政府. 关于印发《聚焦临港核心区打造上海"全球动力之城"实施方案》的通知［EB/OL］.（2022-06-28）.上海市人民政府官网，https://www.shanghai.gov.cn/gwk/search/content/d811452338a444bca4be82cdcb399326.

［131］上海市人民政府. 陆海统筹加快建设现代海洋城市　上海市建设现代海洋城市工作领导小组会议召开［EB/OL］.（2023-03-31）.上海市人民政府官网，https://www.shanghai.gov.cn/nw4411/20230331/984b49a3491e47548c05d153562c6854.html.

［132］上海市人民政府.海洋装备领域第一家国家级产业计量测试中心落户浦东［EB/OL］.（2022-05-24）.上海市人民政府官网，https://www.shanghai.gov.cn/nw15343/20220526/8aebf4af563f4e65883397bcba66aa35.html.

［133］生态环境部华北督察局. 河北省近期部分工作动态（2022年第15次）［EB/OL］.（2022-06-27）.生态环境部华北督察局官网，https://hbdc.mee.gov.cn/hbdt/hbdt/202206/t20220627_986864.shtml.

［134］生意社. 2022年03月大宗商品价格涨跌榜［EB/OL］.（2022-04-01）.生意社网站，http://www.100ppi.com.

［135］宋亦闲. 海洋经济：逐梦深蓝　打造新兴增长引擎［N］.盐阜大众报，2023-02-23.

［136］随着海产品消费需求增加，冷链物流和储存变得至关重要［EB/OL］.（2023-02-05）.世展网，https://www.shifair.com/informationDetails/79424.html.

［137］天津东疆综合保税区. 打造企业出海"稳定器"，汇率避险担保"东疆模式"创新落地［EB/OL］.（2023-02-23）.天津东疆综合保税区官网，https://www.dongjiang.gov.cn/contents/40/19398.html.

［138］天津港保税区. 天津全力打造海洋装备高端制造领航区［EB/OL］.（2022-12-27）.天津港保税区官网，https://www.tjftz.gov.cn/

contents/5992/357953.html.

［139］天津市规划和自然资源局滨海新区分局.（滨海新区）关于对《"滨城"规划导则（征求意见稿）》的公示［EB/OL］.（2023-06-26）.天津市规划和自然资源局官网，https://ghhzrzy.tj.gov.cn/zwgk_143/tzgg/202306/t20230625_6330837.html.

［140］天津市规划和自然资源局湿地处.市规划资源局关于《天津市湿地保护规划（2022—2030年）》（征求意见稿）［EB/OL］.（2023-06-05）.天津市规划和自然资源局官网，https://ghhzrzy.tj.gov.cn/zwgk_143/tzgg/202306/t20230605_6266963.html.

［141］天津市人民政府.超大型海上浮式生产储卸油船在津交付［EB/OL］.（2023-06-13）.天津政务网官网，https://www.tj.gov.cn/sy/tjxw/202306/t20230613_6274524.html.

［142］天津市人民政府.闯出多个全国"首单"和"第一"［EB/OL］.（2023-04-14）.天津市人民政府官网，https://www.tj.gov.cn/sy/tjxw/202304/t20230414_6205553.html.

［143］天津市人民政府.大港油田首座海洋工程数字化无人值守平台投运［EB/OL］.（2023-07-10）.天津市人民政府官网，https://www.tj.gov.cn/sy/tjxw/202307/t20230710_6347322.html.

［144］天津市人民政府.天津口岸迎三年来首艘国际邮轮［EB/OL］.（2023-07-09）.天津市人民政府官网，https://www.tj.gov.cn/sy/tjxw/202307/t20230709_6347260.html.

［145］天津自贸区东疆综保区.离岸船舶租赁市场再添新军！又一单业务落地东疆［EB/OL］.（2023-03-14）.中国（天津）自由贸易试验区官网，http://www.china-tjftz.gov.cn/contents/16116/547976.html.

［146］涂正革，陈立.技术进步的方向与经济高质量发展——基于全要素生产率和产业结构升级的视角［J］.中国地质大学学报（社会科学版），2019，19（3）：119-135.

［147］王班班.有偏技术进步对中国工业碳强度的影响研究［D］.武汉：武

汉大学，2014.

［148］王殿华，赵圆圆.推进天津滨海新区海洋经济创新示范区发展建设战略研究［J］.理论与现代化，2019（5）：15-28.

［149］王健高，宋迎迎，春修，等.山东港口青岛港：打造智慧绿色港口赋能高质量发展［N］.科技日报，2023-01-03.

［150］王立彬.全国海洋经济复苏态势强劲［N］.新华社，2023-05-06.

［151］王攀.我国智慧港口大发展释放全球示范效应［N］.经济参考报，2022-12-08.

［152］王倩倩.我国海洋经济绿色全要素生产率测算分解与影响因素研究［D］.上海：上海海洋大学，2022.

［153］王万勇，刘怡锦，谢宁.南极磷虾捕捞加工船及装备发展现状和趋势［J］.船舶工程，2020，42（7）：33-39+93.

［154］王旭雁.《2022江苏海洋经济发展指数》发布，呈稳定向好态势［EB/OL］.（2022-12-30）.中国新闻网，https://baijiahao.baidu.com/s?id=1753628851909999223&wfr=spider&for=pc.

［155］王震，鲍春莉.中国海洋能源发展报告2022［M］.北京：石油工业出版社，2022.

［156］闻坤，谭苏昕.海洋经济发展中的深圳力量|借力育种技术耕海牧渔深圳源头创新推动海洋生物产业高质量发展［N］.深圳特区报，2023-05-10.

［157］我国南极海洋生物资源开发取得实质性进展［N/OL］.（2012-01-31）［2023-03-01］.http://www.yyj.moa.gov.cn/yyyy/201904/t20190428_6248221.htm.

［158］谢慧，高妍.建设海洋牧场充实"蓝色粮仓"［N］.经济日报，2023-07-05.

［159］徐皓，刘晃，徐琰斐.我国深远海养殖发展现状与展望［J］.中国水产，2021，547（6）：36-39.

［160］徐洪才.俄乌冲突对中国经济的负面影响及其对策［EB/OL］.（2022-

03-31）．洪才经济．https://ml.mbd.baidu.com/r/JBA5DfsEow?f=cp&u=3b0

f4a932b3adff7.

［161］徐现祥，周吉梅，舒元．中国省区三次产业资本存量估计［J］．统计

研究，2007，24（5）：613.

［162］许明.RCEP对中国产业链供应链影响机制与优化路径研究［J］.亚太

经济，2023（2）：96-105.

［163］许盼，推动深远海海上风电新技术新机制新业态创新发展［N］.中国

电力报，2022-07-15

［164］闫雅莉.信息化对海洋经济增长的影响研究——基于绿色全要素生产

率视角［D］.杭州：杭州电子科技大学，2018.

［165］杨建民，刘磊，吕海宁，等.我国深海矿产资源开发装备研发现状与

发展［J］.中国工程科学，2020，22（6）：1-9.

［166］杨黎静，谢健.面向海洋强国建设的粤港澳大湾区海洋合作：演进与

创新［J］.经济纵横，2023（5）：50-58.

［167］杨秀萍．山东：踏浪前行　海洋科创向深向远［N］.大众日报，

2023-04-24.

［168］余海玲.潮涌之江　百舸争流——"八八战略"推动"海洋经济"持

续发力［N］.嵊泗新闻网，2023-05-16.

［169］张浩呈.我省锚定"世界一流强港"目标［N］.浙江工人日报，

2023-02-10.

［170］张慧萍.《福建省"十四五"渔业发展专项规划》解读［J］.渔业研

究，2022，44（5）：522-528.

［171］张丽.海洋四所产学研合作基地揭牌——新型海洋食品研发（国际）

联合实验室建设获批［N］.中国自然资源报，2022-05-05.

［172］张舒平，田一泽.论十八大以来中国共产党的海洋经济发展政策——

基于改革开放后我国海洋经济政策历史发展的视角［J］.山东行政学

院学报，2016（6）：93-98.

［173］张馨月，郑汉丰，刘勤，等.南极磷虾捕捞加工船利用现状及趋势分

析［J］.海洋开发与管理，2022，39（9）：114-120.

［174］张元.我国海洋经济绿色全要素生产率的测算及实证分析［D］.济南：山东工商学院，2013.

［175］赵林，张宇硕，吴迪，等.考虑非期望产出的中国省际海洋经济效率测度及时空特征［J］.地理科学，2016，36（5）：671-680.

［176］赵梦，余静，桑新春.我国海洋经济绿色发展的现状及趋势［J］.环境与可持续发展，2022，4：37-42.

［177］赵昕.海洋经济发展现状、挑战及趋势［J］.人民论坛，2022（18）：80-83.

［178］浙江省人民政府.2023年政府工作报告［EB/OL］.（2023-01-17）.浙江省人民政府官网，https://www.zj.gov.cn/art/2023/1/17/art_1229019379_5056991.html.

［179］浙江省人民政府.浙江省人民政府办公厅关于印发浙江省能源发展"十四五"规划的通知［EB/OL］.（2022-05-07）.浙江省人民政府官网，https://www.zj.gov.cn/art/2022/5/19/art_1229019365_2404305.html.

［180］浙江省人民政府.浙江省人民政府关于下达2022年浙江省国民经济和社会发展计划的通知［EB/OL］.（2022-02-06）.浙江省人民政府官网，https://www.zj.gov.cn/art/2022/2/16/art_1229623627_2396642.html.

［181］浙江省人民政府.浙江召开海洋强省建设推进会　袁家军讲话［EB/OL］.（2022-09-21）.浙江省人民政府官网，https://www.zj.gov.cn/art/2022/9/21/art_1554467_59827715.html.

［182］浙江省人民政府新闻办公室."八八战略"实施20周年系列主题第三场新闻发布会［EB/OL］.（2023-05-22）.浙江省人民政府官网，https://www.zj.gov.cn/art/2023/5/22/art_1229630150_6484.html.

［183］浙江省生态环境厅.浙江省生态环境厅等八部门关于印发《浙江省重点海域综合治理攻坚战实施方案（2022—2025年）》的通知［EB/OL］.（2022-08-29）.浙江省生态环境厅官网，http://sthjt.zj.gov.cn/art/2023/2/23/art_1229263469_2459060.html.

［184］浙江省统计局. 2022年浙江省国民经济和社会发展统计公报［EB/OL］.（2023-03-16）. 浙江省统计局官网, http://tjj.zj.gov.cn/art/2023/3/16/art_1229129205_5080307.html.

［185］浙江省政府办公厅. 浙江省人民政府关于印发浙江省海洋经济发展"十四五"规划的通知［EB/OL］.（2021-05-17）. 浙江省人民政府官网, https://www.zj.gov.cn/art/2021/6/4/art_1229505857_2301550.html.

［186］浙江省自然资源厅. 今天这场高规格论坛, 助力浙江海洋高质量发展［EB/OL］.（2022-12-14）. 浙江省自然资源厅官网, https://zrzyt.zj.gov.cn/art/2022/12/14/art_1289955_59010159.html.

［187］郑弘毅. 工业4.0背景下武汉阳逻港智慧港口建设问题及建议［J］. 中国港口, 2023（3）: 26-30.

［188］郑燕云,"打好种子翻身仗", 壮大水产种业"芯片", 陈松林院士谈"一条鱼"的发展历程［N］. 青岛日报, 2022-06-27.

［189］中国船舶工业行业协会. 2022年船舶工业经济运行分析［EB/OL］.（2023-01-28）. 中国船舶工业行业协会官网, https://www.cansi.org.cn/cms/document/18490.html.

［190］中国环保协会. 天津滨海新区近岸海域海洋GEP出炉［EB/OL］.（2023-05-12）. 中国环境保护协会官网, http://zhb.org.cn/hbzx/news_2/2023-05-12/17266.html.

［191］中国可再生能源学会风能专业委员会. 2022年中国风电吊装容量统计简报［R］. 北京: 中国可再生能源学会风能专业委员会, 2023.

［192］中国旅游研究院. 中国出境旅游发展年度报告2022［M］. 北京: 旅游教育出版社, 2022.

［193］中国旅游研究院. 中国旅游景区度假区发展报告（2022）［M］. 北京: 旅游教育出版社, 2022.

［194］中国膜工业协会. 国家能源集团河北公司首个"源网荷储"一体化项目开工［EB/OL］.（2022-12-19）. 中国膜工业协会官网, http://www.membranes.com.cn/xingyedongtai/gongyexinwen/2022-12-29/43410.html.

［195］中国石油集团经济技术研究院. 2022年国内外油气行业报告［M］. 北京：石油工业出版社. 2023.

［196］中国水产科学研究院. 黄海水产研究所2022年度科研重大进展［EB/OL］.（2023-03-02）中国水产科学研究院官网，http://www.cafs.ac.cn/info/1024/43089.htm.

［197］中国渔业协会. 海参产业已成为海参主产区乡村振兴支柱产业［EB/OL］.（2022-11-20）. 中国渔业协会官网，http://www.china-cfa.org/xwzx/xydt/2022/1120/857.html.

［198］中国政府网. 河北出台省级自然资源重点生态保护修复专项资金管理办法［EB/OL］.（2022-09-05）. 中华人民共和国中央人民政府官网，https://www.gov.cn/xinwen/2022-09/05/content_5708322.htm.

［199］中国自然资源报. 海水淡化所揭榜挂帅［EB/OL］.（2023-01-17）. 中华人民共和国自然资源部官网，https://www.mnr.gov.cn/dt/hy/202301/t20230117_2774075.html.

［200］中国自然资源部. 河北海洋碳汇领域降碳产品方法学公布［EB/OL］. 中国自然资源部官网，（2023-02-23）. https://www.mnr.gov.cn/dt/hy/202302/t20230223_2776667.html.

［201］中华人民共和国交通运输部. "陆海空天人"一体化监管　船舶大气污染防治有了"天津方案"［EB/OL］.（2021-07-06）. 中华人民共和国交通运输部官网，https://www.mot.gov.cn/jiaotongyaowen/202107/t20210706_3611244.html.

［202］中华人民共和国文化和旅游部. "地中海"号邮轮拟进驻天津母港［EB/OL］.（2023-05-30）. 中华人民共和国文化和旅游部官网，https://www.mct.gov.cn/preview/whzx/qgwhxxlb/tj/202305/t20230530_944108.htm.

［203］中华人民共和国中央人民政府. 天津港2022年海铁联运量突破100万标箱［EB/OL］.（2022-10-25）. 中华人民共和国中央人民政府官网，https://www.gov.cn/xinwen/2022-10/25/content_5721651.htm#1.

［204］中华人民共和国中央人民政府. 摘取造船工业"皇冠上的明珠"——

中国高质量发展亮点透视之一［EB/OL］.（2023-08-19）.中华人民共和国中央人民政府官网，https://www.gov.cn/yaowen/liebiao/202308/content_6899069.htm.

［205］朱伟林，郑金云.南海北部深水仍处油气勘探早期：地质条件复杂，机遇挑战并存［J］.科技导报，2020，38（18）：89-98.

［206］朱延雄，赵霞.国内外海水健康养殖技术发展现状及对策建议［EB/OL］.（2022-10-23）.挂云帆学习网.https://www.guayunfan.com/lilun/964152.html.

［207］自然资源部.2021年全国海水利用报告［EB/OL］.（2022-09-27）.自然资源部官网，http://gi.mnr.gov.cn/202209/t20220927_2760473.html.

［208］自然资源部第三海洋研究所.海洋三所承办的海洋功能食品加工技术成果推介会在晋江顺利举行［EB/OL］.（2022-06-07）.自然资源部第三海洋研究所官网，https://www.tio.org.cn/OWUP/html/zhxw/20220607/2489.html.